高等职业教育机电工程类系列教材

U0169612

工程材料

主　编　杨长友

副主编　罗秀莲　王海军　陆德光

西安电子科技大学出版社

内 容 简 介

  本书着重介绍了各类工程材料的组织结构、热加工工艺及性能特点和应用范围，书中精简了深奥的理论和烦冗的工艺细节，保留了必要的原理和工艺技术等内容，目的是帮助读者掌握必要的工程材料及热加工基础知识和有关的基本理论。全书共分 8 个项目、22 个任务，主要内容包括：认识和了解金属材料，常用金属材料的性能测试，铁碳合金组织观察，金属材料的常规热处理，金属材料的选用，认识常用的非金属材料，认识功能材料和高分子材料，认识复合材料。本书介绍的工程材料知识比较全面、难度较低、深度合适，并力争做到理论和工程实例相结合，图文并茂、深入浅出。

  本书可作为高等院校机械电子工程类、工业设计类、材料科学与工程类等专业的教材，也可供相关专业的工程技术人员参考。

图书在版编目(CIP)数据

工程材料 / 杨长友主编. 一西安：西安电子科技大学出版社，2022.6
ISBN 978-7-5606-6448-4

Ⅰ. ①工…　Ⅱ. ①杨…　Ⅲ. ①工程材料—高等学校—教材　Ⅳ. ①TB3

中国版本图书馆 CIP 数据核字(2022)第 055548 号

策　　划　黄薇谚
责任编辑　宁晓蓉
出版发行　西安电子科技大学出版社(西安市太白南路 2 号)
电　　话　(029)88202421　88201467　　　　邮　　编　710071
网　　址　www.xduph.com　　　　　电子邮箱　xdupfxb001@163.com
经　　销　新华书店
印刷单位　陕西天意印务有限责任公司
版　　次　2022 年 6 月第 1 版　　2022 年 6 月第 1 次印刷
开　　本　787 毫米×1092 毫米　1/16　印 张　13.5
字　　数　319 千字
印　　数　1～1000 册
定　　价　35.00 元

ISBN 978 - 7 - 5606 - 6448 - 4 / TB

XDUP 6750001-1

如有印装问题可调换

前　言

"工程材料"课程是高等院校机械制造类专业的一门专业基础课。"工程材料"课程的任务是从机械工程应用的角度出发,阐明机械工程材料的基本理论,介绍材料的成分、加工工艺、组织、结构与性能之间的关系,以及常用机械工程材料及其应用等基本知识;目的是使学生通过学习,在掌握机械工程材料的基本理论及基本知识的基础上,具备根据机械零件使用条件和性能要求,对结构零件进行合理选材及制定零件工艺路线的初步能力。能源、材料和信息是现代社会和现代科学技术的三大支柱,学习并掌握工程材料的基本知识,对于高等院校机械类专业的学生是十分必要的。

本书根据高等院校机械工程材料教学大纲和教学要求编写。编写过程中,编者力求体系更科学合理,内容更丰富新颖,尽量做到理论性强、条理性强、概念清晰、语言简洁,注重理论联系实际,选用素材多,实例丰富。本书由两部分内容组成。第一部分为金属材料基本理论,由项目一至项目五组成,阐述了金属材料学的基本概念和基本理论,其内容为工程材料的结构、组织和性能及其相互之间的关系和应用,金属材料组织与性能的影响因素和规律。第二部分为常用非金属材料、功能材料、高分子材料和复合材料的基础知识,包括项目六至项目八。

本书中介绍的材料牌号采用了最新的国家标准。考虑到部分读者对材料新牌号可能还不熟悉,因此保留了部分材料的旧牌号,文中用括号标明。例如不锈钢牌号20Cr13(2Cr13)、铝合金牌号 5A05(LF5),其中 20Cr13、5A05 为新牌号,2Cr13、LF5 为旧牌号。

本书由贵州装备制造职业学院杨长友、王海军、陆德光及贵州工商职业学院罗秀莲编写。其中:项目一、三、四、七由杨长友编写,项目二由陆德光编写,项目五、八由罗秀莲编写,项目六由王海军编写,全书由杨长友统稿。

本书编写中引用了有关材料牌号方面的最新国家标准,参考了部分国内外有关教材、科技著作及论文,在此特向有关著作者致以深切的谢意。

由于编者水平有限,书中难免有不妥之处,敬请读者批评指正。

编　者
2021 年 12 月

目　　录

绪　论

人类社会的发展历程，是以材料为主要标志的。历史上，材料被视为人类社会进化的里程碑。对材料的认识和利用能力，决定着社会的形态和人类生活的质量。历史学家也把材料及其器具作为划分时代的标志，如石器时代、青铜器时代、铁器时代、高分子材料时代等。

100 万年以前，原始人以石器作为工具，称为旧石器时代。1 万年前，人类对石器进行加工，使之成为器皿和精致的工具，从而进入新石器时代。古代中国在 8000 多年前已经制成实用的陶器，在 6000 多年前已经冶炼出黄铜，在 4000 多年前已有简单的青铜工具，在 3000 多年前已用陨铁制造出兵器。中国人的祖先在 2500 多年前的春秋时期已学会冶炼生铁。18 世纪，随着钢铁工业的发展，钢铁成为产业革命的重要内容和物质基础。19 世纪中叶，现代平炉和转炉镍管炼钢技术的出现，使人类真正进入了钢铁时代。与此同时，铜、铅、锌也得到大量应用，铝、镁、钛等金属相继"问世"并得到应用。直到20 世纪中叶，金属材料在材料工业中一直占有主导地位。20 世纪中叶以后，随着科学技术迅猛发展，作为"发明之母"和"产业粮食"的新材料出现了划时代的变革。首先是人工合成高分子材料问世并得到广泛应用。仅半个世纪时间，高分子材料已与有上千年历史的金属材料并驾齐驱，并在年产量上超过了后者，成为国民经济、国防尖端科学和高科技领域不可缺少的材料。其次是陶瓷材料的发展。陶瓷是人类最早利用自然界所提供的原料制造而成的材料。20 世纪 50 年代，合成化工原料和特殊制备工艺的发展，使陶瓷材料产生了一个飞跃，出现了从传统陶瓷向先进陶瓷的转变，许多新型功能陶瓷形成了产业，满足了电力、电子技术和航天技术的发展和需要。

一、工程材料分类

工程材料有各种不同的分类方法。一般将工程材料按化学成分分为金属材料、非金属材料、高分子材料和复合材料四大类。

1. 金属材料

金属材料是最重要的工程材料，包括金属和以金属为基的合金。工业上把金属材料及其合金分为两大部分，即黑色金属材料和有色金属材料。

(1) 黑色金属材料：铁和以铁为基的合金(钢、铸铁和铁合金)。

(2) 有色金属材料：黑色金属以外的所有金属及其合金。

其中，应用最广的是黑色金属材料。以铁为基的合金材料占整个结构材料和工具材料的 90.0%以上。黑色金属材料的工程性能比较优越，价格也较便宜，是最重要的工程材料。

有色金属材料按照性能和特点可分为轻金属材料、易熔金属材料、难熔金属材料、贵金属材料、稀土金属材料和碱土金属材料，这些都是重要的有特殊用途的材料。

2．非金属材料

非金属材料也是重要的工程材料，包括耐火材料、耐火隔热材料、耐蚀(酸)非金属材料和陶瓷材料等。

3．高分子材料

高分子材料为有机合成材料，也称聚合物。高分子材料具有很多优良的性能，如较高的强度、良好的塑性、较强的耐腐蚀性、很好的绝缘性、质量轻等，在工程应用中是发展最快的一类新型结构材料。

4．复合材料

复合材料是用两种或两种以上不同材料组合而成的材料，其性能是其他单质材料所不具备的。复合材料可以由各种不同种类的材料复合组成。它在强度、刚度和耐蚀性方面比单纯的金属、陶瓷和聚合物都优越，是特殊的工程材料，具有广阔的发展前景。

二、本书主要内容

本书分 8 个项目，共 22 个任务，分别介绍了常用金属材料、金属材料的性能测试、铁碳合金组织观察、金属材料的常规热处理、金属材料的选用、常用非金属材料、高分子材料及复合材料等。本书具有以下特点：

(1) 内容全面。本书较为详细地介绍了常用的钢、铸铁、合金材料的力学性能和金属材料的表面热处理以及非金属材料，紧紧围绕机械类专业技能知识展开阐述。

(2) 实践性强。本书采用项目式教学法编写，突出重点，明确任务，每个项目都安排有任务实践，有利于提高学生的学习积极性和学习兴趣。

三、学习本课程的必要性

近年来，随着中国职业教育的不断改革和发展，教育部提出"1＋X"证书毕业模式，职业资格证书越来越受到企业的重视，岗位职业资格逐渐普及。对于机械类专业学生，职业资格证书尤为重要。根据职业资格标准相关规定，车工、铣工、焊工、钳工等工种资格证书考试都必须掌握材料知识，因此"工程材料"课程是一门必修课程。

四、学习本课程的方法及要求

(1) 了解常用金属材料的类型和用途，初步具有选择典型零件材料的能力；了解金属材料常用的表面热处理方式及表面化学处理方式。

(2) 了解材料的力学性能，初步具有进行金属材料硬度试验、拉伸试验和冲击试验的能力。

(3) 了解简单的铁碳合金相图，初步具有识别铁碳合金材料温度变化的能力。

(4) 了解常用的非金属材料，初步具有认识常见非金属材料的能力。

(5) 了解相关试验原理及设备，通过试验初步具有试验操作的能力，培养严谨的工作作风。

(6) 培养学生热爱劳动、文明生产、保护环境和注重质量与效益的意识。

(7) 培养学生在知祖国、爱祖国的基础上，立报国之志、学报国之才、践报国之行。

在本课程的学习中，要注重理论联系实践，通过实践获取知识，手脑并用，融会贯通，将所学知识与生产生活紧密联系在一起，从而达到巩固知识、不断提高专业技能的目的。

项目一　认识和了解金属材料

(1) 了解常用的钢材料。

(2) 了解常用的铸铁材料。

(3) 了解常用的合金材料。

任务 1.1　认识和了解钢材料

1.1.1　学习目标

(1) 了解钢的分类及钢号。

(2) 能识别常用钢的种类。

(3) 了解常用钢的应用。

1.1.2　任务描述

根据钢材料的分类方法、钢号标注方法，以及常用钢的应用相关知识(见图 1-1-1)，分析几种零件的钢号，并完成课后练习。

(a) 非合金钢

(b) 低合金钢钢板

(c) 合金钢钻头　　　　　　　　　　　(d) 不锈钢洗米筛

图 1-1-1　各种钢制品

1.1.3　必备知识

一、钢的分类

生产上使用的钢材品种很多，在性能上也千差万别，为了便于生产、使用和研究，需要对钢进行分类及编号。钢的常规分类方法如表 1-1-1 所示，新分类方法如表 1-1-2 所示。

表 1-1-1　钢的常规分类方法

分类方法	类	别	
按用途	结构钢		
	工具钢		
	特殊性能钢		
按品质	普通质量钢($W_S = 0.035\% \sim 0.050\%$，$W_P = 0.035\% \sim 0.045\%$)		
	优质钢(W_S、W_P 均 $\leqslant 0.035\%$)		
	高级优质钢($W_S = 0.020\% \sim 0.030\%$，$W_P = 0.025\% \sim 0.030\%$)		
	特级优质钢($W_S \leqslant 0.015\%$，$W_P \leqslant 0.025\%$)		
按化学成分	碳素钢	低碳钢($W_C \leqslant 0.25\%$)	
		中碳钢($W_C = 0.25\% \sim 0.60\%$)	
		高碳钢($W_C > 0.60\%$)	
	合金钢	低合金钢($W_{Mn} \leqslant 5\%$)	
		中合金钢($W_{Mn} = 5\% \sim 10\%$)	
		高合金钢($W_{Mn} > 10\%$)	

表 1-1-2　钢的新分类方法

类　别		示　例
非合金钢	普通质量非合金钢	碳素结构钢、碳素钢筋钢、铁道用碳素钢、一般钢板桩型钢等
	优质非合金钢	机械结构用优质碳素钢、工程结构用碳素钢、冲压薄板用低碳合金钢、镀层板带用碳素钢、锅炉和压力容器用碳素钢、造船用碳素钢、铁道用碳素钢、焊条用碳素钢、标准件用钢、冷锻铆螺用钢、非合金易切削钢、电工用非合金钢、优质铸造碳素钢等
	特殊质量非合金钢	保证淬透性非合金钢、保证厚度方向性能非合金钢、铁道用特殊非合金钢、航空兵器用非合金结构钢、核能用非合金钢、特殊焊条用非合金钢、碳素弹簧钢、特殊盘条钢、特殊易切削钢、碳素工具钢、电工纯铁、原料纯铁等
低合金钢	普通质量低合金钢	一般低合金高强度结构钢、低合金钢筋钢、铁道用一般低合金钢、矿用一般低合金钢等
	优质低合金钢	低合金高强度结构钢、锅炉和压力容器用低合金钢、造船用低合金钢、汽车用低合金钢、桥梁用低合金钢、自行车用低合金钢、低合金耐候钢、铁道用低合金钢、矿用低合金钢、输油管线用低合金钢等
	特殊质量低合金钢	核能用低合金钢、保证厚度方向性能用低合金钢、低温压力容器用钢、舰船及兵器专用低合金钢等
合金钢	优质合金钢	一般工程结构用合金钢、合金钢筋钢、电工用硅钢、地质与石油钻探用合金钢、耐磨钢、硅锰弹簧钢等
	特殊质量合金钢	压力容器用合金钢、经热处理的合金结构钢、经热处理的地质与石油钻探用合金钢、合金结构钢(调质、渗碳渗氮钢、冷塑性成形用钢)、合金弹簧钢、不锈钢、耐热钢、合金工具钢(量具刃具用钢、耐冲击工具用钢、热作模具钢、冷作模具钢、塑料模具钢)、高速工具钢、轴承钢、高电阻电热钢、无磁钢、永磁钢、软磁钢等

二、钢的钢号及应用

新的钢分类标准中已用"非合金钢"取代 "碳素钢",但由于许多技术标准是在新的钢分类标准实施之前制订的,故为便于衔接和过渡,本书中非合金钢的称号仍然按照原常规分类进行。

中国钢材编号采用国际化学符号和汉语拼音字母并用的原则,即钢号中的化学元素采用国际化学元素符号表示,如 Si、Mn、Cr、W 等。而稀土元素,由于其含量不多,常采用 RE 表示其总含量。产品名称、用途、冶炼和浇注方法等,采用汉语拼音字母表示,如表 1-1-3 所示。

表 1-1-3 名称、用途、冶炼方法及浇注方法代号

名称	钢号表示		名称	钢号表示		名称	钢号表示	
	汉字	汉语拼音字母		汉字	汉语拼音字母		汉字	汉语拼音字母
平炉	平	P	易切削钢	易	Y	高温合金	高温	CH
酸性转炉	酸	S	碳素工具钢	碳	T	铸钢	铸钢	ZG
碱性侧吹转炉	碱	J	滚动轴承钢	滚	G	磁钢	磁	C
顶吹转炉	顶	D	高级优质钢	高	A	铆螺钢	铆螺	ML
沸腾钢	沸	F	船用钢	船	C	容器用钢	容	R
半镇静钢	半	b	桥梁钢	桥	q	钢轨钢	轨	U
甲类钢	甲	A	锅炉钢	锅	g	乙类钢	乙	B
特类钢	特	E	焊条用钢	焊	H			

三、碳素钢

碳素钢价格低廉、工艺性能好、力学性能能够满足一般工程和机械制造的使用要求,是工业生产中用量最大的工程材料。

1. 普通碳素结构钢

1) 钢号

碳素结构钢分为通用结构钢和专用结构钢两大类。通用结构钢钢号主要是以其力学性能中的屈服点来命名。具体命名方法如下:标志符号 Q + 最小 σ_s 值-等级符号 + 脱氧程度符号(如 Q235-AF)。

屈服数值以钢材厚度(或直径)不大于 16 mm 的钢的屈服点数值表示。

质量等级符号是指这类钢所独用的质量等级符号,也是按硫(S)、磷(P)杂质多少来分,以 A、B、C、D 代表 4 个等级。其中:

A 级 $W_S \leq 0.050\%$,$W_P \leq 0.045\%$;

B 级 $W_S \leq 0.045\%$,$W_P \leq 0.045\%$;

C 级 $W_S \leq 0.040\%$,$W_P \leq 0.040\%$;

D 级 $W_S \leq 0.035\%$,$W_P \leq 0.035\%$。

这类钢中质量等级最高级(D 级),达到了碳素结构钢的优质级。其余 A、B、C 等级均属于普通级范围。

脱氧方法用 F(沸腾钢)、b(半镇静钢)、Z(镇静钢)、TZ(特殊镇静钢)表示,牌号中"Z"和"TZ"可以忽略。从这类钢的钢号中,人们可以直接知道钢的最低屈服点、质量等级和脱氧程度,用起来很方便。例如,Q235-AF,此钢 $\sigma_s \geq 235$ MPa,质量等级为 A 级(S、P 杂质含量较多),为脱氧不充分的沸腾钢;压力容器用钢牌号表示为 Q345R;Q195、Q215-A、Q215-B 碳的含量较低、塑性好、强度低,一般用于螺钉、螺母、垫片、钢窗等强度要求不高的工件;Q235-A、Q255-A 可用于农机具中不太重要的工件,如拉杆、小轴、链等,也可常用建筑钢筋、钢板、型钢等;Q235-B、Q255-B 可作为建筑工程中

质量要求较高的焊接构件，在机械中可用作一般的转动轴、吊钩、自行车架等；Q235-C、Q235-D 质量较好，可用作一些较重要的焊接构件及机件；Q255、Q275 强度较高，可用作摩擦离合器、刹车钢带等。

2) 应用

碳素结构钢是建筑及工程用结构钢，价格低廉，工艺性能(焊接性、冷变形成形性)优良，常用于制造一般工程结构及普通机械零件或日用品等。碳素结构钢通常热轧成扁平成品或各种型材(如圆钢、方钢、工字钢、钢筋等)，一般不经热处理，在热轧状态直接使用。

2. 优质碳素结构钢

优质碳素结构钢中磷、硫等有害杂质含量较低，夹杂物也少，化学成分控制较严格，质量较好，常用于较为重要的机件，可以通过各种热处理调整零件的力学性能。出厂状态可以是热轧后空冷，也可以是退火、正火等状态，随用户需要而定。

1) 钢号

优质碳素结构钢牌号由 2 位阿拉伯数字或阿拉伯数字与特征符号组成。以 2 位阿拉伯数字表示平均碳的质量分数(以万分之几计)。优质碳素结构钢中硫、磷等有害杂质含量相对较低，夹杂物也较少，化学成分控制较严格，质量比普通碳素结构钢好。优质碳素结构钢中有三个钢号是沸腾钢，它们是 08F、10F、15F。半镇静钢标"b"，镇静钢一般不标符号。高级优质碳素结构钢在牌号后加符号"A"，特级碳素结构钢加符号"E"。专用优质碳素结构钢还要在牌号的头部(或尾部)加上代表产品用途的符号，例如平均碳含量为 0.2%的锅炉用钢，其牌号表示为"20g"等。优质碳素结构钢按含锰量的不同，分为普通含锰量(0.25%～0.8%)和较高含锰量(0.7%～1.2%)两组。含锰量较高的一组在其数字的尾部加"Mn"，如 15Mn、45Mn 等。注意：这类钢仍属于优质碳素结构钢，不要和低合金高强度结构钢混淆。

2) 应用

优质碳素结构钢主要用来制造各种机械零件，一般需要经过热处理后方可使用，以充分发挥材料性能潜力。

低碳钢(指含碳量 0.10%～0.25%的碳素钢)焊接性和冷冲压工艺性好，可用来制造各种标准件、轴套、容器等；也可通过适当热处理(渗碳、淬火、回火)制成表面高硬度、心部有较高韧度和强度的耐磨损耐冲击的零件，如齿轮、凸轮、销轴摩擦片、水泥钉等。

中碳钢(指含碳量 0.25%～0.60%的碳素钢)通过适当热处理(调质、表面淬火等)可获得具有良好的综合力学性能的机件及表面耐磨、心部韧性好的零件，如传动轴、发动机连杆、机床齿轮等。

高碳钢经适当热处理后可获得高的 σ_e(屈服极限)和屈强比，以及足够的韧性和耐磨性，可用于制造小线径的弹簧、重钢轨、轧辊、铁锹、钢丝绳等。

为适应某些专业的特殊用途，对优质碳素结构钢的成分和工艺做一些调整，并对性能做补充规定，可派生出锅炉与压力容器、船舶、桥梁、汽车、农机、纺织机械、焊条等一系列专业用钢，并已制定了相应的国家标准。专用优质碳素结构钢的钢号采用阿拉伯数字(平均碳质量分数)和国家标准规定的代表产品用途的符号表示。

3. 碳素工具钢

碳素工具钢是指碳的质量分数在 0.65%~1.35%的碳素钢, 主要用于制作各种小型工具, 通过进行淬火、低温回火处理可获得高硬度、高耐磨性。碳素工具钢可分为优质级($W_S \leqslant 0.03\%$, $W_P \leqslant 0.035\%$)和高级优质级($W_S \leqslant 0.02\%$, $W_P \leqslant 0.03\%$)两大类。

1) 钢号

这类钢号命名的方法是: 标志符号 T 加上碳的质量分数的千分值。如 T10, T 是"碳"字的汉语拼音字头, 10 表示 $W_C = 1.0\%$, 即碳的质量分数为千分之十。对于高级优质的碳素工具钢须在钢号尾部加"A", 如 T10A, 而优质级的不加质量等级符号。这类钢中, 锰的质量分数都严格控制在 0.4%以下。个别钢为了提高其淬透性, 锰的质量分数的上限扩大到 0.6%, 这时, 该钢号尾部要标出元素符号 Mn, 如 T8Mn, 以有别于 T8。

2) 应用

碳素工具钢生产成本较低, 加工性能好, 可用于制造低速、手动工具及常温下使用的工具、模具、量具等, 在使用前要进行热处理。

四、低合金钢

1. 钢号

低合金钢是一类可焊接的低碳低合金工程结构用钢, 分为镇静钢和特殊镇静钢, 在钢号的组成中没有表示脱氧方法的符号, 其余表示方法参照碳素结构钢, 如 Q390A 表示屈服点为 390 MPa 的 A 级低合金钢。

2. 应用

低合金钢中 $W_C \leqslant 0.2\%$(低碳使钢具有较好的塑性和焊接性), $W_{Mn} = 0.8\% \sim 1.7\%$, 再辅以钒、铌等金属元素, 通过强化铁素体、细化晶粒等作用, 使其具备了高的强度和韧性、良好的综合力学性能、良好的耐蚀性等。低合金钢通常是在热轧经退火(或正火)状态下使用的, 使用时一般不进行热处理。

低合金钢具有一系列优良的性能, 近年来发展极为迅速, 有取代碳素结构钢的趋势, 已成为中国钢铁生产的方向之一。特别是 Q345A(原 16Mn)生产最早, 产量最大, 低温性能较好, 可以在 -40~+450℃范围内使用, 如南京长江大桥就是采用 Q345A 建造的。目前, 低合金钢已在锅炉、高压容器、油管、大型钢结构以及汽车、拖拉机、挖掘机等方面获得广泛应用。

五、合金钢

合金钢主要用于制造各种机械零件, 是用途广、产量大、钢号多的一类钢, 大多数需经过热处理后才能使用。按用途与热处理特点可分为合金结构钢、合金调质钢、滚动轴承钢等。

合金钢的钢号由阿拉伯数字与元素符号组成。用 2 位阿拉伯数字表示碳的平均质量分数(以万分之几计), 放在钢号头部。合金元素含量表示方法为: 平均质量分数 <1.5% 时, 钢号中仅标明元素, 一般不标明含量; 平均质量分数在 1.50%~2.49%、2.50%~3.49% 时, 在合金元素后相应写成 2、3。例如: 碳、铬、镍的平均含量(质量分数)为 0.20%、

0.75%、2.95%的合金结构钢，其钢号为"20CrNi3"。高级优质合金钢和特级优质合金钢的表示方法同优质碳素结构钢。

1. 合金结构钢

合金结构钢的钢号由 3 部分组成，即"数字 + 元素 + 数字"。元素前面的数字表示含碳量的万分之几。合金元素以汉字或者化学元素符号表示。合金元素后面的数字表示合金元素的含量，一般以百分之几表示，当其平均值 $W < 1.5\%$ 时，钢号中一般只标明元素符号而不标明其含量；若其平均值 $\geq 1.5\%$、$\geq 2.5\%$、$\geq 3.5\%$ 等时，则在元素后面相应地标出 2、3、4 等。如为高级优质钢，则在钢号后面加"高"或"A"。例如含碳量为 0.36%、含锰量为 1.5%~1.8%、含硅量为 0.4%~0.7%的钢，其钢号为"36Mn2Si"。

钢中的 V、Ti、B、Re 等合金元素，虽然其含量很低，但在钢中会起到相当重要的作用，故应在钢号中标出，如 $W_C = 0.20\%$、$W_{Mn} = 1.00\%\sim1.30\%$、$W_V = 0.07\%\sim0.12\%$、$W_B = 0.001\%\sim0.005\%$的钢，其钢号为"20MnVB"。

2. 合金工具钢

合金工具钢的钢号编号原则与合金结构钢大体相同，只是含碳量的表示方法不同，如平均含碳量 $W_C \geq 1.0\%$，则不标出含碳量；如平均含碳量 $W_C < 1.0\%$，则在钢号前以千分之几表示。例如"铬锰"或"CrMn"中的 $W_C = 1.3\%\sim1.5\%$，而"9 锰 2 钒"中的 $W_C = 0.85\%\sim0.95\%$。

合金元素的表示方法与合金结构钢相同，只是对于含铬量低的钢，其含铬量以千分之几表示，并在数字前加"0"，以示区别。如平均 $W_{Cr} = 0.6\%$的低铬工具钢的钢号为"Cr06"。

在高速钢的钢号中，一般不标出含碳量，只标出合金元素含量平均值的百分之几，如"钨 18 铬 4 钒"（W18Cr4V）、"钨 6 钼 5 铬 4 钒 2"（W6Mo5Cr4V2）等。

3. 滚动轴承钢

滚动轴承钢在钢号前面注明"滚"或"G"，其后为铬（Cr）+ 数字，数字表示铬含量平均值的千分之几，如"滚铬 15"（GCr15），就是铬的平均含量为 $W_{Cr} = 1.5\%$的滚动轴承钢。

4. 不锈钢与耐热钢

对于不锈钢与耐热钢，钢号前面的数字表示含碳量的千分之几，如"9 铬 18"（9Cr18）表示含碳量为 $W_C = 0.9\%$，但 $W_C \leq 0.03\%$ 及 0.08%者，在钢号前分别冠以"00"及"0"，如"00 铬 18 镍 10"（00Cr18Ni10）、"0 铬 18"（0Cr18）等。

钢中主要合金元素的含量以百分之几表示，但在钢中能起重要作用的微量元素如钛、铌、锆等也要在钢号中标出。

六、钢的应用

1. 碳素结构钢的应用

碳素结构钢的应用见表 1-1-4。

表 1-1-4 碳素结构钢的应用举例

牌号	热处理	特 性 及 应 用
A3 钢	不热处理	可以很好地进行冲压与焊接，用于制造负荷不受摩擦的零件，如地脚螺钉、冷冲压垫圈、垫片、手柄、手把、螺塞、销子、套环、钩子、拉杆等
08 钢	退火	制造电磁吸铁零件和钢板、钢带等
15 钢	渗碳淬火 清化	用于制造承受负荷和冲击及具有耐磨性的简单形状零件，如轴、套、拉杆、手柄、挡铁等
20 钢	渗碳淬火 清化	用于制造耐磨、承受冲击载荷的零件，如挺柱体、钻套、手泵活塞、对刀块、V 形块、导板、偏心轮等
35 钢	不热处理	切削性好，表面光洁度高，用于制造承受负荷不大的零件，如手柄、管接头、轴、拉杆等
	淬火 调质	用于制造高强度的各种小型零件，如螺钉、螺母、销、垫圈、挡铁等
45 钢	不热处理	用于制造承受负荷不大的零件，如衬套、螺塞、弹簧座、螺钉、护帽、丝杠、轴、油底塞、管接头等
	正火	用于制造承受中等负荷的零件，如出油阀接头、调节齿轮、调节齿杆等
	调质	用于制造承受中等负荷和低速工作的零件，如螺栓、螺母、齿轮、轴、键、垫圈、放气螺钉、调节螺母等
	淬火	用于制造高强度、表面耐磨的零件，如压板、压块、支撑螺钉、定向销、紧定螺钉、螺母、垫圈、衬套、轴销、支板、滑块、定位键、铰链支架等
60 钢	局部淬硬	用于制造高强度、表面耐磨、耐冲击的零件，如喷油器体等

2. 碳素工具钢的应用

碳素工具钢的应用见表 1-1-5。

表 1-1-5 碳素工具钢的应用举例

钢号	热处理	特 性 及 应 用
T7A 钢，T7 钢	淬火	用于制造耐磨、可承受振动的零件，如定位销塞尺、定位器、热冲模等
T8A 钢，T8 钢	淬火	用于制造需要具有较高硬度和耐磨性的各种工具，如一般刨刀、钢印、冲头圆锯等
T10A 钢， T10 钢	退火	用于制造精密机床的丝杠
	淬火	用于制造具有高耐磨性的零件，如车床顶尖、钻套、衬套、圆车刀、立铣刀、机用锯条、简单形状冷冲头、阴模、夹紧用弹簧夹头等
T12A 钢	退火 淬火	与 T10A 钢相同，亦可用于制造钻头、槽铣刀、角铣刀、锯铣刀、塞规、套环、粗铰刀、精铰刀、锥度铰刀等

3. 合金结构钢的应用

合金结构钢的应用见表 1-1-6。

表 1-1-6　合金结构钢的应用举例

钢号	热处理	特 性 及 应 用
20Cr 钢	渗碳淬火	用于制造承受冲击、高速工作的中型零件,如凸轮轴、挺柱体、活塞销、轴、传动齿轮、弹簧座等
	渗碳高频淬火	用于制造具有高耐磨性和热处理变形小的零件,如模数小于 3 mm 的齿轮、轴、花键等
40Cr 钢	调质	用于制造承受中等负荷和中等速度的零件,如重要齿轮轴、顶尖套、花键轴、重要螺栓、凸轮轴等
	淬火	用于制造承受高负荷、冲击和中等负荷的耐磨零件,如涡轮、主轴、齿轮、油泵转子、调速齿轮、飞铁座架等
18Cr2Ni4WA 钢	渗碳淬火	用于制造特别重要的渗碳零件,如高速柴油机的齿轮、轴等
20CrMnTi 钢	渗碳淬火	用于制造承受中等和高压力及冲击负荷和高速度工作且要求热处理变形小的零件,如齿轮、离合器等
15CrMnSiMo 钢	渗碳淬火	用于制造承受重负荷和冲击及高速度工作的零件,如齿轮、主轴、顶尖套、花键套等,相当于含镍 3%～4%铬镍渗碳钢
40CrMnMo 钢	调质	用于制造承受重负荷、截面上实体厚度很大的零件,如大齿轮、轴、高压鼓风机叶轮等
	淬火	
35CrMo 钢	调质	调质后具有较高硬度和良好的加工性能,用于制造精密传动装置、齿轮等
	淬火	用于制造承受大负荷、高疲劳极限和中等速度工作的齿轮、主轴等
38CrMoAlA 钢	氮化	用于制造具有良好耐磨性、较高疲劳极限强度及热处理变形小的零件,如分配泵转子、套筒、套环、主轴等

1.1.4　拓展知识

钢在冶炼过程中不可避免地存有杂质。杂质是指一些不作为合金元素的各种元素的统称。对钢性能影响较大的杂质有锰(Mn)、硅(Si)、硫(S)、磷(P)和氧(O)、氮(N)、氢(H)等。其中前 4 种称为常存杂质,是生产中需要经常检查的杂质,下面分析这些杂质对钢性能的影响。

1. 锰(Mn)的影响

对于碳素钢,锰属于杂质,锰是炼钢时用锰铁给钢液脱氧后而残余在钢中的元素。Mn 有较强的脱氧能力,可以清除 FeO,改善钢的品质,降低钢的脆性。锰还可以与钢中有害杂质硫形成 MnS,降低 S 对钢的危害,提高热变形加工的工艺性。锰大部分溶于 Fe,形成含锰的铁素体,使钢强化,也能部分溶于渗碳体。但是锰的质量分数过高会使其在相图中的共析点向左下方移动,从而使钢的过热敏感性增加,易使晶粒粗大。

总的说来,锰对钢是有益的。在一般碳素钢中把锰控制在 0.25%～0.8%范围内。对于某些碳素钢,为提高其性能将杂质锰的含量控制在 0.7%～1.2%,称为锰的质量分数较高的碳素钢。

2. 硅(Si)的影响

硅主要来自原料生铁和硅铁脱氧剂。硅比锰的脱氧能力强，可使钢液中的 FeO 变成炉渣脱离钢液，提高钢的品质。硅能溶于铁素体，提高钢的强度、硬度，但会降低钢的塑性和韧性。

硅能够使 Fe_3C 稳定性下降，促进 Fe_3C 分解生成石墨。若钢中出现石墨会使钢的韧性严重下降，产生所谓的"黑脆"。所以，杂质硅在碳素钢中一般控制在 0.17%～0.37% 范围内，特殊时需要降至 0.03%。

3. 硫(S)的影响

杂质硫主要来源于矿石和燃料。S 几乎不溶于铁，而与铁形成 FeS 化合物作为夹杂物存留钢中。FeS 熔点为 1190℃。而 FeS 与 Fe 形成共晶体，其熔点仅是 985℃。由于 (Fe + FeS)共晶体的熔点低于钢的热变形加工温度(1000～1200℃)，易使钢在热变形加工中开裂，使钢的"热脆"性增加。除特殊需要(如提高切削工艺性)外，钢中的 S 含量不应大于 0.05%。

前面已提过锰的存在可使硫形成 MnS，其熔点可高达 1620℃，从而可消除由 S 引起的钢的热脆性。MnS 在铸态钢中呈粒状分布于铁素体晶粒内或晶界上。由于 MnS 有一定的塑性，钢坯在轧制或锻造时可轧成条状，但是若 S 含量较大，则会引起轧钢中 Fe 和 P 呈带状分布。这种带状组织会使热轧也出现各向异性。用有带状组织的钢材加工成的零件虽然切削工艺很好，但是，若进行淬火处理易引起工件开裂。因此钢中的硫含量越少，钢的品质越好。硫的含量常被用作衡量钢材质量等级的指标之一。

4. 磷(P)的影响

磷主要是由矿石带到钢中的。磷可以固溶到铁素体中提高钢在室温时的强度。但是，磷也易与铁形成极脆的化合物 Fe_3P，使钢的塑性和韧性显著下降。并且随着钢所处的温度愈低，脆性愈严重。磷会引起钢的"冷脆"，另外，磷也会降低钢的可焊性。磷有益的一面是能增加钢耐大气腐蚀的能力，也能提高钢的切削工艺性。但是，若无特殊需要，钢中的磷含量最多不超过 0.045%。磷也是衡量钢材品质的指标之一。

5. 氧(O)的影响

冶炼中，钢液免不了和大气接触，另外，在炼钢工艺中需要氧化过程以降低钢中的碳含量。因此，钢中总会有一定的氧。为此在熔炼的后期应加脱氧剂造渣除氧。主要脱氧剂有锰铁、硅铁、铝等。除氧后，钢中仍会有一些氧的化合物以夹杂形式存于钢中，也有极少量氧固溶到 Fe 中。主要氧化物有 Fe_3O_4、FeO、MnO、Mn_3O_4、SiO_2、Al_2O_3 等。

钢中氧化物及其他化合物夹杂的存在会降低钢的力学性能，尤其是会严重降低钢的疲劳强度。因此，钢的品质检测中规定了夹杂物的控制级别，一般小于 3 级。杂质氧对钢无益，愈少愈好。

6. 氮(N)的影响

氮杂质主要来源于钢液与大气的接触。氮在铁素体中的最大溶解度为 0.1%(590℃)，室温下溶解度极小，接近于 0。当钢由高温快冷到室温时，氮会使铁素体处于过饱和状态。如果在 200~250℃ 加热，氮会以氮化物形式析出，可增加钢的强度、硬度，但是也降低了钢的塑性和韧性，使钢变脆。因 200~250℃ 加热会使钢表面氧化成蓝色，故称为"蓝脆"。

7. 氢(H)的影响

氢杂质也主要来自大气。钢中含有少量的氢就会使钢的脆性显著增加，此现象称为"氢脆"。另外，当钢进行热轧或锻造时，若工艺不当，氢杂质可能引起"白点"缺陷。白点会使钢的力学性能严重降低，甚至引起钢材开裂报废，含铬、钼的合金钢更易产生白点。

为了保证钢在使用中的质量，钢材生产厂应严格按国家标准控制杂质含量和夹杂物的等级。用户也需对进厂钢材进行必要的化学成分及杂质的化学分析，对组织和缺陷及夹杂物做金相检查，对力学性能做材料力学试验。

1.1.5　练习题

一、选择题

1. 制造普通铁钉的是(　　　)。

A. Q195　　　　　　　　B. 45　　　　　　　　　　　C. 65Mn

2. 制造普通螺钉、螺母应选用(　　　)。

A. Q235　　　　　　　　B. 08　　　　　　　　　　　C. 60Mn

3. 制造小汽车便携工具用油箱应选用(　　　)。

A. 08F　　　　　　　　　B. T10　　　　　　　　　　C. C80

4. 制造曲轴的材料是(　　　)。

A. 08F　　　　　　　　　B. 45　　　　　　　　　　　C. Q235

5. 制造铁丝应选用(　　　)。

A. Q195　　　　　　　　B. Q215　　　　　　　　　　C. Q235

二、问答题

1. 新的钢分类方法按照化学成分将钢分为哪几类？

2. 指出下列钢号的意义。

Q345B　　20CrMnTi　　38CrMoAl　　60Si2Mn　　9SiCr　　W18Cr4V　　1Cr18Ni9

任务 1.2　了解铸铁的种类及应用

1.2.1　学习目标

(1) 了解铸铁的分类及编号。

(2) 能识别常用铸铁的种类。

(3) 了解常用铸铁的应用。

1.2.2 任务描述

根据铸铁材料的分类方法、钢号标注方法以及常用铸铁的应用(见图 1-2-1)等相关知识，分析几种零件的钢号，完成课后练习。

(a) 围栏 (b) 英式乡村园艺工具 (c) 球墨铸铁管

(d) 灰铸铁棒材 (e) 铸铁锅 (f) 清代铸铁黑漆狗

图 1-2-1 各种铸铁制品

1.2.3 必备知识

铸铁是含碳量在 2.11%～6.69%之间的铁碳合金，其碳及硅、锰、硫、磷等元素的含量均高于碳钢。由于铸铁的塑性差、脆性大，不如碳钢那样可以进行压力加工，而只能铸造成形，故称铸铁。

铸铁有优良的铸造性，并具有耐磨性高、消振性好、切削加工性好等优点，同时生产工艺简单，在工业上得到了广泛的应用。

铸铁按所含碳的存在形式和形态不同，可分为灰口铸铁、白口铸铁、可锻铸铁、球墨铸铁、蠕墨铸铁及合金铸铁等种类。

一、灰口铸铁

1. 定义

灰口铸铁是指碳主要以片状的石墨形式存在，断口呈暗灰色，是工业生产中应用最广泛的一种铸铁材料。

(1) 铁素体灰口铸铁：组织为铁素体基体 + 片状石墨，相当于工业纯铁，强度低，塑性好，如图 1-2-2(a)所示。

(2) 铁素体-珠光体灰口铸铁：组织为(铁素体 + 珠光体)基体 + 片状石墨，强度稍高，塑性好，如图 1-2-2(b)所示。

(3) 珠光体灰口铸铁：组织为珠光体基体 + 片状石墨，强度较高，塑性较低，为铸铁中应用最多的一种，如图 1-2-2(c)所示。

(a) 铁素体基体

(b) 铁素体-珠光体基体

(c) 珠光体基体

图 1-2-2　灰口铸铁的显微组织

2. 力学性能

由于石墨的强度、硬度、塑性、韧性很差，因此片状石墨分布在灰口铸铁的基体上相当于基体上布满了"裂纹"和"孔洞"，割裂了基体的连续性，很容易造成应力集中，降低了基体的抗拉强度，使塑性、韧性很差，但是抗压强度和碳钢相似。

3. 牌号和用途

灰口铸铁的牌号用汉语拼音首位字母"HT"来表示，后面数字是最低抗拉强度。常用于盖、外罩、支架、工作台、机床底座、气缸等承受抗压强度的机械零件。

二、白口铸铁

1. 定义

白口铸铁是指主要以游离碳化物形式存在的铸铁，由于其断口呈银白色，故称为白口铸铁。

2. 性能及用途

由于有大量硬而脆的渗碳体，故白口铸铁硬度高、脆性大，很难切削加工。工业上极少直接用它制造机械零件，主要是用来作为炼钢原料或可锻铸铁零件的毛坯。

三、可锻铸铁

1. 定义

白口铸铁可通过锻化处理，改变其金相组织形态，使碳主要以团絮状石墨形式存在，这种铸铁由于具有较高的韧性，故习惯上称为可锻铸铁。其晶相组织如图 1-2-3 所示。

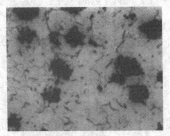
(a) 铁素体基体

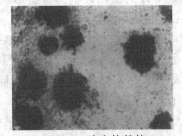
(b) 珠光体基体

图 1-2-3　可锻铸铁的显微组织结构

2. 牌号、性能及用途

可锻铸铁的牌号用"KT"表示，其后面字母若是"H"则表示黑心可锻铸铁，若是"Z"则表示珠光体可锻铸铁，后面的两组数字各代表最低抗拉强度和最低延伸率，如KTH300-06。

石墨呈团絮状，与片状石墨相比，可以减小对基体的割裂作用，提高基体金属的强度利用率。因此，可锻铸铁的强度比灰口铸铁高，但不如球墨铸铁；灰口铸铁的塑性较好，但不能锻造，常用来制造汽车、拖拉机的前后轮壳、制动器、电机壳等。

四、球墨铸铁

1. 定义

凡铁液经过球化处理而不是在凝固后经过热处理，使石墨大部分或全部成球状，有时少量为团絮状的铸铁，称为球墨铸铁。

2. 球化处理

球墨铸铁组织的特点是石墨呈球状，故要进行球化处理，并同时也进行孕育处理，加入铁水的球化剂为纯镁或稀土镁硅合金，孕育剂为硅铁或硅钙合金，最后可得分布均匀的细小球状石墨和细基体组织。

3. 牌号和组织

球墨铸铁的牌号用汉语拼音首位字母"QT"表示，后面有两组数字，第1组代表最低抗拉强度，第2组代表最低延伸率。球墨铸铁的3种基体为铁素体、铁素体-珠光体、珠光体，如图1-2-4所示。

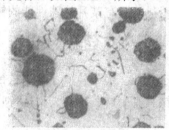 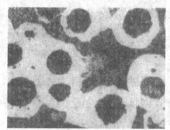 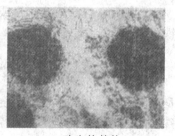

(a) 铁素体基体　　　　(b) 铁素体-珠光体基体　　　　(c) 珠光体基体

图1-2-4　球墨铸铁的显微组织结构

4. 性能和用途

球墨铸铁的力学性能比普通灰口铸铁高很多，这是因为石墨呈球状，应力集中大为减轻，对基体的割裂作用是不同形态石墨中最小的，因而基体比较连续。因此在实际生产中，常用来替代碳钢制造受静载荷或动载荷的机械零件，即力学性能要求高的铸件，如曲轴、连杆、阀门等。

五、蠕墨铸铁

1. 定义

蠕墨铸铁是指部分石墨为蠕虫状的铸铁。蠕虫状石墨介于片状与球状石墨之间，类似于片状石墨，但片短而厚，头部较圆，形似蠕虫，如图 1-2-5 所示。

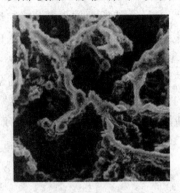

图 1-2-5　蠕墨铸铁的显微组织结构

2. 性能及应用

蠕墨铸铁的力学性能介于灰口铸铁与球墨铸铁之间，是近几十年发展起来的新型铸铁。蠕墨铸铁的生产方法与球墨铸铁相似，蠕化剂有镁钛合金、稀土镁钛合金、稀土镁钙合金等。在生产中蠕虫状石墨与球状石墨常并存。蠕化率是影响蠕墨铸铁性能的主要因素。蠕墨铸铁的牌号用"RuT"与抗拉强度数值表示，例如 RuT340 表示最低抗拉强度为 340 MPa 的蠕墨铸铁。

1.2.4　拓展知识——合金铸铁

1. 定义

常规元素高于规定含量或含有一种或多种合金元素，明显地具有某种特殊性能的铸铁，称为合金铸铁。

2. 性能及应用

合金铸铁与在相似条件下使用的合金钢相比，具有熔炼简单、成本较低、使用性能良好的优点，但力学性能比合金钢低，脆性较大。合金铸铁具有耐磨、耐热、耐蚀等特殊性能，可满足工业生产的各种特殊性能要求。

1) 耐磨铸铁

不易磨损的铸铁称为耐磨铸铁。耐磨铸铁主要通过加入某些合金元素在铸铁中形成一定数量的硬化相，例如在高磷耐磨铸铁中加入磷形成高硬度的磷晶体，在铬钼铜耐磨铸铁中加入铬、钼、铜等合金元素形成合金渗碳体等，这样可使铸铁的耐磨性能大幅度提高。耐磨铸铁广泛应用于机床床身、球磨机衬板、磨球、气缸套、活塞环等机械零件的生产制造。

2) 耐热铸铁

耐热铸铁是指可以在高温中使用，其抗氧化或抗生长性能符合使用要求的铸铁。在铸铁中加入铝、硅、铬等合金元素，可以在铸铁表面形成致密的保护性氧化膜，使铸铁在高温下具有抗氧化能力，同时能够使铸铁的基体变为单相铁素体，在高温下不发生相变；在铸铁中加入镍、钼，能增加其在高温下的强度和韧性，从而提高铸铁的耐热性。

常用的耐热铸铁分为中硅铸铁、高铬铸铁、镍铬硅铸铁、镍铬球墨铸铁、中硅球墨铸铁等，主要用于制造加热炉附件，如炉底板、加热炉传送链构件、换热器、渗碳坩埚等。

3) 耐蚀铸铁

耐蚀铸铁是指具有一定耐蚀性能的铸铁，主要有高硅、高铝、高铬、高镍等系列。铸铁中加入一定量的硅、铝、铬、镍、铜等元素，可使铸件表面生成致密的氧化膜，从而提高耐蚀性。高硅($W_{Si} = 10\% \sim 18\%$)铸铁是常见的耐蚀铸铁，为了提高对盐酸腐蚀的耐蚀能力可以加入铬和钼等合金元素。高硅铸铁广泛应用于化工、石油、化纤、冶金等工业设备，如泵、管道、阀门、储罐等。

1.2.5　练习题

一、填空题

1. 铸铁是含碳量_____的铁碳合金。

2. 铸铁的含碳量在_____之间。当这些碳以渗碳体的形式存在时，该铸铁称为_____，以片状石墨的形态存在时，称为_____。

3. 根据碳的存在形式，铸铁可分为_____铸铁、_____铸铁和_____铸铁。

二、判断题(对的打"√"，错的打"×")

1. 铸铁中碳存在的形式不同，则其性能也不同。　　　　　　　　　（　　）

2. 球墨铸铁可以通过热处理改变其基体组织，从而改善其性能。　　（　　）

3. 通过热处理可以改变铸铁的基本组织，故可显著地提高其机械性能。（　　）

4. 可锻铸铁比灰口铸铁的塑性好，因此可以进行锻压加工。　　　　（　　）

5. 从灰口铸铁的牌号上可看出它的硬度和冲击韧性值。　　　　　　（　　）

6. 球墨铸铁中石墨形态呈团絮状存在。　　　　　　　　　　　　　（　　）

三、单项选择题

1. 铸铁中的碳以石墨形态析出的过程称为(　　)。

A. 石墨化　　　　　　　　　　　　B. 变质处理

C. 球化处理　　　　　　　　　　　D. 孕育处理

2. 灰口铸铁具有良好的铸造性、耐磨性、切削加工性及消振性，这主要是由于组织中的(　　)的作用。

A. 铁素体　　　　　　　　　　　　B. 珠光体

C. 石墨　　　　　　　　　　　　　D. 渗碳体

3. (　　)的石墨形态是片状的。

A. 球墨铸铁　　　　　　　　　　　B. 灰口铸铁

C. 可锻铸铁　　　　　　　　　　　D. 白口铸铁

4. 铸铁的(　　)性能优于碳钢。

A. 铸造性　　　　　　　　　　　　B. 锻造性

C. 焊接性　　　　　　　　　　　　D. 淬透性

5. 可锻铸铁是在钢的基体上分布着(　　)石墨。

A. 粗片状   B. 细片状

C. 团絮状   D. 球粒状

6. 可锻铸铁是( )均比灰口铸铁高的铸铁。

A. 强度、硬度   B. 刚度、塑性

C. 塑性、韧性   D. 强度、韧性

7. 铸铁牌号 HT100、KTH370—12、QT420—10 依次表示( )。

A. 可锻铸铁、球墨铸铁、白口铸铁

B. 灰口铸铁、孕育铸铁、球墨铸铁

C. 灰口铸铁、可锻铸铁、球墨铸铁

D. 灰口铸铁、麻口铸铁、可锻铸铁

四、问答题

1. 简述灰口铸铁的性能特点。

2. 与灰口铸铁相比，球墨铸铁的机械性能有哪些特点？

3. 灰口铸铁、白口铸铁、球墨铸铁、蠕墨铸铁在组织上的根本区别是什么？

4. 说说日常生活中曾遇到的强度最高与最低的金属，性能最好与最差的金属材料。

5. 在生活中遇到一种材料，通常你如何判断它是不是金属？是什么种类的金属？

任务 1.3 了解常用合金的种类及应用

1.3.1 学习目标

(1) 了解合金的分类及编号。

(2) 能识别常用合金钢的种类。

(3) 了解常用合金钢的应用及强化机制。

1.3.2 任务描述

本节主要介绍机械制造工业中常用的铝合金、铜合金、镁合金、钛合金及锌合金等(见图 1-3-1)。根据合金材料的分类方法、牌号标注方法以及常用合金的应用等相关知识，分析几种零件的牌号，完成课后练习。

(a) 铝合金门窗

(b) 铝锅

(c) 铜合金仿古宣德炉

(d) 锡青铜带

(e) 丰田 86 改装锻镁合金轮毂

(f) 镁合金多用汤锅

图 1-3-1　各种合金制品

1.3.3　必备知识

金属分为 2 大类：钢铁金属(黑色金属)和非铁金属(有色金属)。钢铁金属具有优良的力学性能，非铁金属与之相比也有许多优良的物理性能和化学性能。例如，铜、银、金的导电性能好，铝、镁、钛及其合金的密度小，镍、钼、钴及其合金能耐高温，铜、钛及其合金具有良好的耐蚀性等。

一、工业纯铝及铝合金

1. 工业纯铝

铝在地壳中的贮藏量很丰富，比铁还多，但冶炼困难，生产成本高。纯铝是银白色的轻金属，密度为 2.7 g/cm^3，仅是钢铁密度的 1/3，熔点为 660℃，结晶后为面心立方晶格，无同素异构转变，故铝合金的热处理原理与钢不同。纯铝的电导性和热导性很高，仅次于银、铜、金，室温下铝的导电能力不如铜。

纯铝具有良好的耐蚀性，强度、硬度低，但塑性好，可以制成铝箔，并可通过冷热加工成线、板、带、棒、管等型材。工业纯铝的纯度为 98.7%～99.8%，含有少量的铁和硅等杂质。纯铝常用于制作导线、配制各种铝合金以及制作要求质量轻、导热或耐大气腐蚀的器皿等。

2. 工业纯铝的牌号

工业纯铝的牌号表示方法，见表 1-3-1。

表 1-3-1　纯 铝 的 牌 号

牌号	1A99	1A97	1A95	1A93	1A90	1A85
旧牌号	LG5	LG4	—	LG3	LG2	LG1
W_{Al}	99.99%	99.97%	99.95%	99.93%	99.90%	99.85%

1) 旧牌号

工业纯铝的加工产品的牌号由"L"加数字组成。数字表示顺序号,序号数愈大,纯度愈高。

2) 新牌号(四位字符体系)

新牌号用 1×××四位字符表示,"1"表示组别(纯铝);第二位为字母,表示原始纯铝的改型情况,如果字母为 A,表示为原始纯铝;后 2 位数字表示铝的最低含量小数点后的 2 位数字(用百分数表示)。如 1A97 表示的是最低铝含量为 99.97%的原始纯铝。

3. 铝合金

纯铝的强度低,不宜制作承受重载荷的结构件,若铝中加入一定量的合金元素(如硅、铜、锰等),则可制成强度高的铝合金。铝合金密度小、导热性好、比强度(单位质量的强度)高,若经过冷加工或者热处理,还可以进一步提高强度。

1) 铝合金的分类

按合金成分及生产工艺特点,铝合金可分为变形铝合金和铸造铝合金两大类。从图 1-3-2 中可以看出,成分在 D 点左边的合金,加热时能形成单相固溶组织,合金塑性较高,适于压力加工,称为变形铝合金;成分在 D 点右边的合金,因具有共晶组织,塑性较差,不适于压力加工,但其熔点低,流动性好,适于铸造,故称铸造铝合金。

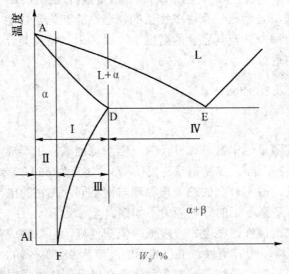

图 1-3-2　二元铝合金状态图

成分在 F 与 D 点之间的铝合金,固溶体的成分随着温度的变化而变化,可用热处理来强化;成分在 F 点左边的合金,固溶体成分不随着温度的变化而变化,故不能用热处理强化。

2) 铝合金的牌号

(1) 旧牌号。

变形铝合金的牌号是用 2 个大写的汉语拼音字母及数字来表示。第 1 个字母"L"表示铝合金;第 2 个字母表示合金的组别(F—防锈铝合金,Y—硬铝合金,C—超硬铝合金,D—锻铝合金);后面的数字表示顺序号。例如,LF2 表示 2 号防锈铝合金,LY11 表示 11

号硬铝合金，LC4 表示 4 号超硬铝合金，LD8 表示 8 号锻铝合金。

铸造铝合金分为 Al-Si 系、Al-Cu 系、Al-Mg 系和 Al-Zn 系 4 类。铸造铝合金的代号用"铸铝"汉语拼音字首"ZL"加 3 位数字表示，其中第 1 位数字表示主要合金类别，即"1"表示铝-硅系，"2"表示铝-铜系，"3"表示铝-镁系，"4"表示铝-锌系；第 2、3 位数字表示合金的顺序号。例如，ZL102 表示 2 号铸造铝硅合金，ZL201 表示 1 号铸造铝铜合金。

(2) 新牌号(国际四位字符体系)

根据美国国家标准 ANSI H351—1978，美国的变形铝及铝合金的牌号用四位数字表示。该系统是美国铝业协会(The Aluminum Association)1954 年采用的，1957 年美国标准化协会将其纳入美国标准，1983 年国际标准化组织又将其纳入 ISO2107—1983(E)中作为国际牌号之一。

在四位数字牌号中第一位数字表示合金系列。按主要合金元素的分类如下：

工业纯铝(W(Al)≥99.00%)	1×××系
Cu	2×××系
Mn	3×××系
Si	4×××系
Mg	5×××系
Mg + Si	6×××系
Zn	7×××系
其他元素	8×××系
备用系	9×××系

在 1×××系中，牌号的最后两位数字表示最低铝含量与最低含铝量中小数点右边的两位数字相同，例如 1060 表示最低铝含量为 99.60%(质量分数下同)的工业纯铝。第二位数字表示对杂质范围的修改，若为 0，则表示该工业纯铝的杂质范围为生产中的正常范围；如果为 1～9 中的自然数，则表示生产中应对某一种或几种杂质或合金元素加以专门的控制。例如，1350 工业纯铝是一种铝含量应不小于 99.50%的电工铝，其中有 3 种杂质应受到控制即 W(V + Ti)≤0.02%，W(B)≤0.05%，W(Ga)≤0.03%。

在 2×××系～8×××系中，牌号的最后两位数字无特殊意义，仅表示同一系列中的不同铝合金，但有些是表示美国铝业公司过去用的旧牌号中的数字部分，如 2024 合金即过去的"24S"合金，不过这样的合金为数甚少。第二位数字表示对合金的修改，如为 0，则表示原型铝合金；如为 1～9 中的任一整数，则表示对合金的修改次数。

若对主要合金元素含量范围进行变更，则最大变更量与原型合金中铝合金元素的含量关系如下：

原型铝合金中合金元素质量分数的算术平均值范围(%)	允许最大变化量(%)
≤1.0	0.15
>1.0～2.0	0.20
>2.0～3.0	0.25
>3.0～4.0	0.30
>4.0～5.0	0.35
>5.0～6.0	0.40

3) 变形铝合金

变形铝合金分为防锈铝合金、硬铝合金、超硬铝合金和锻铝合金 4 种，见表 1-3-2。

表 1-3-2　常用变形铝合金的牌号、化学成分、力学性能及用途

类别	牌号	化学成分/ %					材料状态	力学性能			用途举例
		W_{Cu}	W_{Mg}	W_{Mn}	W_{Zn}	其他		屈服极限 σ_b/MPa	伸长率 δ_{10}/%	布氏硬度 HBS	
防锈铝合金	5A05 (原LF5)	0.10	4.8~5.5	0.3~0.6	0.20	—	0	280	20	70	焊接油管、油箱焊条、铆钉以及中载零件及制品
	3A21 (原LF21)	0.20	0.05	1.0~1.6	0.10	Ti0.15	0	130	20	30	焊接油管、油箱焊条、铆钉以及轻载零件及制品
硬铝合金	2A01 (原LY1)	2.2~3.0	0.2~0.5	0.20	0.10	Ti0.15	T4	300	24	70	工业温度不超过100℃的结构用中等强度铆钉
	2A11 (原LY11)	3.8~4.8	0.4	0.4~0.8	0.30	Ni0.10 Ti0.15	T4	420	15	100	中等强度的结构零件，如骨架模锻的固定接头、支柱、螺旋桨的叶片、局部镦粗零件、螺栓和铆钉
超硬铝合金	7A04 (原LC4)	1.4~2.0	1.8~2.8	0.2~0.6	5.0~7.0	Cr0.1~0.25	T6	600	12	150	结构中主要受力件，如飞机大梁、加强框、起落架
锻铝合金	2A50 (原LD5)	1.8~2.6	0.4~0.8	0.4~0.8	0.30	Ni0.10 Ti0.15	T6	420	13	105	形状复杂、中等强度的锻件及模锻件
	2A70 (原LD7)	1.9~2.5	1.4~1.8	0.20	0.30	Ni0.9~1.5 Ti0.02~0.1	T6	440	12	120	内燃机活塞和在高温下工作的复杂锻件、板材，可在高温下工作的结构件

注：表内化学成分摘自 GB/T3190—1996《变形铝及铝合金化学成分》，其中，"材料状态"列中的"0"表示退火，T4 表示固溶处理 + 自然时效，T6 表示固溶处理 + 人工时效，摘自 GB/T16474—3996《变形铝及铝合金状态代号》；做铆钉线材的 3A21 合金的锌含量 W_{Zn}≤0.01%；原牌号指 GB/T3190—1982《铝及铝合金加工产品化学成分》中的铝合金牌号。

(1) 防锈铝合金。防锈铝合金属于 Al-Mn 或 Al-Mg 系合金，常用的有 5A05、3A21 等。防锈铝合金的强度比纯铝高，并具有良好的耐蚀性、塑性和焊接性，但切削加工

性能差，属于不能用热处理强化的铝合金，只能用冷塑性变形的方式强化。防锈铝合金主要用于制造高耐蚀性的构件、薄板容器、管道及需要弯曲或冷拉伸的零件和制品。

(2) 硬铝合金。硬铝合金属于 Al-Cu-Mg 系合金，可用热处理(淬火和时效处理)来强化，常用的有 2A01、2A11、2A12 等，由于密度小，比强度(接近高强度钢)高，所以称为硬铝。硬铝在航空工业中应用广泛。

(3) 超硬铝合金。超硬铝合金属于 Al-Cu-Mg-Zn 系合金，常用的有 7A03、7A04 等。在铝合金中，超硬铝合金的时效强化效果最好，其强度、硬度均高于硬铝合金，比强度接近超高强度钢。超硬铝合金主要用作要求质量轻而受力较大的结构件，如飞机大梁、起落架等。

(4) 锻铝合金。锻铝合金属于 Al-Cu-Mg-Si 系和 Al-Cu-Mg-Ni-Fe 系合金，常用的有 2A50、6A02 等。锻铝合金的力学性能与硬铝合金相近，但热塑性、耐蚀性较高，适于锻造。锻铝合金主要用于比强度要求较高的锻件，通常采用固溶热处理和人工时效来提高强度。

4) 铸造铝合金

铸造铝合金可以分为 4 类：Al-Si 合金、Al-Cu 合金、Al-Mg 合金和 Al-Zn 合金，其中 Al-Si 合金具有良好的力学性能和铸造性能，应用最广。

铸造铝合金的牌号字头用“铸造”二字汉语拼音字母“ZL”加三位数表示，第 1 位数字表示合金系，其中，1 为 Al-Si 合金，2 为 Al-Cu 合金，3 为 Al-Mg 合金，4 为 Al-Zn 合金；第 2、3 位数字表示该系合金的顺序号，如 ZL101、ZL102、ZL103，分别为 Al-Si 系列的一、二、三号铸铝。常用铸造铝合金的牌号、化学成分、力学性能及用途见表 1-3-3。

铝-硅系铸造铝合金通常称硅铝明。这类铝合金具有良好的铸造性能，其流动性好，收缩及热裂倾向小，熔点低，采用铸造方法生产。最常用的牌号是 ZL102，它是典型的铝-硅合金，属于共晶体。其铸造组织是硅溶入铝中形成的 α 固溶体和粗大针状硅晶体组成的共晶体($\alpha+\mathrm{Si}$)。为提高其力学性能，常采用变质处理。因变质剂使共晶点移向右下方，因而使合金处于亚共晶相区，硅晶体变为细小颗粒状，均匀分布在铝的基体上，形成了具有良好塑性的初晶 α 相，即 α 固溶体，其显微组织前后对比见图 1-3-3。

(a) 变质前

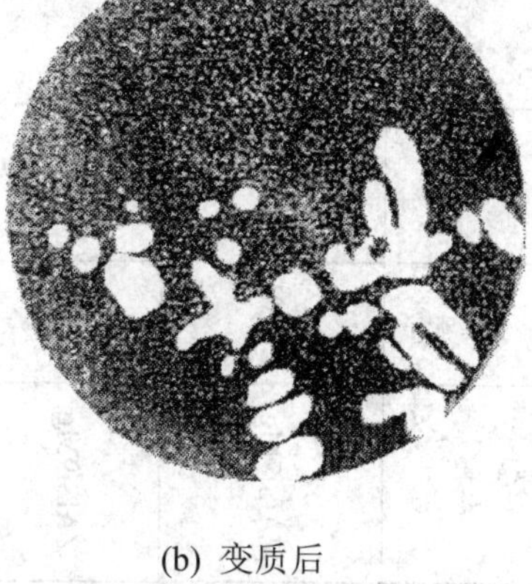

(b) 变质后

图 1-3-3 铝-硅合金铸造组织前后对比

表1-3-3 常用铸造铝合金的牌号、化学成分、力学性能及用途

材料名称	铝合金牌号	化学成分/%					铸造方法	力学性能				用途举例
		W_{Si}	W_{Cu}	W_{Mg}	W_{Mn}	W_{Mn}		合金状态	σ_b /MPa	δ_{10} /%	HBS	
									不小于			
ZAlSi7Mg	ZL101	6.0~7.5	—	0.25~0.45	—	Al余量	J	T5	210	2	60	形状复杂的砂型、金属型加工和压力铸造零件,如飞机、仪表、水泵壳体,工作温度不超过185℃的汽化器等
ZAlSi9Mg	ZL104	8.0~10.5	—	0.17~0.30	0.2~0.5	Al余量	J	T1	200	1.5	65	砂型、金属型和压力铸造的形状复杂、在200℃以下工作的零件,如发动机机匣、汽缸体等
ZAlCu4	ZL203	—	4.0~5.0	—	—	Al余量	J	T5	230	3	70	砂型铸造、中等载荷和形状比较简单的零件,如托架和工作温度不超过200℃的要求切削加工性能好的小零件等
ZAlMg5Si1	ZL303	0.8~1.3	—	4.5~5.5	0.1~0.4	Al余量	S、J	—	150	1	55	腐蚀介质作用下的中等载荷零件,在严寒大气中以及工作温度不超过200℃的零件,如海轮配件和各种壳体等
ZAlZn11Si7	ZL401	6.0~8.0	—	0.1~0.3	—	Zn9.0~13.0 Al余量	J	T1	245	1.5	90	压力铸造零件,工作温度不超过200℃、结构形状复杂的汽车或飞机零件等

注:铸造方法代号,J表示金属型铸造,S表示砂型铸造;合金状态,T1表示人工时效,T5表示固溶处理加不完全人工时效;化学成分与力学性能摘自GB/T1173—1995《铸造铝合金》;表中σ_b表示抗拉强度,δ_{10}表示钢筋标距长度10倍直径的伸长率,HBS表示布氏硬度。

与铝-硅合金相比，铸造铝-铜合金的耐热性好，可进行时效硬化，但铸造性和耐蚀性较差，主要用来制造高温条件下不受冲击和要求较高强度的零件，常用牌号有 ZL201、ZL202 等。铸造铝-镁合金的强度较高、耐蚀性好、密度小，但铸造性差、耐热性较低、易产生热裂和疏松，主要用于制造在腐蚀性介质中工作的零件，常用牌号有 ZL301、ZL302 等。铸造铝-锌合金的铸造性好，经变质处理和时效处理后强度较高，但耐蚀性、耐热性较差，主要用于制造结构形状复杂的仪器零件、汽车零件，常用牌号有 ZL401、ZL402 等。

二、铜合金

1. 工业纯铜

铜因为容易冶炼，耐蚀性好，有较好的力学性能而成为人类最早使用的金属之一。古代广泛用于制造兵器、农具、各种工艺品等。

纯铜由于表面极易被氧化形成紫红色的 Cu_2O，所以又称红铜(或紫铜)，密度为 8.96 g/cm^3，熔点为 1083℃，具有面心立方晶格，无同素异晶转变。纯铜最突出的特点是电导性、热导性好，仅次于银。纯铜耐蚀性比较好，在大气、水蒸气、水和热水中基本不受腐蚀，在海水中易受腐蚀。工业纯铜中铜的质量分数为 99.70%～99.95%，工业纯铜的牌号用"T"+顺序号表示，共有 4 个代号：T1、T2、T3、T4。序号越大，纯度越低，导电性越差。纯铜强度低，不宜作结构材料，一般加工成棒、线、板、管等制品供应，用于制造电线、电缆、电器零件及熔制铜合金等。

2. 铜合金的分类

按所加的合金元素不同，铜合金(见图 1-3-4)可分为黄铜(铜-锌合金)、白铜(铜-镍合金)和青铜(铜-除锌、镍以外的其他元素)。按生产方法不同，铜合金还可分为铸造铜合金和压力加工铜合金。

(a) 白铜　　　　　　　(b) 黄铜　　　　　　　(c) 青铜

(d) 白铜壶　　　　　　(e) 黄铜壶　　　　　　(f) 青铜器

图 1-3-4　各种铜合金制品

3. 铜合金的牌号表示方法

1) 压力加工铜合金的牌号表示方法

(1) 黄铜的牌号表示方法。普通黄铜是由铜和锌组成的二元合金。加入锌可提高合金的硬度、强度和塑性，还可以改善铸造性能。当锌的质量分数小于 32% 时，锌可全部熔入铜中，室温下形成锌在铜中的单相 α 固溶体；当锌的质量分数达到 32%~45% 时，普通黄铜室温组织为 α 固溶体与硬而脆的 β 相组成的两相组织；当锌含量大于等于 45% 时，黄铜组织全部是 β 相，见图 1-3-5。

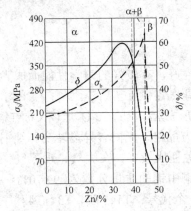

图 1-3-5　锌对普通黄铜力学性能的影响

普通黄铜的牌号采用"黄"字汉语拼音字首"H"加数字表示。数字表示铜的平均质量分数，如 H68 表示铜的质量分数为 68%。

对于 H70、H68，其组织为单相 α 固溶体，强度较高，塑性较好，适用于冷、热塑性变形加工，主要适于用冲压方法制造形状复杂、要求耐蚀性较高的零件，如弹壳、冷凝器等。

H62、H59 为双相黄铜(α + β)，其强度较高，有一定的耐蚀性，但在室温下，其塑性和韧性较差，不适于冷变形加工，但在高温下具有良好的塑性和韧性，可进行热变形加工，广泛用于制作热扎、热压的零件。

在普通黄铜中加入硅、锡、铝、铅、锰、铁等合金元素所形成的合金，称为特殊黄铜。例如，铅可以改善切削加工性和耐磨性；硅可以改善铸造性能，并对提高强度和耐蚀性有利；铝的加入可以提高强度、硬度和耐磨性。

特殊黄铜分为压力加工和铸造用 2 种。前者加入的合金元素较少，以保证较高的塑性；后者因不要求有很高的塑性，为提高强度和铸造性能，可加入较多的合金元素。

特殊黄铜的牌号以"H"为首，其后为添加元素的化学符号与数字，依次表示含铜量和加入元素的含量。如 HPb57-3，表示 $W_{Cu} = 56.5\%~58.5\%$，$W_{Pb} = 2\%~3\%$ 的特殊黄铜。

(2) 白铜的牌号表示方法。白铜是以镍为主加元素的铜合金，呈银白色，有金属光泽，故名白铜。普通白铜是由铜和镍组成的二元合金，镍的含量一般为 25% 以上。

普通白铜的牌号由代号"B"和数字(镍的平均质量百分数)组成，有 B19、B25、B30 等，如 B30 表示镍的平均质量分数为 30% 的白铜。白铜广泛应用于造船、石油化工、电器、仪表、医疗器械、装饰工艺品等领域，并且还是重要的电阻及热电偶合金。

特殊白铜的牌号由"B"、其他化学元素符号(第 2 主加元素的元素符号)、第 1 主加元素镍的平均质量分数和第 2 主加元素的平均质量分数组成，如 BMn43-0.5 表示镍的平均质量分数为 43%、锰的平均质量分数为 0.5% 的锰白铜。

(3) 青铜的牌号表示方法。铜与锡往往伴生而生成矿，因此铜锡合金是人类历史上最早使用的合金，因其外观呈青黑色，故称之为青铜。中国在公元前两千年的夏朝就开始使用铜锡合金制造钟、鼎和武器等。近几十年来，工业上应用了大量含铝、硅、铍、锰和铅的铜基合金，习惯上也称为青铜。为与锡青铜区别开来，其他的铜基合金称为无锡青铜。常见的无锡青铜有铝青铜、铍青铜、铅青铜等。青铜一般都具有高的耐蚀性、较高的导电性、热导性及良好的切削加工性。青铜的牌号依次由"Q"、主加元素符号及其平均质量分数和其他元素的平均质量分数组成，如 QSn4-3 表示锡的平均质量分数为 4%、锌的平均质量分数为 3%，其余为铜的锡青铜；QBe2 表示铍的平均质量分数为 2%，其余为铜的铍青铜。

2) 铸造铜合金的牌号表示方法

(1) 铸造黄铜的牌号表示方法。铸造普通黄铜的牌号由"Z"、铜与合金元素符号及该合金元素的平均质量分数组成，如 ZCuZn38 是常用铸造普通黄铜，表示铜的平均质量分数为 62%，锌的平均质量分数为 38% 的铸造普通黄铜。铸造特殊黄铜牌号依次由"Z"、铜和合金元素符号、合金元素的平均质量分数组成，如 ZCuZn16Si4 表示锌的平均质量分数为 16%、硅的平均质量分数为 4%，其余为铜的铸造硅黄铜。

(2) 铸造青铜的牌号表示方法。除黄铜和白铜以外的其他铜合金称为青铜，其中含有元素锡的称为锡青铜，不含元素锡的称为无锡青铜(也称特殊青铜)。按化学成分和工艺特点，又分为压力加工青铜和铸造青铜两类。铸造青铜的牌号由"Z"、铜与合金元素符号及该合金元素的平均质量分数组成，如 ZCuSn10Zn2 表示锡的平均质量分数为 10%、锌的平均质量分数为 2%，其余为铜的铸造锡青铜。

三、钛合金

1. 工业纯钛

钛是银白色的金属，密度小(4.5 g/cm^3)，熔点高(1720℃)，热膨胀系数小。钛具有同素异晶转变现象，在 882℃ 以下为密排六方晶格，称为 $\alpha\text{-Ti}$(α 钛)；在 882℃ 以上为体心立方晶格，称为 $\beta\text{-Ti}$(β 钛)。工业纯钛按纯度可分为 TA1、TA2、TA3 三个等级。其中"T"为"钛"字汉语拼音首字母，序号表示纯度，数字越大则纯度越低。

2. 钛合金的牌号

钛合金是指在工业纯钛中加入合金元素而得到的合金，加入的合金元素主要有铝、铜、铬、锡、钒和钼等。根据元素的作用不同，可将合金元素分为 α 相稳定元素和 β 相稳定元素。室温下，钛合金有 3 种基体组织：全部 α 相、全部 β 相和 $\alpha + \beta$ 相。根据基体的不同，钛合金可分为 α 钛合金、β 钛合金和 $\alpha + \beta$ 钛合金 3 类。

钛及钛合金的牌号采用"T"、大写的英文字母(A、B、C)和数字来表示。其中，"T"表示钛合金；英文字母表示钛合金的种类(A、B、C 分别代表 α 钛合金、β 钛合金和 $\alpha + \beta$

钛合金)；数字表示顺序号。例如，TA1 表示 1 号 α 钛合金，即 1 号工业纯钛；TB2 表示 2 号 β 钛合金；TC4 表示 4 号 α + β 钛合金。

3. 常用的钛合金用途

1) α 钛合金

α 钛合金的主加元素是铝和锡，常用的牌号有 TA5、TA6、TA7 等。在高温(500～600℃)时，其强度最高，切削加工性最好，组织稳定，焊接性良好；但在常温下，其硬度和强度低于其他钛合金。

2) β 钛合金

β 钛合金含有铬、钼、钒和铁等合金元素，这些元素都是使 β 相稳定的元素，在正火或淬火时容易将高温的 β 相保留到室温，得到较稳定的 β 相组织。因其生产工艺复杂，合金密度大，在 3 种钛合金中其切削加工性最差，故在工业上用途不广。

3) α + β 钛合金

α + β 钛合金的室温组织为 α + β 两相组织，常用的牌号有 TC1、TC2、TC4，其中应用最广的是 TC4(钛-铝-钒合金)，其具有较高的强度和良好的塑性。在 400℃时，TC4 组织稳定，强度较高，抗海水等腐蚀能力强。

1.3.4　拓展知识

一、镁合金

1. 纯镁的特性

室温下，镁(见图 1-3-6)的密度为 1.738 g/cm^3，接近熔点时，固态镁的密度大约为 1.63 g/cm^3，液态镁的密度为 1.58 g/cm^3，镁在实用金属中是最轻的金属，镁的密度大约是铝的 2/3，是铁的 1/4。凝固结晶时镁的体积收缩率大约为 4.2%，固态镁从 923 K 降温到 293 K 时，体积收缩率为 5%左右。由于镁在铸造和凝固冷却时的收缩量大，会导致铸件中形成微孔，使铸件具有低韧性和高缺口敏感性。

(a) 镁屑

(b) 镁锭

图 1-3-6　纯镁

镁为密排六方晶格结构，室温变形时只有单一的滑移系，因此镁的塑性比铝低，各向异性也比铝显著。随着温度升高，镁的塑性显著提高，因此镁在 573～873 K 温度范围内，可以通过挤压、锻压、轧制成形。然而镁容易被空气氧化成脆性极大的氧化膜，该膜在焊接时极易形成夹渣，严重阻碍焊缝成形，因此镁合金的焊接工艺比铝合金复杂。

由于镁的强度很低，因此很少作为结构材料在工业上应用。经过适当的合金化后，镁的强度可以得到显著提高。

2. 镁合金

镁合金是以镁为基础加入其他元素组成的合金。其特点是：密度小(镁合金的密度为 1.8 g/cm³ 左右)，比强度高，比弹性模量大，散热好，消振性好，承受冲击载荷能力比铝合金大，耐有机物和碱的腐蚀性能好。镁合金中的主要合金元素有铝、锌、锰、铈、钍，以及少量锆或镉等。目前使用最广的是镁铝合金，其次是镁锰合金和镁锌锆合金。镁合金主要用于航空、航天、运输、化工、火箭等工业领域。

3. 镁合金的基本特征

(1) 在现有工程用金属中，镁合金的密度最小，依合金成分不同，通常在 1.75～1.90 g/cm³ 范围内，约为铝的 64%，钢的 23%。虽然镁合金的强度、弹性模量比铝合金、合金钢低，但是比强度明显高于铝合金和钢，比刚度则与钢和铝合金大致相同。

(2) 镁合金在受较大外力时，容易产生较大的变形，这一特性使受力构件的应力分布更均匀，在一定场合下有利于避免过高的应力集中，在弹性范围内，能承受一定的冲击载荷，且具有减振性。

(3) 镁合金具有优良的切削加工特性，其切削速度可大于其他金属。比如切削镁合金所需功率为 1，则铝为 1.8，铸铁为 3.5，软钢为 6.3。

(4) 在铸造工艺方面，镁合金具有较大的适宜性。除砂型铸造外，根据各类合金的特性和零件的使用要求，可以采用金属型、压力铸造、壳型铸造等几乎所有的特种铸造工艺，铸造出外形和内腔形状极其复杂的铸件。

(5) 不耐蚀曾经是镁合金扩大应用的障碍，但是随着表面处理技术的发展以及高纯镁合金的问世，这一障碍得到了克服。比如现有的高纯压铸镁合金在盐雾试验中的耐蚀性已经超过压铸铝合金 A380，且比低碳钢好很多。

(6) 镁合金不易燃烧。比如将装潢好的镁合金框架汽车座椅用煤气燃烧，座椅中的塑料盒填充物很快就被烧毁，而镁合金框架用了 26 min 才开始燃烧，且燃烧并不猛烈，用水浇即可熄灭。

4. 镁合金的应用

1) 镁合金在汽车工业上的应用

目前，镁合金在汽车工业上主要用来制造车内构件(仪表盘、转向盘、车窗马达罩、刹车与离合器踏板)、车体构件(门框、车尾、车顶框、车顶板)、发动机及传动系统(阀盖、凸轮盖、手动换挡变速器)、底盘(轮毂、引擎托架前后吊杆、尾盘支架)等。

2) 镁合金在轨道交通工具上的应用

在列车和其他轨道交通工具上使用镁合金，目的是减少振动和噪声，规整部件和防止塑料老化，提高寿命等。如仪表盘支撑梁、发动机阀盖、密封结构件、高速器、发动机承受台等都使用了镁合金材料。

3) 镁合金在船舶制造业上的应用

镁合金在船舶制造业中有一席之地，但是份额很小。这是因为用于船舶上的镁合金除利用其密度低、减振及阻尼性能好等特性外，还要保证其耐腐蚀性能。船板、发动机外壳等常用镁合金材料。

4) 镁合金在烟火和照明中的应用

铝含量超过 30%的镁铝合金微细粉末燃烧时会产生耀眼的白光，镁的早期工业应用就是制造耀眼的白光。另外，白光比自然光更适合于摄影，因此镁常被用于摄影闪光灯。镁粉还广泛用于夜空摄影的烟火、礼花、军用信号弹、照明弹、燃烧弹等。

二、锌合金

1. 纯锌的特性

锌在室温下性脆，加热到 100～150℃变软，能压片抽丝，但到 200℃以上又变脆，成为粉末。锌是活性金属，常温下在空气中锌的表面会生成致密的碱式碳酸锌薄膜，阻止本体锌继续氧化。锌加热至 225℃后氧化激烈，燃烧时呈蓝绿色火焰。加温时，锌同氟、氯、溴、硫作用会生成化合物。锌属于负电势金属，易溶于酸。

2. 锌合金

锌合金是以锌为基础加入其他元素组成的合金。常见的合金元素有铝、铜、镁等。锌合金熔点低，流动性好，易熔焊、钎焊和塑性加工，在大气中耐腐蚀，残废料便于回收和重熔；但蠕变强度低，易发生自然失效而引起尺寸变化。常使用熔融法制备锌合金，压铸或压力加工成材。锌合金按制造工艺可分为铸造锌合金和变形锌合金。铸造锌合金的产量远远大于变形锌合金。锌合金是理想的机械加工、压铸、制造装配材料的替换品。

3. 锌合金的基本特征

锌合金密度大，铸造性能好，可以压铸形状复杂、壁薄的精密件，铸件表面光滑，可进行表面处理，如电镀、喷涂、喷漆等。锌合金熔化与压铸时不吸铁，不腐蚀压型，不粘膜，有很好的常温机械性能和耐磨性，熔点低，在 385℃熔化，容易压铸成形。

4. 锌合金的应用

锌合金的主要添加元素有铝、铜和镁等。铸造锌合金的流动性和耐腐蚀性较好，适用于压铸仪表、汽车零件外壳等。常见的锌合金有 Zamak2(2 号锌合金)、Zamak3(3 号锌合金)、Zamak5(5 号锌合金)、ZA8(8 号锌合金)等。

2 号锌合金是各种锌合金中硬度及强度最高的。它的含铜量(3%)使其有较好的抗蠕变(高温受力变形)及抗磨损特性。2 号锌合金常用于重力铸造，如制造金属模具或注塑模具。

3 号锌合金的铸造性和尺寸持久稳定，使超过 70%锌合金压铸产品都是使用 3 号锌合金。3 号锌合金可做电镀、喷漆及铬化等表面处理，产品广泛应用于汽车、摩托车、电子通信、仪表等机械零件以及玩具、饰物、餐具、锁类等高级五金器件。

5 号锌合金比 3 号锌合金的硬度和强度高。5 号锌合金的特性转变是由于加入了 1%的铜，此合金的铸造性能优异，抗蠕变性较 3 号锌合金好，可做电镀、切削加工及一般表面处理，适合用于运动器材和工业配件。

8号锌合金普遍用于高压铸造。它比3号锌合金和5号锌合金有较高的硬度、强度及抗蠕变性。8号锌合金也可做电镀及一般表面处理，主要用于装饰材料。

三、硬质合金

硬质合金是指以一种或几种难熔金属的碳化物(如碳化钨、碳化钛等)的粉末为主要成分，加入起黏结作用的金属钴粉末，用粉末冶金的方法制得的材料(见图1-3-7)。

(a) 硬质合金拉伸模具　　　　　　　　(b) 硬质合金铣刀

图1-3-7 硬质合金产品

1. 硬质合金的分类

硬质合金按成分和性能特点可分为钨钴类硬质合金、钨钛钴类硬质合金和钨钛钽(铌)类硬质合金(万能硬质合金)3种。

2. 硬质合金的成分和牌号表示方法

1) 钨钴类硬质合金

钨钴类硬质合金的主要化学成分是碳化钨(WC)及钴。其牌号由"YG"及数字组成，其中数字表示的是钴的平均质量分数。例如，YG6表示钴的平均质量分数为6%，余量为碳化钨的钨钴类硬质合金；YG6X中的"X"表示细晶粒。

2) 钨钛钴类硬质合金

钨钛钴类硬质合金的主要化学成分是碳化钨(WC)、碳化钛(TiC)及钴。其牌号由"YT"和数字组成，其中数字表示的是碳化钛的平均质量分数。例如，YT5表示碳化钛的平均质量分数为5%，其余为碳化钨和钴的钨钛钴类硬质合金；YT5U中的"U"为"涂"字汉语拼音的第2个字母，表示表面涂层。

3) 钨钛钽(铌)类硬质合金

钨钛钽(铌)类硬质合金又称通用硬质合金或万能硬质合金，它由碳化钨、碳化钛和碳化钽组成。其牌号由"YW"加数字组成，其中数字表示的是顺序号。例如，YW1表示1号万能硬质合金。

3. 硬质合金的性能及用途

1) 硬质合金的性能

硬质合金的主要性能有：硬度高、耐磨性好；抗压强度高，但抗弯强度较低，韧性和导热性差；切削速度高、使用寿命长；耐蚀性和抗氧化性良好，线膨胀系数低；只能采用电加工或用砂轮磨削。

2) 硬质合金的用途

硬质合金的主要用途有：制造高速切削或加工硬度高的材料的切削刀具，如车刀、铣刀等，合金中钴的质量分数越高，韧性越好；制造冷作模具，如冷拉模、冷冲模、冷挤模和冷镦模等；制作量具及一些冲击小、振动小的耐磨零件，如千分尺的测量头、精轧辊、车床顶尖、无心磨床的导板等。

1.3.5 练习题

1. 变形铝合金分为几类？各自的主要性能特点是什么？

2. 为下列零件选 1～2 种铝合金材料：

(1) 烧热水的铝壶　　(2) 飞机用铆钉　　(3) 飞机大梁　　(4) 发动机缸体及活塞

(5) 小电机壳体　　　(6) 门窗

3. 下列零件应选用何种材料较为合适？

(1) 活塞　　　　　　(2) 仪表弹簧　　　(3) 飞机蒙皮　　(4) 重型汽车轴承

(5) 海上轮船螺旋桨　(6) 加工铸铁的车刀、弹壳

项目二 常用金属材料的性能测试

(1) 熟悉材料的力学性能。

(2) 熟悉硬度的常用标注方法。

(3) 了解金属拉伸试验。

(4) 了解金属硬度检测试验。

(5) 了解金属冲击试验。

任务 2.1 金属拉伸试验

2.1.1 学习目标

(1) 熟知金属材料的强度、塑性。

(2) 了解金属拉伸试验的步骤。

(3) 学会做金属拉伸试验。

2.1.2 任务描述

通过低碳钢、铸铁的拉伸试验，了解塑性材料和脆性材料表现出的不同性能。通过试验了解试验设备的使用和操作规程，提高学生职业素养；试验过程要求学生手脑并用，培养学生的动手能力和思考能力，引导学生主动参与，积极思考问题。

利用万能材料试验机，如图 2-1-1 所示，在教师带领下完成低碳钢、铸铁的拉伸试验，写出试验报告。材料的强度、塑性指标可通过拉伸试验测量。

(a) 液压式

(b) 电子式

图 2-1-1 万能材料试验机

2.1.3 必备知识

材料的力学性能是指材料在不同环境(如温度、介质、压强、湿度等)下，承受各种外加载荷(如拉伸、压缩、弯曲、剪切、扭转、冲击、交变应力等)时，对变形与断裂的抵抗能力及发生变形的能力，如图 2-1-2 所示。材料的力学性能主要有强度、刚度、塑性、硬度、冲击韧性、疲劳强度和断裂韧性等。

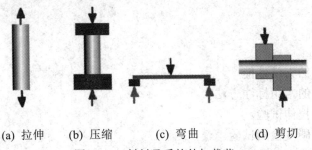

(a) 拉伸　　(b) 压缩　　(c) 弯曲　　(d) 剪切

图 2-1-2　材料承受的外加载荷

近年来，材料的力学性能已逐渐成为一门新的学科。材料的力学性能是一门试验学科，其基础是对材料的各种力学性能指标进行测定，即力学性能试验。进行力学性能试验主要有两个目的：一是研究材料在给定条件下的力学性能变化规律；二是为材料的成分选择和热处理工艺制定提供依据。

材料在外力作用下将发生形状和尺寸的变化，称为变形。外力去除后能够恢复的变形称为弹性变形(如图 2-1-3 所示)。外力去除后不能恢复的变形称为塑性变形(如图 2-1-4 所示)。

图 2-1-3　材料弹性变形

图 2-1-4　材料塑性变形

一、强度

强度是指金属材料在静载荷作用下，抵抗塑性变形和断裂的能力。用符号 σ 表示，单位为 MPa(兆帕)。常用的强度指标主要有屈服点、规定残余伸长应力、抗拉强度等。

1. 屈服点与规定残余伸长应力

试样在受到拉伸时，若应力超过弹性极限，即使应力不再增加，钢材或试样仍继续发生明显的塑性变形，称此现象为屈服，而产生屈服现象时的最小应力值即为屈服点，用 σ_s 表示，即

$$\sigma_s = \frac{F_s}{S_0} \qquad\qquad (2\text{-}1\text{-}1)$$

式中：F_s——试样屈服时所承受的拉伸力(N)；

　　　S_0——试样原始横截面积(mm^2)。

规定残余伸长应力是指试样卸除拉伸应力后，其标距部分的残余伸长达到规定的原始标距百分比时的应力，用 σ_r 表示。对于无明显屈服的金属材料，规定以产生 0.2%残余变形的应力值为其屈服极限，用 $\sigma_{r0.2}$ 表示，称为条件屈服极限或屈服强度。

2. 抗拉强度

抗拉强度指试样断裂过程中最大拉力时的应力，用符号 σ_b 表示，即

$$\sigma_b = \frac{F_b}{S_0} \qquad\qquad (2\text{-}1\text{-}2)$$

式中：F_b——试样所承受的最大拉力(N)；

　　　S_0——试样原始横截面积(mm^2)。

二、塑性

塑性是指金属材料在静载荷作用下产生塑性变形而不致引起破坏的能力，常用伸长率(δ)和断面收缩率(ψ)作为衡量塑性的指标。

1. 伸长率

伸长率 δ 可表示为

$$\delta = \frac{l_k - l_0}{l_0} \times 100\% \qquad\qquad (2\text{-}1\text{-}3)$$

式中：l_k——试样拉断后对接的标距长度(mm)；

　　　l_0——试样原标距长度(mm)。

2. 断面收缩率

断面收缩率 ψ 可表示为

$$\psi = \frac{S_0 - S_k}{S_0} \times 100\% \qquad\qquad (2\text{-}1\text{-}4)$$

式中：S_0——试样原始横截面积(mm^2)；

　　　S_k——试样拉断后缩颈处最小横截面积(mm^2)。

　　塑性直接影响零件的成形及作用。塑性好的材料，不仅能顺利进行轧制、锻压等成形工艺，而且能防止因过载而突然断裂。在多数机械零件中必须使用塑性材料。一般而言，伸长率达 5%或断面收缩率达 10%的材料，能满足大多数零件的使用要求。

2.1.4　试验指导

　　一、试验目的

（1）认识材料拉伸试验机。

（2）了解材料拉伸试验机的结构和使用方法。

（3）了解拉伸试验各变量的测量方法。

（4）了解低碳钢和铸铁的伸长率 δ、断面收缩率 ψ。

（5）了解低碳钢(塑性材料)与铸铁(脆性材料)拉伸机械性能的特点。

　　二、试验准备

　　1. 设备及仪器

万能材料试验机(如图 2-1-1 所示)、游标卡尺。

　　2. 试样

本试验按照目前执行的国家标准 GB/T 228—2010《金属材料室温拉伸试验方法》的规定，在室温 10～35℃的范围内进行试验。其标准试件规格为：$L_0 = 5d_0$，$d_0 = 10$ mm。标准试件图样如图 2-1-5 所示。

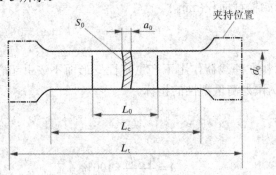

图 2-1-5　标准试件图样

　　三、试验原理

　　1. 低碳钢(典型的塑性材料)

低碳钢是工程上使用最广泛的材料，同时，低碳钢试样在拉伸试验中所表现出的变形与抗力间的关系也比较典型。

低碳钢在整个试验过程中工作段的伸长量与荷载的关系由拉伸图(见图 2-1-6)表示。试验时，可利用万能材料试验机的自动绘图装置绘出低碳钢试样的拉伸图，如图 2-1-7 所示的拉力 F 与伸长量 ΔL 的关系曲线。

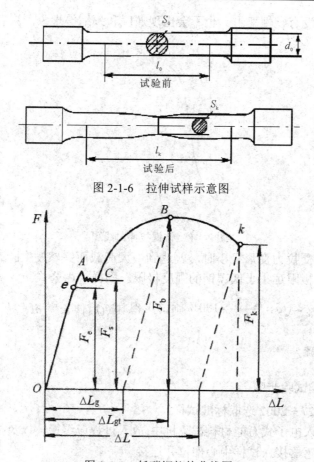

图 2-1-6　拉伸试样示意图

图 2-1-7　低碳钢拉伸曲线图

　　由图 2-1-7 可以看出，低碳钢在拉伸过程中明显地表现出不同的阶段，大致可分为 4
个阶段：

　　(1) 弹性阶段 Oe：这一阶段试样的变形完全是弹性的，全部卸除荷载后，试样将恢
复其原长。此阶段内可以测定材料的弹性模量 E。

　　(2) 屈服阶段 AC：试样的伸长量急剧地增加，而万能试验机上的荷载读数却在很小
范围内(图中锯齿状线)波动。如果略去这种荷载读数的微小波动，这一阶段在拉伸图上
可用水平线段来表示。若试样经过抛光，则在试样表面将看到大约与轴线成 45° 方向的
条纹，称为滑移线。

　　(3) 强化阶段 CB：试样经过屈服阶段后，若要使试样继续伸长，但由于试样材料在
塑性变形过程中得到不断强化，故试样中抗力不断增加。

　　(4) 颈缩断裂阶段 Bk：试样伸长到一定程度后，荷载读数反而逐渐降低。此时可以
看到试样某一段内横截面面积显著地收缩，出现"颈缩"现象，一直到试样被拉断，断
口呈杯锥状(如图 2-1-6 所示)。

2．铸铁(典型的脆性材料)

　　脆性材料是指断后伸长率 $\delta < 5\%$ 的材料，其从开始承受拉力直至试样被拉断，变形
都很小。而且，大多数脆性材料在拉伸时的应力-应变曲线上都没有明显的直线段(如图

2-1-8 所示),几乎没有塑性变形,也不会出现屈服和颈缩等现象,只有断裂时的极限应力值及强度极限。

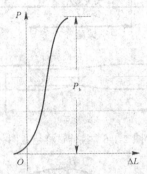

图 2-1-8　铸铁拉伸曲线图

铸铁试样在承受拉力变形极小时,就达到最大荷载而突然发生断裂,它没有屈服和颈缩现象,其强度极限远小于低碳钢的强度极限。同样,由公式 $\sigma_b = F_b / S_0$ 即可得到其抗拉强度 σ_b,而由公式 $\delta = \dfrac{l_k - l_0}{l_0} \times 100\%$ 则可求得其断后伸长率 δ。

四、试验步骤

1. 低碳钢拉伸试验步骤

(1) 根据 GB227—2002 选取标准试样。

(2) 将试样放入电子式万能材料试验机中(放入过程应缓慢,以免损坏试件)并连接。

(3) 将变形传感器接入试样中心部位并连接。

(4) 通过微机处理系统对试验进行设定。

(5) 开始试验,并对试验进行实时监测。

(6) 当变形量达到 5 mm 时,暂停加载,并将变形传感器卸下,之后继续加载。

(7) 在进入塑性变形阶段后,可提高加载速率,试样断裂时,试验结束,对数据进行处理。

2. 铸铁拉伸试验步骤

(1) 测量试样原始听尺寸。测量方法要求同前,但只用快干墨水或带色涂料标出两标距端点,不用等分标距段。

(2) 试验机准备(要求同前)。

(3) 安装试样(方法同前)。

(4) 检查试验机工作是否正常(检查同前,但无需试车)。

(5) 进行试验。开动试验机,保持试验机两夹头在载荷作用下的分离速率,在使试样平行长度内的应变速率不超过 0.008/s 的条件下对试样进行缓慢加载,直至试样断裂为止。停机并记录最大力 F_m。

(6) 试样断后尺寸测定。取出试样断体,观察断口情况。然后将试样在断裂处紧密对接在一起,并尽量使其轴线处于同一直线上,测量试样断后标距 L_u(用游标卡尺测量标距两端点的距离)。

(7) 归整试验设备。卸回油缸中的液压油，取下打印的记录数据及图像，请教师检查试验记录，经认可后清理试验现场和所用仪器设备，并将所使用的仪器设备全部复原。

(8) 结束试验。完成全部测量后，将试验数据记录、试验机所绘的曲线图和试验卡片一并交指导教师检查验收，经教师签字认可后方可离开实验室。

五、试验安全注意事项

(1) 试验机各联结件间应紧固，防止试验中因振动而脱落。

(2) 试验时，试验机平台上禁止放任何东西，如试样、工具等。

(3) 试验机的电气设备应工作正常，无漏电现象，行程开关和限位开关应灵敏可靠、正常工作。

(4) 在做高强度或脆性材料试验时，必须有相应的防护措施。

(5) 操作者要精神集中，配合协调，注意防止试验中发生意外事故。

六、试验报告内容

(1) 试验目的。

(2) 简述拉伸试验原理及注意事项。

(3) 填写拉伸试验结果表(见表 2-1-1，表 2-1-2)

表 2-1-1　试样原始尺寸

材　料	标距 l_0 / mm	直径 d_0 / mm									原始横截面面积 S_0 / mm^2
		截面 I			截面 II			截面 III			
		1	2	平均	1	2	平均	1	2	平均	
低碳钢	50.00										
铸　铁	50.00										

表 2-1-2　试样断后尺寸

材　料	标距 l_k / mm	断后伸长 $l_k - l_0$ / mm	断后缩颈处最小直径 d_k / mm			断后最小横截面面积 S_k / mm^2
			1	2	平均	
低碳钢						
铸　铁			—	—	—	—

2.1.5　拓展知识——金属材料的性能分类

为了合理使用金属材料，充分发挥其作用，需要掌握各种金属材料制造的零部件在正常工作下应具备的性能，及其在冷热加工过程中材料应具备的性能。金属材料的性能可分为使用性能和工艺性能。使用性能是指材料在使用条件下所表现出来的性能，包括物理性能、化学性能、力学性能(也称为机械性能)。工艺性能是指材料在制造工艺中适应加工的性能，根据制造工艺的不同，可分为铸造性能、切削性能、锻造性能和焊接性能等。材料的应用场合不同，对其性能要求也不同。

1. 金属材料的物理性能

材料受到自然界中光、重力、温度场、电场和磁场等作用所反映出来的性能，称为物理性能。物理性能是材料承受非外力物理环境作用的重要性质。金属材料的物理性能是指金属固有的属性，包括密度、熔点、热膨胀性、导热性、导电性、磁性等。

1) 密度

密度是物体的质量与体积的比值。根据密度大小，金属可分为轻金属和重金属。金属材料密度大于或等于 $4.5\,g/cm^3$ 的金属称为重金属，密度小于 $4.5\,g/cm^3$ 的称为轻金属。

材料的密度直接关系到由其所制成的设备的自重与效能。汽车制造业与航空工业为了减轻汽车和飞行器的自重，应尽量采用密度小的材料来制造，如铝合金在汽车零部件中的应用比例越来越大，钛合金在航空工业中得到了广泛应用；而制造深海潜水器、平衡重锤等，为了增加自重，提高稳定性能，常选用密度大的材料。

2) 熔点

熔点指材料从固态变为液态的转变温度。不同材料的熔点是不相同的。金属材料按熔点高低可分为易熔合金和难熔合金。工业上一般把熔点小于 700℃ 的金属或合金称为易熔金属或易熔合金，如锡、铋、铅及其合金；把熔点大于或等于 700℃ 的金属或合金称为难熔金属或难熔合金，如铁、钨、钒及其合金。

金属材料的熔点影响到材料的使用和制造工艺。例如：电阻丝、锅炉零件、燃气轮机的喷嘴等，要求材料有高熔点，保险丝则要求低熔点。在制造工艺上，熔点低的共晶合金流动性好，便于铸造成形。

3) 热膨胀性

大多数物质的体积都随温度的提高而增大，这种现象称为热膨胀。金属材料的热膨胀性主要是指其热膨胀系数。热膨胀性会带来零件的变形、开裂及改变配合状态，从而影响机器设备的精度和使用寿命。由热膨胀系数大的材料制造的零部件或结构，在温度变化时，尺寸和形状变化较大。高精度的机床和仪器，要求在一定温度下加工和测量产品，就是考虑了这个因素。

4) 导热性

导热性是材料受热(温度场)作用而反映出来的性能。金属材料的导热性影响加热和冷却的速度。导热性好的材料可实现迅速而均匀加热，而导热性差的材料只能缓慢加热。导热性差的材料在加热或冷却时，工件内外温差大，容易产生大的内应力。当内应力大于材料的强度时，则会产生变形或裂纹。

材料的导热性与原子核自由电子的能量交换密切相关。金属材料的导热性优于陶瓷和高聚合物。金属材料的导热性主要通过自由电子运动来实现；而非金属材料中自由电子较少，导热靠原子热振动来完成，所以一般导热能力较差。导热性差的材料可减慢热量的传输过程。

5) 导电性

导电性是指材料传导电流的能力。金属材料的导电性比非金属材料大很多倍。一般金属材料的导电性随温度升高而降低。陶瓷材料大多数是良好的绝缘体，故可用于制作从低压(1 kV 以下)至超高压(110 kV 以上)隔电瓷质绝缘器件。

6) 磁性

磁学性能是材料受到磁场作用而反映出来的性能。磁性材料在电磁场的作用下，会产生多种物理效应和信息转换功能。利用这些物理特性可制造出具有各种特殊用途的元器件，在电子、电力、信息、能源、交通、军事、海洋与空间技术中得到广泛的应用。金属材料中目前发现仅有 3 种金属(铁、钴、镍)及其合金具有显著的磁性，称为铁磁性材料。其他金属、陶瓷和高聚合物均不呈磁性。铁磁性材料很容易磁化，在不是很强的磁场作用下，就可以得到很大的磁化强度。

2. 金属材料的化学性能

任何材料都是在一定的环境条件下使用的，环境作用的结果可能引起材料物理和力学性能的下降。金属材料的化学性能主要是指金属抵抗活泼介质的化学侵蚀能力，一般包括耐蚀性与耐热性。

在室温下金属材料抵抗周围介质(如大气、水汽等)侵蚀的能力称为耐蚀性。一般机器零件为了不被腐蚀，常用热镀或电镀金属、发蓝处理、涂油漆、烧搪瓷、加润滑油等方法进行保护。在易腐蚀环境下工作的重要零件，有时需采用不锈钢材料制造。

金属材料在高温下保持足够的强度，并能抵抗氧或水蒸气侵蚀的能力称为耐热性。在锅炉、汽轮机及化工、石油等设备上的一些零件，为了满足这一性能，常采用耐热不锈钢材料制造。

3. 金属材料的工艺性能

金属材料的工艺性能是反映金属材料在各种加工过程中，适应加工工艺要求的能力。它表示材料制成具有一定形状和良好性能的零件或零件毛坯的可能性及难易程度，是物理性能、化学性能和机械性能的综合表现。材料工艺性能的好坏直接影响零件的质量和制造成本。由材料到毛坯直至最后制成零件，一般需要经过多道加工工序。因此，要求材料应具有足够的工艺性能。工艺性能主要有铸造性、可锻性、可焊性、切削加工性和热处理性等。

在机械设计和制造中，以及选择材料和工艺方法时，必须考虑材料的工艺性能。

1) 铸造性

金属材料的铸造性主要是指流动性、收缩性和产生偏析的倾向。流动性是流体金属充满铸型的能力。流动性好能铸出细薄精致的复杂铸件，并能减少缺陷。收缩性是指金属材料在冷却凝固中，体积和尺寸缩小的性能。收缩性是使铸件产生缩孔、缩松、内应力、变形、开裂的基本原因。偏析是指金属材料在凝固时造成零件内部化学成分不均匀的现象。它使零件各部分机械性能不一致，影响零件使用的可靠性。

2) 可锻性

可锻性是指金属材料是否易于锻压的性能。可锻性常用金属的塑性和变形抗力来综合衡量。可锻性好的金属材料，不但塑性好、可锻温度范围宽、再结晶温度低、变形时不易产生加工硬化，而且所需的变形外力小。如中、低碳钢和低合金等都有良好的可锻性，高碳钢、高合金钢的可锻性较差，而铸铁则根本不能锻造。

3) 可焊性

金属材料的可焊性是指金属在一定条件下获得优质焊接接头的难易程度。对于易氧化、吸气性强、导热性好、膨胀系数大、塑性低的材料，一般可焊性差。可焊性好的金属材料，在焊缝内不易产生裂纹、气孔、夹渣等缺陷，同时焊接接头强度高。如低碳钢具有良好的可焊性，而铸铁、高碳钢、高合金钢、铝合金等材料的可焊性则较差。

4) 切削加工性

切削加工性是指金属材料被切削加工的难易程度。切削加工性好的材料，切削时消耗的能量少，易于保证加工表面的质量，切削废料易于折断和脱落。金属材料的切削加工性与金属材料的强度、硬度、塑性、导热性等有关。如灰口铸铁、铜合金及铝合金等均有较好的切削加工性，而高碳钢的切削加工性则较差。

5) 热处理性

热处理性是指金属材料在进行热处理时反映出来的性能，如淬透性、淬硬性、淬火变形开裂的倾向、氧化脱碳的倾向等。

2.1.6　练习题

一、填空题

1. 材料的力学性能主要有 _____、_____、_____、_____。
2. 材料的强度指标主要有 _____、_____、_____。
3. 低碳钢拉伸试验的过程可以分为 _____、_____、_____和_____ 4 个阶段。
4. 常用的塑性判据是 _____、_____。
5. 低碳钢是 _____ 性材料，铸铁是 _____ 性材料。

二、选择题

1. 表示金属材料屈服强度的符号是(　　)。
A. σ_e 　　　　B. σ_s 　　　　C. σ_b 　　　　D. σ_{-1}
2. 表示金属材料抗拉强度的符号是(　　)。
A. σ_e 　　　　B. σ_s 　　　　C. σ_b 　　　　D. σ_{-1}
3. 金属材料在载荷作用下抵抗变形和破坏的能力叫(　　)。
A. 强度　　　　B. 硬度　　　　C. 塑性　　　　D. 弹性
4. 如果某一材料没有明显屈服点，用规定残余应力来表示，符号是(　　)。
A. σ_s 　　　　B. σ_b 　　　　C. σ_r 　　　　D. σ_e

三、简答题

1. 简述低碳钢拉伸试验的步骤。
2. 举例简要说明如何选择材料。

任务 2.2　金属硬度试验

2.2.1　学习目标

(1) 了解布氏硬度知识。
(2) 了解洛氏硬度知识。
(3) 了解维氏硬度、里氏硬度知识。
(4) 学会做布氏硬度试验。
(5) 学会做洛氏硬度试验。

2.2.2　任务描述

硬度是衡量金属材料软硬程度的指标,是金属表面抵抗局部塑形变形或破坏的能力。目前生产上应用最广的静载荷压入法硬度试验有布氏硬度、洛氏硬度和维氏硬度试验。在试验中要注意试验原理,把握试验机的使用方法和注意事项,通过试验启发学生对材料知识学习的兴趣。

利用布氏硬度计(如图 2-2-1 所示)、洛氏硬度计(如图 2-2-2 所示)做金属硬度试验,写出试验报告。

图 2-2-1　HBE-3000 电子布氏硬度计　　　　图 2-2-2　HRS-150 数显洛氏硬度计

2.2.3　必备知识

硬度是指材料对另一更硬物体(钢球或金刚石压头)压入其表面所表现的抵抗力。硬度的大小对于工件的使用性能及寿命具有决定性意义。由于测量的方法不同,常用的硬度指标有布氏硬度(HB)、洛氏硬度(HR)、维氏硬度(HV)和里式硬度(HL)。

布氏硬度试验适用于硬度较低的金属,如经过退火或正火的金属、铸铁及有色金属的硬度测定。洛氏硬度又有 HRA、HRB 和 HRC 3 种。其中,HRA 是采用 60 kg 载荷和 120°金刚石锥压入器求得的硬度,用于硬度很高的材料,例如硬质合金;HRB 是采用 100 kg

载荷和直径 1.59 mm 淬硬的钢球求得的硬度，用于硬度中等的材料，例如退火钢、铸铁等；HRC 是采用 150 kg 载荷和 120°金刚石锥压入器求得的硬度，用于硬度极高的材料，例如淬火钢等。维氏硬度试验测定的硬度值比布氏、洛氏精确，可以测定从极软到极硬的各种材料的硬度，但测定过程比较麻烦。另外，显微硬度试验用于测定显微组织中各种微小区域的硬度，实质就是小负荷($\leq$9.8 N)的维氏硬度试验，也用 HV 表示。

一、布氏硬度(HB)

布氏硬度值是通过布氏硬度试验确定的。进行布氏硬度试验时，布氏硬度值在 450 以下的材料(如灰铸铁)选用钢球作为压头，用符号 HBS 表示；布氏硬度值在 450～650 的材料选用硬质合金球作为压头，用符号 HBW 表示。表 2-2-1 为常用布氏硬度试验规范。

表 2-2-1　常用布氏硬度试验规范

金属类型	布氏硬度范围(HB)	试件厚度/mm	负荷 F 与压头直径 D 的关系	钢球直径 D/mm	负荷 F/N	载荷保持时间/s
有色金属	8(含)～35	≥6	$F=2.5D^2$	10.0	2500	60
		3(含)～6		5.0	625	
		<3		2.5	156	
	35(含)～130	6(含)～9	$F=10D^2$	10.0	10 000	30
		3(含)～6		5.0	2500	
		<3		2.5	625	
	≥130	4(含)～6	$F=30D^2$	10.0	30 000	30
		2(含)～4		5.0	7500	
		<2		2.5	1875	
黑色金属	<140	≥6	$F=10D^2$	10.0	10 000	10
		3(含)～6		5.0	2500	
		<3		2.5	625	
	140(含)～450	3(含)～6	$F=30D^2$	10.0	30 000	10
		2(含)～3		5.0	7500	
		<2		2.5	1895	

布氏硬度习惯上只写出硬度值而不必注明单位。其标注方法是，符号 HBS 或 HBW 之前为硬度值，符号后面按以下顺序用数值表示试验条件：球体直径、试验力、试验力保持时间(10～15 s 不标注)。

布氏硬度试验测量误差小、数据稳定、重复性强，常用于测量退火、正火调质钢件以及灰铸铁、结构钢、非铁金属及非金属材料等。但测量费时，压痕较大，不适宜测量成品零件或薄件。

二、洛氏硬度(HR)

洛氏硬度值是由洛氏硬度试验测定的。为了便于用洛氏硬度计测定从软到硬较大范围的材料硬度，根据被测试对象的不同，可采取不同类型的压头、试验力及硬度公式，从而组合出用于洛氏硬度测量的不同方式。表 2-2-2 为常用洛氏硬度试验规范。

表 2-2-2 常用洛氏硬度试验规范

洛氏硬度标尺	硬度符号	测量范围	初试验力 F_0/N	主试验力 F_1/N	总试验力 F/N	压头类型	应用举例
A	HRA	20~88	98.07	490.3	588.4	金刚石圆锥	碳化钨、硬质合金、表面硬化零件等
B	HRB	20~100	98.07	882.6	980.7	Φ1.5875 mm 钢球	非铁金属、退火钢、正火钢等
C	HRC	20~70	98.07	1373	1471	金刚石圆锥	调质钢、淬火钢等

洛氏硬度测定简单，方便快捷，可直接从表盘上读出硬度数值；压痕小，可测成品表面的硬度；测试范围大，能测较薄工件的硬度。但由于压痕小，测定结果波动较大，稳定性较差，故需测试 3 次，取其平均值，一般不适宜测试组织不均匀的材料。

三、维氏硬度(HV)

维氏硬度值是由维氏硬度试验测定的。维氏硬度是将相对面夹角为136°的方锥形金刚石压入试样表面，保持规定时间后，测量压痕的对角线长度，再按公式计算出硬度的大小。它适用于较大工件和较深表面层的硬度测定。维氏硬度中有小负荷维氏硬度，其试验负荷为 1.961~49.030 N，适用于较薄工件、工具表面或镀层的硬度测定；显微维氏硬度，试验负荷小于 1.961 N，适用于金属箔、极薄表面层的硬度测定。图 2-2-3 所示为维氏硬度计，图 2-2-4 所示为测试样品压痕图。

图 2-2-3 维氏硬度计

图 2-2-4 测试样品压痕图

维氏硬度值的表示符号为 HV，测量范围是 5~1000 HV，标注方法与布氏硬度相同。维氏硬度的适用范围广，从极软到极硬的材料都可以测量，弥补了布氏硬度因压头变形而不能测试高硬度材料的缺点。但维氏硬度对试样表面要求高，所以测量效率低，不适用于大批量测量，也不适合测量组织不均匀的材料。

四、里氏硬度(HL)

里氏硬度的定义是：用规定质量的冲击体在弹力作用下以一定速度冲击试样表面，用冲头在距离试样表面 1 mm 处的回弹速度与冲击速度之比计算出的数值。图 2-2-5 所示为 SHL120 里氏硬度计。

图 2-2-5　SHL120 里氏硬度计

里氏硬度在测量时考察的是冲击体反弹和冲击的速度，通过速度修正，里氏硬度计可在任意方向上使用，极大地方便了使用者。SHL120 里氏硬度计的特点是无需工作台，其硬度传感器小如一支笔，可用手直接操作，无论是大、重型工件还是几何尺寸复杂的工件都能容易地检测，试验方法对产品表面损伤很轻，有时可作为无损检测；对各个方向，窄小空间及特殊部位硬度测试具有独特性；里氏硬度试验要求试样有一定的品质和厚度，不适于测试小工件，也不能测试外表面软化工件。里氏硬度试验在国际上还没有被普遍接受，迄今还没有被国际规标准化组织(ISO)采纳。

2.2.4　试验指导

一、试验目的

(1) 初步了解布氏硬度计的构造及使用方法。
(2) 掌握一般金属硬度的测量方法。
(3) 了解布氏硬度试验原理及过程。
(4) 了解洛氏硬度试验原理及过程。

二、试验准备

1. 设备及仪器

图 2-2-6 所示为 TH600 布氏硬度计，图 2-2-7 所示为 15JA 数显显微镜。图 2-2-8 所示为 TH320 洛氏硬度计，图 2-2-9 所示为 ZOOM645S 数码显微镜。

图 2-2-6　TH600 布氏硬度计

图 2-2-7　15JA 数显显微镜

图 2-2-8　TH320 型洛氏硬度计

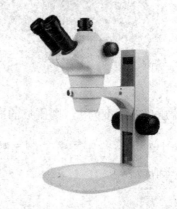

图 2-2-9　ZOOM645S 数码显微镜

2. 试样

在室温 10～35℃的范围内进行试验。试样：Φ30 mm × 10 mm 的 20 钢、45 钢和 T12 钢，退火态，要求表面平整光洁。

三、试验原理

1. 布氏硬度试验原理

图 2-2-10 展示了布氏硬度试验的原理。

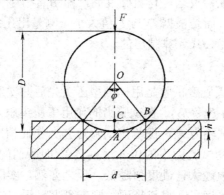

图 2-2-10　布氏硬度试验原理

布氏硬度试验原理是用一定大小的试验力把淬火钢球或硬质合金球压入被测金属的表面，保持规定时间后卸除试验力，用读数显微镜测出压痕平均直径，然后按公式求出布氏硬度值，或者根据 d 从已备好的布氏硬度表中查出硬度值。如图 2-2-11 所示。

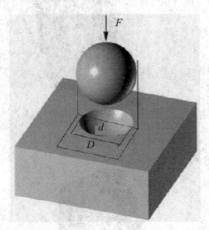

图 2-2-11　硬度压痕

若压痕的深度为 h，则压痕的面积为

$$A = \pi Dh = \frac{\pi D}{2}\left(D - \sqrt{D^2 - d^2}\right) \tag{2-2-1}$$

则布氏硬度值为

$$B_{HB} = \frac{F}{A} = \frac{2F}{\pi D\left(D - \sqrt{D^2 - d^2}\right)} \tag{2-2-2}$$

式中：F——施加的载荷，kg；
　　　A——压痕的表面积，mm^2；
　　　D——钢球的直径，mm；
　　　d——压痕直径，mm；
　　　B_{HB}——布氏硬度值。

在 F 和 D 一定的情况下，布氏硬度的高低取决于压痕的直径 d。d 越大，表明材料的 B_{HB} 值越低，即材料越软；反之，材料硬度高，即 B_{HB} 值越大。在具体测量时，并不是每次都按上述公式去算，而是根据 D 与 F 值大小，测量出压痕的直径 d，然后查表可得。这种表格就是根据上述公式计算制出的。

2. 洛氏硬度试验原理

如图 2-2-12 所示，洛氏硬度试验是用标准型压头先后两次对被试材料表面施加试验力(初试验力 F_0 与总试验力 $F_0 + F_1$)，在试验力的作用下压头压入试样表面。在总试验力保持一定时间后，卸除主试验力 F_1，保留初试验力 F_0，在此情况下测量压入深度，以总试验力下的压入深度与在初试验力下的压入深度之差(即所谓的残余压入深度)来表征硬度的高低，残余压入深度值越大，硬度值越低，反之亦然。实际测定时，试样的洛氏硬度值由硬度计的表盘上直接读出，材料越硬，则表盘上显示值越大。

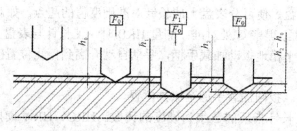

图 2-2-12　洛氏硬度试验原理

四、试验步骤

1. 布氏硬度试验步骤

(1) 安装压头和载物台。

(2) 选择载荷：按表 2-2-1 选择载荷。

(3) 选择载荷的保持时间：载荷保持时间按表 2-2-1 规定。松开压紧螺纹，把圆盘内弹簧定位器旋转到所需的时间位置上，压紧螺钉松紧的程度应能使圆盘做回转调整。

(4) 将试样放于载物台上。

(5) 测量过程：打开电源，指示灯发亮；转动手轮使试样与压头接触；然后启动按钮开关，并立即做好拧紧螺钉的准备，在加载荷指示灯发亮的同时迅速拧紧螺钉，使圆盘随曲柄一起回转直到自动反向并停止转动为止。从加载指示灯发亮到熄灭为全载荷保持时间。

(6) 硬度测量结果：测量完毕，转动手轮，取下试样，用测量显微镜测量试样表面的压痕直径，从互相垂直方向各测一次，取其平均值，查压痕直径与布氏硬度对照表即得硬度值。

例如：用 5 mm 直径钢球，在 750 kg 载荷下保持 10 s，压痕直径 $d = 3.3$ mm，则测量的硬度值为 341。

(7) 硬度计的校验方法：一般采用标准压块，对硬度读数的正确性进行校核。在标准块上 3 个不同位置测量硬度，取其算术平均值，该值不应超过标准硬度值的 ±3%。

例如：标准块的硬度刻度为 320，在硬度计上测得为 328 时，说明硬度计计数比标准块高 8 个单位，所以试件测得的硬度值应相应减去 8。

对硬度计的载荷，可用标准测力计进行测量，载荷误差不应超过 ±1%，否则应进行修理后才能使用。

压痕中心到试样边缘的距离不应小于压痕直径的 2.5 倍，而相邻的压痕中心距离不应小于压痕直径的 4 倍。

2. 洛氏硬度试验步骤

(1) 按表 2-2-2 选择压头及载荷。

(2) 根据试样大小和形状选择载物台。

(3) 将试样上下两面磨平，然后置于载物台上。

(4) 加预载荷。为使试样与压头接触，按顺时针方向转动升降机构的手轮，并观察读数百分表直到表上小针移动到小红点为止。

(5) 调整读数表盘，使百分表盘上的长针对准硬度值的起点。如测量 HRC、HRA 硬度时，使长针与表盘上黑字 G 处对准；测量 HRB 时，使长针与表盘上红字 B 处对准。

(6) 加主载荷。平稳地扳动加载手柄，手柄自动升高到停止位置(时间为 5~7 s)，并停留 10 s。

(7) 卸除主载荷。扳回加载手柄至原来位置。

(8) 读数。表上长针指示的数字为硬度的读数。HRC、HRA 读黑数字，HRB 读红数字。

(9) 下降载物台，取出试样。

(10) 用同样方法在试样的不同位置测 3 个数据，取其算术平均值作为试样的硬度值。

各种洛氏硬度值之间，洛氏硬度值与布氏硬度之间都有一定的换算关系。对钢铁材料而言，大致有下列关系式：

$$HB \approx 2HRB$$
$$HB \approx 10HRC(在 \ HRC = 20 \sim 60 \ 范围)$$
$$HRC \approx 2HRA - 104(在 \ HRC = 20 \sim 60 \ 范围)$$

五、洛氏硬度测量注意事项

(1) 试样的准备：试样表面应磨平且无氧化皮和油污等；试样形状应能保证试验面与压头轴线相垂直；测试过程应无滑动。

(2) 试样的最小厚度应不小于压入深度的 8 倍，测量后试样的支撑面上不应有变形痕迹。

(3) 压痕间距或压痕与试样边缘距离：HRA＞2.5 mm；HRC＞2.5 mm；HRB＞4 mm。

(4) 不同的洛氏硬度有不同的适用范围，应按表 2-2-2 选择压头及载荷。这是因为超出规定的测量范围时，准确性较差。例如 HRB102、HRB18 等的写法是不准确的，是不宜使用的。

六、试验报告内容

(1) 试验目的。

(2) 简述布氏硬度、洛氏硬度测试原理。

(3) 简述布氏硬度、洛氏硬度应用范围及优缺点。

(4) 填写试验表格(见表 2-2-3、表 2-2-4)。

表 2-2-3　布氏硬度测试结果

试样材料	试验条件			试验结果				
	压头球体直径/mm	试验力/N	试验力保持时间/s	第 1 次		第 2 次		平均值
				压痕直径/mm	布氏硬度读数值	压痕直径/mm	布氏硬度读数值	
20 钢								
45 钢								
T12 钢								

表 2-2-4　洛氏硬度测试结果

试验材料	试 验 条 件			试 验 结 果			
	压头类型	试验力/N	硬度范围	第1次	第2次	第3次	平均值
20 钢							
45 钢							
T12 钢							

2.2.5　练习题

一、选择题(不定项)

1. 常用的硬度有(　　)。
A. 布氏硬度　　　　　　B. 洛氏硬度　　　　　　C. 维氏硬度　　　　　　D. 里氏硬度
2. 下列硬度符号中表示布氏硬度的有(　　)。
A. HRC　　　　　　　B. HRB　　　　　　　C. HBS　　　　　　　D. HBW
3. 下列硬度符号中表示洛氏硬度的有(　　)。
A. HSD　　　　　　　B. HRC　　　　　　　C. HRB　　　　　　　D. HRA
4. 进行材料硬度试验时，如果使用硬质合金球压头，则硬度符号为(　　)。
A. HSD　　　　　　　B. HRC　　　　　　　C. HRB　　　　　　　D. HRA

二、填空题

1. 进行布氏硬度试验时，计算公式为 ＿＿＿＿＿＿＿＿＿。
2. 根据各种硬度试验的不同特点，＿＿＿＿＿适合测半成品，＿＿＿＿＿适合测成品。

三、判断题(对的画"√"，错的画"×")

1. 布氏硬度值不必注明单位，直接在数字后加符号。　　　　　　　　　　(　　)
2. 布氏硬度值在 450 以下时，符号为 HBS。　　　　　　　　　　　　　(　　)
3. 做硬度测试试验时，读数要准确，操作要仔细。　　　　　　　　　　(　　)
4. 布氏硬度与洛氏硬度可以换算。　　　　　　　　　　　　　　　　　(　　)

四、简答题

1. 布氏硬度和洛氏硬度各有什么特点？
2. 请简述布氏硬度的试验原理。

任务 2.3　金属冲击试验

2.3.1　学习目标

(1) 了解材料的韧性。
(2) 了解材料的疲劳极限。

(3) 掌握金属材料冲击试验过程。

(4) 学会做金属材料冲击试验。

2.3.2　任务描述

利用冲击试验机(见图 2-3-1)做金属材料冲击试验，并写出试验报告。许多零件在实际生产中常受到复杂应力作用而产生断裂，金属在断裂前具有吸收变形量的能力。金属的韧性通常随着加载速度的提高、温度的降低、应力集中程度的加剧而减小，可通过观察试验过程中数据的变化，进一步了解材料在动载荷下的力学性能。

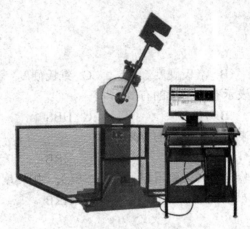

图 2-3-1　摆锤式冲击试验机

2.3.3　必备知识

一、韧性

韧性是表示材料在塑性变形和断裂过程中吸收能量的能力。韧性越好，则发生脆性断裂的可能性越小。韧性材料比较柔软，其拉伸断裂伸长率、抗冲击强度较大，硬度、拉伸强度和拉伸弹性模量相对较小；而刚性材料的硬度、拉伸强度较大，断裂伸长率和冲击强度相对低一些，拉伸弹性模量相对较大。常用的韧性判据有冲击韧性和断裂韧度。

冲击韧性是反映金属材料对外来冲击负荷的抵抗能力，一般由冲击韧性值(α_k)和冲击吸收功(A_k)表示，其单位分别为 J/cm^2 和 J(焦耳)。冲击韧性或冲击功试验(简称"冲击试验")，因试验温度不同而分为常温、低温和高温冲击试验 3 种；若按试样缺口的形状又可分为"V"形缺口和"U"形缺口冲击试验 2 种。冲击韧性指标的实际意义在于揭示材料的变脆倾向。

冲击韧性值 α_k 表示材料在冲击载荷作用下抵抗变形和断裂的能力。α_k 值的大小表示材料的韧性好坏。一般把 α_k 值低的材料称为脆性材料，α_k 值高的材料称为韧性材料。

在弹塑性条件下，当应力场强度因子增大到某一临界值时，裂纹便失稳扩展而导致材料断裂，该临界或失稳扩展的应力场强度因子即断裂韧度。它反映了材料抵抗裂纹失稳扩展即抵抗脆断的能力，是材料的力学性能指标。

二、疲劳极限

许多机械零件，如轴、齿轮、弹簧等都是在循环应力和应变下工作的。多数机械零件工作时，承受的应力通常都低于材料的屈服点。材料在循环应力和应变作用下在一处或几处产生局部永久性积累损伤，经一定循环次数后产生裂纹或突然发生完全断裂的过程称为材料的疲劳。

不管是脆性材料还是韧性材料，疲劳断裂都是突发性的，事先均无明显的塑性变形，具有很大的危险性，常常造成严重的事故。

材料经受无限次变载荷而不发生断裂时的最大应力，称为材料的疲劳极限。工程上常根据机件的使用寿命要求，规定交变应力循环 N 次时的应力为有限疲劳极限或条件疲劳极限，一般在 10^7 或更高一些。影响疲劳极限的因素很多，防止疲劳断裂的措施有：一是设计时在结构上注意减轻零件应力集中；二是改善零件表面粗糙度和进行表面热处理。

2.3.4　试验指导

一、试验目的

(1) 了解冲击试验机的结构及使用方法。
(2) 初步掌握各种金属冲击韧性的测量方法。

二、试验准备

1. 设备及仪器
冲击试验机(如图 2-3-1 所示)、游标卡尺。

2. 试样
试样按照 GB/T227—3994《金属材料夏比(U 型缺口)试验方法》制备：切有缺口 5 mm × 5 mm × 150 mm 的矩形 20 钢、45 钢和 T12 钢材料，要求表面平直光洁。

三、试验原理

由于冲击过程是一个相当复杂的瞬态过程，精确测定和计算冲击过程中的冲击力和试样变形是困难的。为了避免研究冲击的复杂过程，一般采用能量法。能量法只需考虑冲击过程的起始和终止两个状态的动能、位能(包括变形能)，况且冲击摆锤与冲击试样两者的质量相差悬殊，冲断试样后所带走的动能可忽略不计，同时亦可忽略冲击过程中的热能变化和机械振动所耗损的能量，因此，可依据能量守恒定律，认为冲断试样所吸收的冲击功即为冲击摆锤试验前后所处位置的位能之差。由于冲击时试样材料变脆，材料的屈服极限 σ_s 和强度极限 σ_b 随冲击速度变化，因此工程上不用 σ_s 和 σ_b，而用冲击韧性值 α_k 衡量材料的抗冲能力。

试验时，把试样放在图 2-3-2 的 B 处，将摆锤举至高度为 H 的 A 处自由落下，摆锤冲断试样后又升至高度为 h 的 C 处，其损失的位能 $A_{ku} = G(H - h)$ 通常称为冲击吸收功，式中 G 为摆锤重力，单位为牛顿(N)；A_{ku} 为缺口深度为 2 mm 的 U 形试样的冲击吸收功，单位为焦耳(J)。

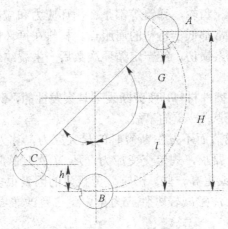

图 2-3-2　　冲击试验原理图

四、试验步骤

(1) 利用游标卡尺测量缺口处的试样尺寸。

(2) 在教师指导下了解摆锤冲击试验机的结构原理和操作方法，掌握冲击试验机的操作规程，一定要注意安全。

(3) 调整冲击试验机指针到"0"点，根据试样材料估计所需破坏能量，先空打 1 次，测定机件间的摩擦消耗功。

(4) 将试样装在冲击试验机上，简梁式冲击试验应使没有缺口的面朝向摆锤冲击的一边，缺口位置应在两支座中间，要使缺口和摆锤冲刃对准。

(5) 将摆锤举起到空打时的位置，打开锁杆。使摆锤落下，冲断试样，然后刹车，读出试样冲断时消耗的功，计算出材料的冲击韧性值。

五、试验注意事项

(1) 安装试样时，其他人绝对不准抬起摆锤，应当先安置好试样，然后再举起摆锤。

(2) 开始冲击时，试验人员绝对不准站在冲击摆锤打击范围内，以防试样破坏飞出或摆锤落下伤人。

(3) 试样折断后，切勿立即拾回，以防摆锤伤人。

(4) 无论何时，在抬起摆锤时，都要特别注意轻放，保证安全，放下过快则会损坏试验机。

六、试验报告内容

(1) 试验目的。

(2) 简述冲击试验的原理及注意事项。

(3) 填写冲击试验结果表(见表 2-3-1)。

表 2-3-1　冲击试验结果

试样材料	试验条件			冲击吸收功/J	冲击韧性值 /(J/cm²)	断裂口 特征
	高/cm	宽/cm	横截面积/cm²			
20 钢						
45 钢						
IT2 钢						

2.3.5　练习题

一、选择题(不定项)

1. 根据材料韧性特点，韧性越好，则发生脆性断裂的可能性(　　)。

A. 越小　　　　　　　B. 越大　　　　　C. 不变　　　　　　　D. 以上都不对

2. 常用的韧性判据有(　　)。

A. 冲击韧性　　　　　B. 断裂韧度　　　C. 抗疲劳度　　　　　D. 伸长率

3. 材料经受无限次变载荷而不发生断裂时的最大应力，称为材料的(　　)。

A. 疲劳强度　　　　　B. 疲劳极限　　　C. 疲劳断裂　　　　　D. 疲劳韧度

4. 进行冲击试验所需仪器设备有(　　)。

A. 冲击试验机　　　　B. 游标卡尺　　　C. 显微镜　　　　　　D. 符合规定的试样

二、填空题

1. 冲击试验所需的试样有_____、_____和_____3 种。

2. 冲击试验依据的是_____标准。

3. 防止材料疲劳断裂的措施除了减轻应力集中外，还可以改善零件表面粗糙度和进行表面_____。

三、简答题

1. 简述冲击试验的原理。

2. 冲击试验需注意哪些事项？

项目三　铁碳合金组织观察

(1) 了解金属的晶体结构种类及形状。
(2) 理解金属铁碳相图。

任务 3.1　剖析金属的晶体结构

3.1.1　学习目标

(1) 了解金属晶体的模型及性质的一般特点。
(2) 了解金属的结构和结晶规律。
(3) 理解金属晶体的类型与性质的关系。
(4) 系统地掌握化学键和晶体的几种类型及其特点。

3.1.2　任务描述

学习晶体结构知识，对比分析表 3-1-1，并思考为什么不同的金属具有不同的力学性能？金属的微观结构对其宏观力学性能有什么影响？

表 3-1-1　离子晶体、分子晶体、原子晶体结构与性质关系

项目	属性	离子晶体	分子晶体	原子晶体
结构	构成晶体粒子	阴、阳离子	分子	原子
	粒子间的作用力	离子键	分子间作用力	共价键
性质	硬度	较大	较小	较大
	熔、沸点	较高	较低	很高
	导电性	固体不导电，熔化或溶于水后导电	固态和熔融状态都不导电	不导电
	溶解性	有些易溶于极性溶剂	相似相溶	难溶于常见溶剂

3.1.3　必备知识

　　金属材料的性能与金属的化学成分和内部组织结构有着密切的联系。同一种材料，由于加工工艺不同，将使材料具有不同的内部结构，从而具有不同的性能。因此，研究金属与合金的内部结构及其变化规律，是了解金属材料性能，正确选用金属材料，合理确定加工方法的基础。

一、晶体与非晶体

　　一切物质都是由原子等微观粒子组成的，根据原子排列的特征，固态物质可分为晶体与非晶体两类。晶体是指其组成微粒(原子、离子或分子)呈规则排列的物质，如图 3-1-1(a)所示。晶体具有固定熔点和各向异性的特征，诸如金刚石、食盐、石墨及一般固态金属材料等均是晶体。非晶体是指其组成微粒无规则堆积在一起的物质，如玻璃、沥青、石蜡、松香等都是非晶体。此外，随着现代科技的发展，也制成了具有特殊性能的非晶体状态的金属材料。

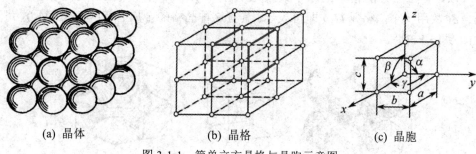

　　　　(a) 晶体　　　　　　　　(b) 晶格　　　　　　　　(c) 晶胞

图 3-1-1　简单立方晶格与晶胞示意图

二、晶体结构的基本知识

　　为了更清楚地描述晶体内部原子排列的几何形状和规律，实际研究中常引用晶格和晶胞的概念。

1. 晶格

　　图 3-1-1(a)所示的刚性模型图虽有直观性，但要定量分析各原子间的空间位置就比较困难。为了便于描述和理解晶体中原子在三维空间排列的规律性，可把晶体内部原子近似地视为刚性质点，用一些假想的直线将各质点中心连接起来，形成一个空间格子，如图 3-1-1(b)所示。这种抽象的用于描述原子在晶体中排列形式的空间几何格子，称为晶格。

2. 晶胞

　　由于晶体中原子按照一定规则排列，只要取出图 3-1-1(b)中粗线所示的单元，就能清楚地显示出晶体中原子的排列规律。通常都从晶格中选取一个能够充分反映原子排列特点的最小几何单元进行分析。这个组成晶格的最小几何单元称为晶胞，如图 3-1-1(c)所示。

3. 晶面、晶向和晶格常数

　　在晶格中由一系列原子组成的平面称为晶面，晶体由多晶面堆砌而成。晶格中由 2

个以上原子中心连接而成的任一直线都代表晶体空间的一个方向，称为晶向。晶胞中各棱边长度 a、b、c 和棱边夹角 α、β、γ 称为晶格参数，如图 3-1-1(c)所示。晶胞中各棱边长度又称为晶格常数。当 3 个晶格常数 $a = b = c$，3 个轴间夹角 $\alpha = \beta = \gamma$ 时，这种晶胞组成的晶格称为简单立方晶格。

三、常见的金属晶格类型

上述简单立方晶格中的原子排列并非十分紧密。作为金属晶格，由于存在强劲的金属键，使得金属原子(实际上是正离子)大都具有紧密排列的趋势，并具有高对称性的简单晶格形式。在已知的 80 多种金属元素中，大部分金属的晶体结构都属于下面 3 种类型之一。

1. 体心立方晶格

体心立方晶格的晶胞是立方体，立方体的 8 个顶角和中心各有 1 个原子。8 个顶角上的每一个原子为相邻的 8 个晶胞所共有，中心的原子为该晶胞所独有，如图 3-1-2 所示。所以，体心立方晶格中的原子数量为 $1 + 8 \times 1/8 = 2$ 个。体心立方晶格的晶格常数 $a = b = c$，故用一个晶格常数 a 即可表示。具有这种晶格的金属有钨(W)、钼(Mo)、铬(Cr)、钒(V)、铁(α-Fe)等。

图 3-1-2　体心立方晶格示意图

2. 面心立方晶格

面心立方晶格的晶胞也是立方体，立方体的 8 个顶角和 6 个面的中心各有 1 个原子，8 个顶角上的每一个原子为相邻的 8 个晶胞所共有，面中心的原子为相邻两晶胞所共有，如图 3-1-3 所示。所以，面心立方晶格中的原子数量为 $6 \times 1/2 + 8 \times 1/8 = 4$ 个。具有这种晶格的金属有金(Au)、银(Ag)、铝(Al)、铜(Cu)、镍(Ni)、铁(γ-Fe)等。

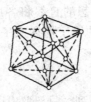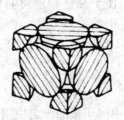

图 3-1-3　面心立方晶格示意图

3. 密排六方晶格

密排六方晶格的晶胞是六方柱体，在六方柱体的 12 个顶角和上下底面中心各有 1 个原子，另外在上下面之间还有 3 个原子，12 个顶角上的每一个原子为相邻的 6 个晶胞所共有，上下底面中心的原子为相邻两晶胞所共有，而体内所包含的 3 个原子为该晶胞所独有，如图 3-1-4 所示。所以，密排立方晶格中的原子数量为 $2 \times 1/2 + 12 \times 1/6 + 3 = 6$ 个。具有这种晶格的金属有镁(Mg)、锌(Zn)、铍(Be)、钛(α-Ti)等。

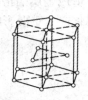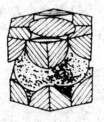

图 3-1-4　密排六方晶格示意图

可见，晶格类型不同，原子排列方式、致密度、晶格常数等就不同，金属力学性能也将随之变化。同时由于晶体中不同晶面和晶向上原子密度不同，原子间结合力也就不同，因此晶体在不同晶面和晶向上表现出不同的性能，这是晶体具有各向异性的原因。但在实际金属材料中，一般却见不到它们具有这种各向异性的特征，这是由于金属的实际晶体结构与理想晶体结构有很大的差异所致。

四、金属的实际晶体结构

如果一块晶体内部的晶格位向(即原子排列的方向)完全一致，则称这块晶体为单晶体。只有采用特殊方法才能获得单晶体，如单晶硅、单晶锗等。实际使用的金属材料即使是体积很小，其内部仍包含了许多颗粒状的小晶体，各小晶体中原子排列的方向不尽相同。这种由许多晶粒组成的晶体称为多晶体，如图 3-1-5 所示。多晶体材料内部是以晶界分开的，晶体学位中向相同的晶体称为晶粒，两晶粒之间的交界处称为晶界。

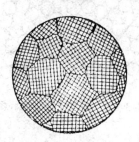

图 3-1-5　金属的多晶体结构示意图

由于一般的金属都是多晶体结构，故通常测出的性能都是各个位向不同的晶粒的平均性能，结果就使金属显示出各向同性。

在晶界上原子的排列不像晶粒内部那样有规则，这种原子排列不规则的部位称为晶体缺陷。根据晶体缺陷的几何特点，可将晶体缺陷分为以下 3 种。

1. 点缺陷

点缺陷是晶体中呈点状的缺陷，即在三维空间上的尺寸都很小的晶体缺陷。最常见的点缺陷是晶格空位和间隙原子。原子空缺的位置叫空位，存在于晶格间隙位置的原子叫间隙原子，如图 3-1-6 所示。

2. 线缺陷

线缺陷是指在三维空间的 2 个方向上尺寸很小的晶体缺陷，如图 3-1-7 所示。这种缺陷主要是指各种类型的位错。所谓位错，是指晶格中一列或若干列原子发生了某种有规律的错排现象。由于位错的存在，造成金属晶格畸变，并对金属的性能，如强度、塑性、疲劳及原子扩散、相变过程等都将产生重要影响。

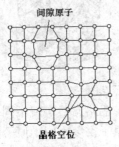 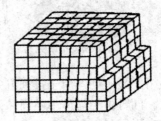

图 3-1-6　晶格空位和间隙原子示意图　　　　图 3-1-7　刃型位错(线缺陷) 示意图

3. 面缺陷

面缺陷是指在二维方向上尺寸都很大，在第 3 个方向上的尺寸却很小，呈面状分布的缺陷(见图 3-1-8)，通常都是指晶界。在晶界处，由于原子呈不规则排列，使晶格处于畸变状态，晶界在常温下对金属的塑性变形起阻碍作用，从而使金属材料的强度和硬度都有所提高。

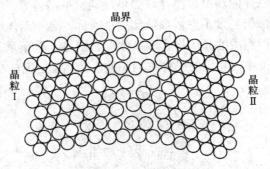

图 3-1-8　晶界过渡结构示意图

五、合金晶体结构

1. 基本概念

合金是 2 种或 2 种以上的金属元素或金属元素与非金属元素组成的具有金属性质的物质。例如，工业上广泛应用的碳素钢和铸铁主要是由铁和碳组成的合金；黄铜是由铜和锌组成的合金；硬铝是由铝、铜、镁组成的合金。与组成它的纯金属相比，合金不仅具有较高的力学性能和某些特殊的物理、化学性能，而且价格低廉；此外，还可通过调节合金组成的比例，获得一系列性能不同的合金，以满足不同性能的要求。

1) 组元

组成合金的最基本的、独立的物质称为组元。一般来说，组元就是组成合金的元素，但有时也可将稳定的化合物作为组元。

2) 合金系

由若干给定组元按不同比例配制而成的一系列成分不同的合金，称为合金系。由 2 个组元组成的合金称为二元合金；由 3 个组元组成的合金称为三元合金；由 3 个以上组元组成的合金称为多元合金。

3) 相

相是指金属或合金中具有相同成分、相同结构并以界面相互分开的各个均匀组成部分。只有 1 种相组成的合金为单相合金，由 2 种或 2 种以上相组成的合金为多相合金。例如，在铁碳合金中 α-Fe 为 1 个相，Fe_3C 为 1 个相；水和冰虽然化学成分相同，但其物理性能不同，故为 2 个相。

4) 组织

组织是指用金相观察方法，在金属及其合金内部看到的涉及相或晶粒的大小、方向、形状、排列状况等组成关系的构造情况。合金的性能取决于组织，而组织又首先取决于合金中的相，所以，为了掌握合金的组织和性能，首先必须了解合金的晶体结构。

2. 合金的晶体结构

根据合金中各组元间的相互作用，合金的晶体结构可分为固溶体、金属化合物及机械混合物 3 种类型。

1) 固溶体

将糖溶于水中，可以得到糖在水中的液溶体，其中水是溶剂，糖是溶质。合金中也有类似的现象。合金在固态下一种组元的晶格内溶解了另一种组元的原子而形成的晶体相，称之为固溶体，即在某一组元的晶格中包含其他组元的原子，前一组元称为溶剂，其他组元称为溶质。根据溶质原子在溶剂晶格中所占位置的不同，可将固溶体分为置换固溶体和间隙固溶体。

(1) 置换固溶体。溶质原子代替一部分溶剂原子占据溶剂晶格部分结点位置时所形成的晶体相，称为置换固溶体，如图 3-1-9(a)所示。按溶质溶解度不同，置换固溶体又可分为有限固溶体和无限固溶体。溶解度主要取决于组元间的晶格类型、原子半径和原子结构。实践证明，大多数合金都只能有限固溶，且溶解度随着温度的升高而增加。只有两组元晶格类型相同，原子半径相差很小时，才可以无限互溶，形成无限固溶体。

(2) 间隙固溶体。溶质原子在溶剂晶格中不占据溶剂结点位置，而嵌入各结点之间的间隙内时，所形成的晶体相，称为间隙固溶体，如图 3-1-9(b)所示。

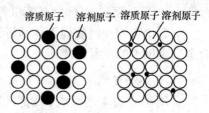

(a) 置换固溶体　(b) 间隙固溶体

图 3-1-9　固溶体的两种类型

由于溶剂晶格的间隙有限，因此间隙固溶体只能有限溶解溶质原子，只有在溶质原子与溶剂原子半径的比值小于 0.59 时，才能形成间隙固溶体。间隙固溶体的溶解度与温度、溶质与溶剂原子半径比值及溶剂晶格类型等有关。应当指出，无论是置换固溶体，还是间隙固溶体，异类原子的插入都将使固溶体晶格发生畸变，增加位错运动的阻力，使固溶体的强度、硬度提高。这种通过溶入溶质原子形成固溶体，使合金强度、硬度升高的现象称为固溶强化。固溶强化是强化金属材料的重要途径之一。

实践证明，只要适当控制固溶体中溶质的含量，就能在显著提高金属材料强度的同时仍然使其保持较高的塑性和韧性。

2) 金属化合物

两组元组成的合金中，在形成有限固溶体的情况下，当溶质含量超过其溶解度时，将会出现新相。若新相的晶体结构不同于任一组元，则新相是组员间形成的化合物，称为金属化合物或金属间化合物(多数是金属与金属之间或金属与非金属元素形成的化合物)。金属化合物中有金属键参与作用，因而具有一定的金属性质。例如，铁碳合金中的渗碳体就是铁和碳组成的化合物 Fe_3C。金属化合物具有与其构成组元晶格截然不同的特殊晶格，熔点高，硬而脆。合金中出现金属化合物时，通常能显著地提高合金的强度、硬度和耐磨性，但塑性和韧性也会明显地降低。

常见的金属化合物有正常价化合物、电子化合物和间隙化合物。

正常价化合物是由元素周期表中位置相距甚远、电化学性质相差很大的两种元素形成的。这类化合物的特征是严格遵守化合价规律，可用化学式表示，如 Mg_2Si、Mg_2Sn 等。正常价化合物具有较高的硬度脆性，能弥散分布于固溶基体中，可对金属起到强化作用。

电子化合物是由第Ⅰ族或过渡元素与第Ⅱ～Ⅴ族元素形成的金属化合物。它们不遵守原子价规律，而是服从电子浓度(组元价电子数与原子数的比值)规律。电子浓度不同，所形成金属化合物的晶体结构也不同。电子化合物的结合键为金属键，熔点一般较高，硬度高，脆性大，是有色金属中的重要强化相。

间隙化合物是由过渡金属元素与硼、碳、氮、氢等原子直径较小的非金属元素形成的化合物。若非金属原子与金属原子半径之比小于 0.59，则形成具有简单晶体结构的间隙相；若非金属原子与金属原子半径之比大于或等于 0.59，则形成具有复杂结构的间隙化合物。

间隙化合物与间隙固溶体不同，后者保持金属的晶格，而前者的晶格则不同于组成它的任何一个组元的晶格。其次，尽管间隙化合物和间隙固溶体中直径小的原子均位于晶格的间隙处，但在间隙相中，直径小的原子呈现有规律的分布；而在间隙固溶体中，直径小的原子(溶质原子)则是随机分布于晶格的间隙位置。

间隙化合物和间隙固溶体都有较高的熔点和硬度，但塑性较低。它们是硬质合金、合金工具钢中的重要组成相。

3) 机械混合物

金属化合物均是组成合金的基本相，由两相或两相以上组成的多相组织，称为机械混合物。在机械混合物中各组成相仍保持着它原有的晶格类型和性能，而整个机械混合物的性能则介于各组成相性能之间，与各组成相的性能以及相的数量、形状、大小和分布状况等密切相关。在机械工程材料中使用的合金材料绝大多数都是机械混合物这种组织状态。

3.1.4　拓展知识——金属的塑性变形

金属材料经冶炼浇铸后大多数要进行各种压力加工，如轧制、挤压、拉丝、锻造和冲压，如图 3-1-10 所示。

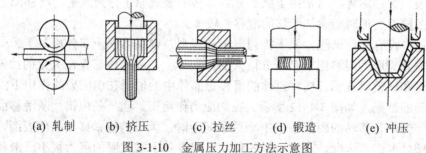

(a) 轧制　　(b) 挤压　　(c) 拉丝　　(d) 锻造　　(e) 冲压

图 3-1-10　金属压力加工方法示意图

压力加工不仅改变了金属的外形尺寸，而且其内部组织和性能也发生了变化。例如经冷轧、拉丝等冷塑性加工后，金属的强度显著提高而塑性下降；经热轧、锻造等热塑性变形后，强度的提高虽不明显，但塑性和韧性较铸态时有明显改善。若压力加工工艺方法不当，使其变形超过金属的塑性值后，则将产生裂纹或断裂。

金属在外力作用下的变形分为弹性变形和塑性变形。

弹性变形是由于外力克服了原子间的作用力，使部分原子稍微偏离原来的平衡位置，当外力去除后，原子返回原来的平衡位置，金属恢复原来的形状，所以弹性变形是在外力作用下的临时变形。金属的弹性变形对金属的组织和性能没有改变。

塑性变形是永久变形，成形加工是利用塑性变形来实现的。塑性变形过程比弹性变形复杂，变形后金属的组织及性能发生了改变。

1. 单晶体塑性变形

单晶体一般只能通过特殊的铸造工艺获得，工程所用金属材料大多是多晶体，而多晶体的塑性变形与各个晶粒的变形行为相关联，所以掌握单晶体的塑性变形是了解多晶体变形规律的基础。

单晶体在正应力作用下，只能产生弹性变形，并直接过渡到脆性断裂，只有在切应力作用下才会产生塑性变形。单晶体的塑性变形主要是以滑移的方式进行，即晶体的一部分沿着一定的晶面和晶向相对于另一部分发生滑动。如图 3-1-11 所示，当原子滑移到新的平衡位置时，晶体就产生了微量的塑性变形，晶体大量滑移的总和就形成了宏观上金属的塑性变形。

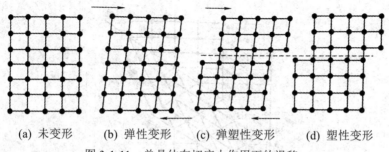

(a) 未变形　　(b) 弹性变形　　(c) 弹塑性变形　　(d) 塑性变形

图 3-1-11　单晶体在切应力作用下的滑移

一般来说，滑移变形是沿着原子排列最密集的晶面和原子排列最密集的晶向方向进行的，分别称为滑移面和滑移方向，由 1 个滑移面和 1 个滑移方向组成 1 个滑移系。金属晶体结构不同，其滑移系的个数也不同。属于面心立方晶格的金属具有更好的塑性，比如金、银、铜、铝等。这是由于面心立方晶格的金属原子排列致密，滑移面之间的距离较大，在塑性变形时能参与滑移的滑移系较多。

若晶体中没有任何缺陷，原子排列得十分规则，则晶体的一部分相对于另一部分的整体滑移需要克服的滑移阻力是十分巨大的。实际上，晶体内部存在大量的线缺陷——位错。理论和试验研究都证明，晶体的滑移是晶体中的位错在切应力的作用下沿着滑移面逐步移动的结果，如图 3-1-12 所示。在切应力作用下，当一条位错线从滑移面的一侧运动到另一侧，且移动的距离小于 1 个原子间距时，大量的位错移出晶体表面，就产生了宏观的塑性变形。因此，通过位错的移动实现滑移所需克服的阻力很小，滑移容易进行，与实际测量的结果是一致的。

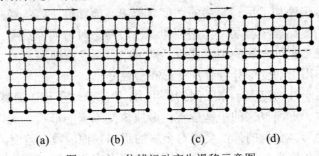

　　(a)　　　　　　　(b)　　　　　　　(c)　　　　　　　(d)

图 3-1-12　位错运动产生滑移示意图

2. 多晶体塑性变形

工业上使用的金属绝大部分是多晶体。多晶体晶粒的基本变形方式与单晶体相同，由于晶界的存在，晶粒之间位向不同，多个晶粒的塑性变形会互相影响，因此，多晶体的塑性变形比单晶体复杂。

图 3-1-13 所示为孪生变形，材料晶体除位错的滑移外，晶体的变形还可以利用孪生(晶)来实现，一般在变形应变量较小或者材料没有足够的滑移系进行滑移变形(如 HCP 结构的材料)时占主导变形机理。对于滑移系较少的材料，如镁合金和钛合金，因为没有足够的滑移系，所以孪生变形对其塑性变形有重要的作用，但这类变形量较小，故镁合金、钛合金这类材料室温塑性比较差。但是在高温变形时，孪晶界往往具有比较高的能量，促进了动态再结晶晶粒在孪晶周围和内部的形核，进而促进了材料的高温变形和组织细化。

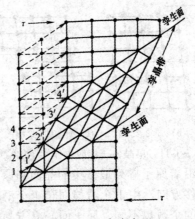

图 3-1-13　孪生变形

在多晶体中，晶界处原子排列混乱，也是缺陷和杂质集中的地方，晶格畸变程度大，从而使位错移动的阻力增大，在宏观上表现为晶界处的变形抗力增大。

在多晶体中，晶粒越小，单位体积上晶粒的数量就越多，晶界的总面积增大，因而晶界变形抗力也越大，所以整个金属的强度较高。试验表明，晶粒平均直径 d 与屈服点 σ_s 之间存在如下关系：

$$\sigma_s = \sigma_0 + Kd^{-1/2}$$

式中：σ_0 表示晶内变形抗力；K 表示晶界对变形的影响程度。σ_0 和 K 均为常数。

细晶粒金属不仅强度高，而且塑性和韧性也较好。这是因为单位体积内的晶粒数越多，金属的总变形量可以分布在更多的晶粒内，晶粒的变形也会比较均匀，所以减少了应力集中，推迟了裂纹的形成和发展。同时晶界面积越大，晶界越曲折，越不利于裂纹的扩展，使金属在断裂前可发生较大的塑性变形。韧性与强度和塑性密切相关，由于细晶粒金属的强度较高，塑性较好，所以使之断裂需要消耗较大的功，因而韧性也较好。

因此，晶粒的细化是金属的一种非常重要的强韧化手段，工业上将通过细化晶粒以提高材料强度的方法称为细晶强化。

3.1.5　练习题

一、名词解释

1. 晶体
2. 晶胞
3. 单晶体
4. 晶界
5. 晶格常数
6. 组元
7. 相
8. 合金
9. 点缺陷
10. 面缺陷
11. 线缺陷

二、填空题

1. 根据原子排列的特征，固态物质可分为_____与_____两类。

2. 用于描述原子在晶体中排列形式的空间几何格子，称为_____。

3. 组成晶格的最小几何单元称为_____。

4. 晶体与非晶体的根本区别在于_____。

5. 金属晶格的基本类型有_____、_____和_____ 3 种。

6. 密排六方晶格的晶胞是_____柱体，在柱体的_____个顶角和上下底面中心各有_____个原子，另外在上下面之间还有_____个原子，12 个顶角上的每一个原子为相邻的_____个晶胞所共有，上下底面中心的原子为相邻两晶胞所共有，而体内所包含的_____个原子为该晶胞所独有。

7. 实际金属的晶体晶格缺陷有_____、_____和_____ 3 类。

8. 如果 1 块晶体内部的晶格位向(即原子排列的方向)完全一致,则称这块晶体为_____。

9. 根据合金中各组元间的相互作用不同,合金的晶体结构可分为_____、_____和_____ 3 种类型。

10. 根据溶质原子在溶剂晶格中所占位置的不同,可将固溶体分为_____和_____。

任务3.2　铁碳合金相图分析

3.2.1　学习目标

(1) 了解铁碳合金的基本组织。
(2) 了解铁碳合金的结晶过程。

3.2.2　任务描述

　　牢记本节重要概念,如铁素体、奥氏体、珠光体、莱式体、共晶体、共析渗碳体、二次渗碳体;熟记铁碳相图,弄清重要温度与成分点和重要线的意义、铁碳合金中各种相的本质与特征;掌握典型铁碳合金的结晶过程分析,室温平衡组织中相与组织组成物相对量计算;熟悉各组织特征;掌握铁碳合金的成分、组织、性能之间的关系;学习铁碳相图中具有实用价值部分的 $Fe\text{-}Fe_3C$ 相图,以及与此相图相对应的、工业用量较大的碳素钢,并学习铁碳相图各种不同含碳量碳钢的组织转变规律及显微组织形貌。

3.2.3　必备知识

一、金属的结晶

　　固态金属一般是由液体金属结晶而成的。由于结晶条件不同,其组织结构及性能也不一样。虽然金属坯料可以通过一系列加工过程改变其内部的组织和性能,但很难完全消除原始组织对性能的影响,而且金属在固态时的组织转变都是在金属结晶的基础上进行的。

1. 结晶的概念

1) 结晶及过冷度

由液体状态转变成晶体状态的过程,称为结晶。结晶的实质是原子由无规则变成有规则排列状态的过程。

任何金属从液态转变到固态都要有一定的平衡结晶温度。所谓平衡结晶温度,是指金属原子由液体转变成晶体与由晶体转变成液体的速度相等的那个温度。可见，处于平衡结晶温度的金属不能有效结晶。只有当温度降到平衡晶体温度 T_c 以下某一温度 T_n 时，结晶才能有效进行。T_n 称为实际结晶温度。因此，实际结晶温度总低于平衡结晶温度，二者之差，即 $T_c - T_n = \Delta T$，称为过冷度。过冷度的大小取决于冷却速度和金属纯度，冷却速度越大，金属纯度越高，则过冷度就越大。

2) 金属的冷却曲线

金属的结晶温度可以通过测绘冷却曲线来确定。测绘冷却曲线常用热分析法。热分析法是将要测定的金属放在坩埚中熔化，然后以极慢的速度冷却，在冷却过程中，每隔一个短时间记录一次温度，并将记录数据标记在温度－时间坐标系中，连成曲线，如图 3-2-1 所示。冷却曲线中水平线段所对应的温度就是金属的实际结晶温度。由于冷却速度非常缓慢，金属结晶时放出的结晶潜热补偿了散发到外界的热量，因此冷却曲线上出现了温度不变的水平线段。结晶完成后，结晶潜热消失，温度继续下降，直至与外界平衡。

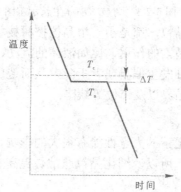

图 3-2-1　纯金属结晶时的冷却曲线

2. 结晶过程

图 3-2-2 所示说明了结晶过程。首先从液体中形成一批稳定的原子集团作为晶核，随着时间的增长，晶核不断长大，同时，又有新的晶核不断地从液体中产生并成长。这样一直下去，直至全部液体结晶成为固体。所以，金属最基本的结晶规律就是晶核的形成和成长的过程。

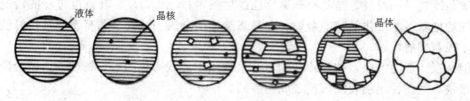

图 3-2-2　结晶过程示意图

如图 3-2-3 所示，在晶核成长初期，其外形是比较规则的。但随着晶核的长大而形成棱角时，由于棱角部位散热条件好，得到优先成长，棱角处就长成类似树枝的枝干。同样原因，枝干再长出分支，最后再把枝间填满。晶体的这种成长方式，叫作枝晶成长。按这种方式结晶出来的晶体，称为枝晶。冷却速度越大，枝晶成长的特点越明显。

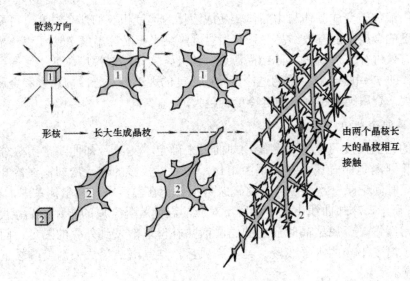

图 3-2-3　树枝状晶体生长示意图

多晶体金属中的每一个晶粒，都是由一个晶核按树枝状方式长大形成的。在晶粒形成的过程中，由于各种偶然因素的作用，比如液体的流动、晶轴本身的重力作用和彼此间的碰撞等，都会使某些晶轴发生偏斜或者折断，从而造成晶粒内各部分之间产生微小的位向差，形成镶嵌块、亚晶界以及错位等缺陷。

3. 晶粒大小及控制

晶粒大小对金属材料室温下的力学性能有很大的影响，晶粒越细小，金属的强度越高，同时塑性和韧性也越好。所以，细化晶粒通常是提高室温下金属材料力学性能的一个重要途径。

在结晶过程中，晶粒大小受到形核率和成长速度这 2 个因素的控制。如形核率大而生长速度慢，则结晶后的晶粒小；与之相反，如形核率小而生长速度快，则结晶后的晶粒大。

为了获得细晶粒度的金属，生产中可以采用以下方法细化铸件的晶粒。

1) 增加过冷度

加快结晶时的冷却速度，可以增加过冷度，从而有效地细化晶粒。近十年来，由于超高速急冷技术的发展，结晶冷却速度已经达到每秒上百万度。在高度过冷的情况下，可以成功地获得超细化晶粒的金属和非晶态结构的金属。这类金属有着非常良好的力学性能，很有发展前途。

但是在一般生产中，快速冷却的方法只适用于形状简单的小型铸件，否则会因冷却速度过快导致铸件出现裂纹，使之成为废品。

2) 变质处理

如果向液体金属中加入某些与其结构相近的高熔点杂质，就可以依靠非自发形核的方式使晶粒细化。这种细化晶粒的方法称为变质处理，所加入的物质称为变质剂或形核剂，例如在铝合金的溶液中加入少量的钛(Ti)和硼(B)，由于生成的 TiB_2 和 $TiAl$ 在结构与尺寸上与铝相近，因而有效地起到外来核心的作用，从而细化了铝的晶粒。有些加入液体金属中的高熔点杂质，不是充当人工核心，而是使晶体生长速度减小，例如在 Al-Si 合金中加入钠盐，同样可以达到细化晶粒的目的。

3) 振动

用机械振动、电磁振动和超声波振动等方法，可以增加形核率，同时又可将正在生长的枝晶打碎，促使晶粒变细。

二、纯铁的同素异构转变

纯金属具有良好的导电性、导热性、塑性和美丽的金属光泽，在工业上具有一定的应用价值。但由于强度、硬度一般较低，远不能满足生产实际的需要，而且冶炼困难，价格成本较高，故在使用上受到很大的限制。在实际生产中大量使用的主要是合金，尤其是铁碳合金。

钢铁材料是铁碳合金系中具有实用价值的部分，是目前人类社会中应用最为广泛的工程材料。反映铁碳合金的化学成分、相、组织与温度关系的相图已经诞生 100 多年。百余年来随着技术的进步，世界各国的金属学研究者对这张相图进行了越来越精确的测定，形成了目前通用的图样。铁碳合金相图是一个比较复杂的相图，是由多种基本类型相图组成的。铁碳合金相图对于了解钢铁材料平衡状态下的组织和性能有重要意义，对于制定钢铁材料的铸、锻、焊及热处理等工艺有直接的指导意义。

Fe 是元素周期表中第 26 号元素，相对分子质量为 56，体积质量为 7.8 g/cm^3，熔点为 1538℃。Fe 具有同素异晶转变现象。所谓同素异晶转变，是指金属在结晶成固态之后继续冷却的过程中晶格类型随温度下降而发生变化的现象，也称同素异构转变。

同素异构转变是通过成核长大的过程来完成原子重新排列的，也是一种结晶过程，也有结晶潜热产生。但是，它是在固态下进行的晶格类型的转变，有别于液态金属的凝固结晶，也有别于变形金属在固态下的再结晶。因此，同素异构转变也被称为重结晶，是一种固态相变。

由于晶格类型不同，其原子排列的致密度也不同，因此在同素异构转变时，会引起宏观体积的变化和内应力的增加。由于同素异构转变时也有潜热释放，因此在金属冷却曲线上也会以一个平台形式表现出来，只是比结晶平台小些。图 3-2-4 所示是铁的冷却曲线。

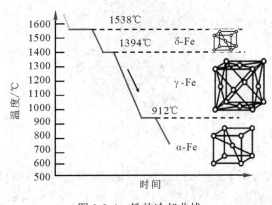

图 3-2-4 铁的冷却曲线

从冷却曲线上可见到第 1 个 1538℃的平台是铁的结晶温度，结晶成具有体心立方晶格的 δ-Fe。当温度降到 1394℃时出现第 2 个平台，Fe 在固态下第 1 次同素异构转变，转变成为面心立方的 δ-Fe。当继续冷却到 912℃时出现第 3 个平台，这是 Fe 的第 2 次同素异构转变，变成体心立方的 γ-Fe。当继续冷却到 769℃时出现第 4 个平台，这个平台对应的温度称为居里点，它不是同素异构转变，因为没有晶格类型的变化，只是 Fe 原子的外层电子排列的变化引起 Fe 磁性状态的改变，使透磁率增加数万倍，晶格类型虽然仍是体心立方，但是晶格常数减小了，由 0.293 nm 变成 0.233 nm，这种具有磁性的体心立方晶格的铁称为 α-Fe。可以认为，912℃的同素异晶转变是由 γ-Fe 转变成 α-Fe。铁的同素异构转变可简单记为：δ-Fe→γ-Fe→α-Fe。正因为 Fe 具有这种同素异构转变才使得钢也存在多种固体相变，这正是钢可以进行各种热处理的基础。

三、铁碳合金中的相及基本组织

1. 铁碳合金中的相

铁碳合金的组元 Fe 与 C 相互作用可以形成几种很重要的相。碳在钢铁中可以有 4 种形式存在：碳原子溶于 α-Fe 形成的固溶体，称为铁素体(体心立方结构)；碳原子溶于 γ-Fe 形成的固溶体，称为奥氏体(面心立方结构)；碳原子与铁原子形成复杂结构的化合物 Fe_3C(正交点阵)，称为渗碳体；碳也可能以游离态石墨(六方结构)稳定相存在。在通常情况下，铁碳合金是按 Fe-Fe_3C 系进行转变的，其中 Fe_3C 是亚稳相，在一定条件下可以分解为铁和石墨。

1) 铁素体

铁素体是碳原子固溶到 α-Fe 中形成的间隙固溶体，代号为 F 或 α。虽然 α-Fe 的体心立方晶格总空隙度较大(32%)，但是每个具体的空隙直径都不大，仅有 0.072 nm，远小于碳原子的直径(0.154 nm)。所以，碳在 α-Fe 中的溶解度很小。室温时溶解度 $W_C \leqslant 0.0008\% \approx 0$；最大溶解度在 727℃，$W_C \approx 0.0218\%$。碳原子在 Fe 晶格间隙中的可能位置见图 3-2-5。铁素体是一种强度不高但是塑性很好的相，同时也是钢铁材料在室温室时的重要相，常作为基体相存在。

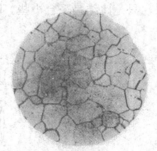

图 3-2-5　碳原子

2) 奥氏体

奥氏体是碳原子固溶到 Fe 中所形成的间隙固溶体，在 727℃以上时存在，代号为 A 或 γ。作为面心立方的 γ-Fe，虽然晶格总间隙为 26%，小于 α-Fe，但具体间隙的直径却较大，最大的直径是 0.104 nm，近于碳原子直径。所以碳原子在 γ-Fe 中的溶解度大于在

α-Fe 中的溶解度。在 727℃时，$W_C = 0.77\%$；最大溶解度在 1148℃时，$W_C \approx 2.11\%$。奥氏体是一种强度不高但塑性很好的高温相，是热变形加工所需要的相，一般情况奥氏体不存在于室温条件下。

3) 渗碳体

渗碳体是铁与碳形成的间隙化合物，分子式是 Fe_3C。它有固定的 $W_C = 6.69\%$，熔点为 1227℃。渗碳体是具有高硬度、高脆性、低强度和低塑性的相。渗碳体也是钢铁材料在室温下的重要相，常作为钢的第二相弥散强化的强化相。

4) 石墨

石墨是 Fe-C 合金中游离存在的碳，代号为 G。它以简单六方晶格结构存在，强度、塑性、硬度都很低，在钢中通常是不允许它存在，否则会降低钢的力学性能。但是在铸铁材料中为了增加铸铁的切削加工性和降低铸铁的脆性，并能保证一定的强度和韧性，常采用一些工艺措施使大多数的化合碳转变成游离碳的石墨，使铸铁由白口变成灰口，成为有用的工程材料。

此外，在 1394℃以上有一个 δ 铁素体相。它是碳固溶到 δ-Fe 中形成的一种间隙固溶体高温相，在 1495℃时有最大的溶解度，$W_C \approx 0.09\%$。铁碳合金在液态时成为液相，代号是 L。上述这些相，在 Fe-C 合金的显微组织中均被称为相组成物。

在室温下，铁碳合金中最重要的相是铁素体和渗碳体。它们在钢铁材料中既可以独立存在，也可以以机械混合物形式组成一些基本组织。

2. 铁碳合金中的基本组织

在铁碳合金中，当 $W_C = 0.77\%$，温度为 727℃时，会产生共析转变。共析转变是指在某一恒定温度时，一定成分的固相又重新结晶成两个不同的机械混合物。这种两相的机械混合物称为共析体。铁碳合金中的共析转变是指碳的质量分数为 0.77% 的奥氏体在727℃时发生重结晶，形成铁素体和渗碳体的两相机械混合物。这种机械混合物的共析体命名为珠光体，代号为 P。铁碳合金中的共析转变可以表示为：$A0.77 \rightarrow (F + Fe_3C) \equiv P$。珠光体和渗碳体以相间片层形式机械混合在一起。

当 $W_C = 4.3\%$，温度为 1148℃时，铁碳合金发生共晶转变：$L4.3 \rightarrow (A + Fe_3C) \equiv Ld$，即碳的质量分数为 4.3% 的铁碳合金液相结晶时发生共晶转变，产生了奥氏体和渗碳体机械混合物的共晶体。这个共晶体命名为高温莱氏体，代号为 Ld。高温莱氏体是存在于727℃以上的一种基本组织。

在 727℃以下，高温莱氏体中的奥氏体又发生共析转变，变成珠光体。这时的莱氏体就变成由 P 和 Fe_3C 组成，成为低温莱氏体。低温莱氏体是铁碳合金在室温下的另一个基本组织。

另外，各个相若是独立存在于铁碳合金中，也都可以看作是单相的基本组织。这些基本组织均被称为铁碳合金显微组织的组成物。

3. Fe-Fe₃C 相图

碳钢和铸铁是最广泛使用的金属材料，铁碳相图是研究钢铁材料的组织、性能及其热加工和热处理工艺的重要工具(见图 3-2-6 和表 3-2-1)，且 Fe-Fe₃C 相图对于了解碳素钢和白口铸铁及工业纯铁的显微组织与温度关系是很直观的。

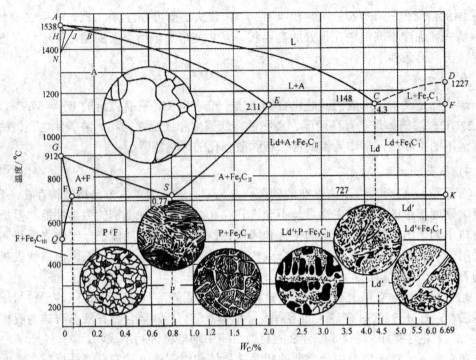

图 3-2-6　铁碳相图

在 Fe-Fe₃C 相图中，存在 3 个相恒温转变：在 1495℃ 发生的包晶转变，转变产物是奥氏体；在 1148℃ 发生的共晶转变，转变产物是奥氏体和渗碳体的机械混合物，称为莱氏体；在 727℃ 发生的共析转变，转变产物是铁素体与渗碳体的机械混合物，称为珠光体。

表 3-2-1　Fe-Fe₃C 相图中主要点的坐标及含义

符号	温度/℃	含碳量/%(质量)	含　　义
A	1538	0	纯铁的熔点
B	1495	0.53	包晶转变时液态合金的成分
C	1148	4.30	共晶点
D	1227	6.69	Fe₃C 的熔点
E	1148	2.11	碳在 γ-Fe 中的最大溶解度
F	1148	6.69	Fe₃C 的成分
G	912	0	α-Fe→γ-Fe 同素异构转变点
H	1495	0.09	碳在 δ-Fe 中的最大溶解度
J	1495	0.17	包晶点
K	727	6.69	Fe₃C 的成分
N	1394	0	γ-Fe→δ-Fe 同素异构转变点
P	727	0.0218	碳在 α-Fe 中的最大溶解度
S	727	0.77	共析点
Q	600	0.0057	600℃(或室温)时碳在 α-Fe 中的最大溶解度

此外，在 Fe-Fe$_3$C 相图中还有 3 条重要的固态转变线：

(1) *GS* 线——奥氏体中开始析出铁素体(降温时)或铁素体全部溶入奥氏体(升温时)的转变线，常称 727～912℃为 A$_3$ 温度。

(2) *ES* 线——碳在奥氏体中的溶解度曲线。常称 727～1148℃为 Acm 温度。低于此温度时，奥氏体中将析出渗碳体，称为二次渗碳体，用 Fe$_3$C$_{II}$ 表示，以区别于从液体中经 *CD* 线结晶出的一次渗碳体。

(3) *PQ* 线——碳在铁素体中的溶解度曲线。在 727℃时，碳在铁素体中的最大质量分数为 0.0218%，因此，铁素体从 727℃冷却时也会析出少量的渗碳体，称之为三次渗碳体。图 3-2-6 中 770℃的水平线表示铁素体的磁性转变温度，常称为 A$_2$ 温度。

另外，*PSK* 线——温度 727℃，共析转变温度，常称为 A$_1$ 温度。

4. 典型铁碳合金的平衡组织

铁碳合金通常可按含碳量及其室温平衡组织分为 3 大类：工业纯铁、碳钢和铸铁。碳钢和铸铁是按有无共晶转变来区分的，无共晶转变即无莱氏体的合金称为碳钢。在碳钢中，又分为共析钢、亚共析钢及过共析钢。有共晶转变的称为铸铁。

1) 共析钢的结晶过程

共析钢的含碳量为 0.77%，其显微组织如图 3-2-7 所示。

合金在点 1 以上为液相，缓慢冷却至点 1 时，从液相中开始结晶出奥氏体，温度继续下降，析出的奥氏体量越来越多。当冷却到点 2 时，液相全部结晶为奥氏体，从点 2 继续冷却到点 3，单相奥氏体没有变化。到达点 3(*S* 点)时，奥氏体发生共析反应，生成珠光体。自点 3 冷却至室温，组织基本上不变化，最后合金的室温组织为珠光体。合金的结晶组织变化示意图如图 3-2-8 所示。

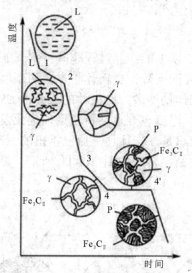

图 3-2-7　共析钢结晶过程示意图　　　　图 3-2-8　共析钢显微组织示意图

2) 亚共析钢的结晶过程

取含碳量为 0.45%的亚共析钢，合金在点 3 以上的结晶过程与共析钢相同。当奥氏体缓慢冷却至点 3 时，由于同素异构转变，奥氏体开始转变为铁素体，温度下降，铁素体量增加，奥氏体的成分(含碳量)沿 GS 线变化。当冷却至点 4 时，剩余奥氏体的含碳量已到达 S 点，因而发生共析转变，生成珠光体，当共析反应结束时，合金的组织为珠光体加上原已转变的铁素体，继续冷却至室温，组织基本上不变化，最后合金的室温组织为铁素体＋珠光体。亚共析钢的结晶转变如图 3-2-9 所示，显微组织结构如图 3-2-10 所示。

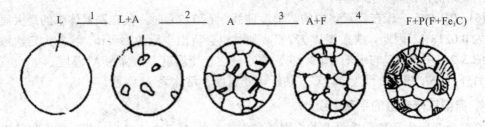

图 3-2-9　亚共析钢结晶转变

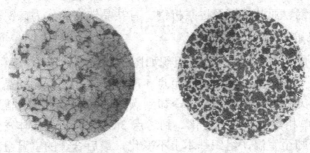

(a) 铁素体＋珠光体结晶图　　　(b) 铁素体＋珠光体显微图

图 3-2-10　亚共析钢显微组织结构

3) 过共析钢的结晶过程

取含碳量为 1.2% 的过共析钢，合金在点 3 以上的结晶过程和共析钢、亚共析钢相同。当奥氏体缓慢冷却到点 3 时，由于溶解度的下降，奥氏体将多余的碳以渗碳体的形式析出在晶界处。温度下降，析出二次渗碳体量增多，奥氏体的成分沿 ES 线变化。当冷却到点 4 时，奥氏体含碳量已到达 S 点，温度也到达共析温度，因此发生了共析反应，生成珠光体。当反应结束时，合金的组织是珠光体加上原已析出的二次渗碳体，冷却到室温，组织基本上不变化。过共析钢的结晶转变如图 3-2-11 所示，显微组织结构如图 3-2-12 所示。

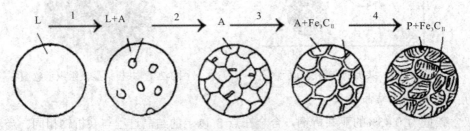

图 3-2-11　过共析钢结晶转变

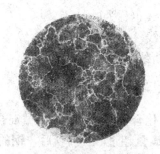

图 3-2-12 过共析钢显微组织结构

3.2.4 拓展知识

Fe-Fe₃C 相图在工业生产中有广泛的应用。Fe-Fe₃C 相图给出了碳的质量分数与钢的组织与性能之间的关系，这便于根据零件所需的使用性能来合理选用适当碳含量的钢。显然，相图可以指导人们对钢材的合理选用。

Fe-Fe₃C 相图还给出了各种铁碳合金的温度与组织之间的关系，这对指导铸、锻、热处理工艺有直接意义。

(1) 在铸造方面的应用。根据相图上的液相线可以确定铸件的合理浇铸温度，一般选在液相线之上 50~100℃。

(2) 在锻造方面的应用。从 Fe-Fe₃C 相图上可知，当把钢加热到 A3 和 Acm 线之上都会变成单相奥氏体。奥氏体状态的刚塑性好、强度较低，很适用于大变形量的热变形加工。从工艺角度考虑，既要易于变形加工，又要避免晶粒粗大、过热和严重氧化。所以，锻造和热轧的开始温度一般选在固相线 200℃ 以下。

(3) 在热处理方面的应用。Fe-Fe₃C 中的 A1、A2、A3、Acm 相变线是确定碳素钢热处理工艺加热温度的依据。

3.2.5 练习题

一、选择题

1. 铁素体是碳溶解在(　　)中所形成的间隙固溶体。

A. α-Fe　　　　　B. γ-Fe　　　　　　C. δ-Fe　　　　　　D. β-Fe

2. 奥氏体是碳溶解在(　　)中所形成的间隙固溶体。

A. α-Fe　　　　　B. γ-Fe　　　　　　C. δ-Fe　　　　　　D. β-Fe

3. 渗碳体是一种(　　)。

A. 稳定化合物　B. 不稳定化合物　　C. 介稳定化合物　　D. 易转变化合物

4. 在 Fe-Fe₃C 相图中，钢与铁的分界点的含碳量为(　　)。

A. 2%　　　　　　B. 2.06%　　　　　C. 2.11%　　　　　D. 2.2%

5. 莱氏体是一种(　　)。

A. 固溶体　　　　B. 金属化合物　　　C. 机械混合物　　　D. 单相组织金属

6. 在 Fe-Fe₃C 相图中，*ES* 线也称为(　　)。

A. 共晶线　　　　B. 共析线　　　　　C. A3 线　　　　　　D. Acm 线

7. 在 Fe-Fe₃C 相图中，*GS* 线也称为(　　)。

A. 共晶线　　　　B. 共析线　　　　　　C. A3 线　　　　　　D. Acm 线

8. 在 Fe-Fe₃C 相图中，共析线也称为(　　)。

A. A1 线　　　　B. *ECF* 线　　　　　C. Acm 线　　　　　D. *PSK* 线

9. 珠光体是一种(　　)。

A. 固溶体　　　　B. 金属化合物　　　　C. 机械混合物　　　D. 单相组织金属

10. 在铁-碳合金中，当含碳量超过(　　)以后，钢的硬度虽然在继续增加，但强度却在明显下降。

A. 0.8%　　　　B. 0.9%　　　　　　C. 1.0%　　　　　　D. 1.1%

11. Fe-Fe₃C 相图中，共析线的温度为(　　)。

A. 724℃　　　　B. 725℃　　　　　　C. 726℃　　　　　　D. 727℃

12. 在铁碳合金中，共析钢的含碳量为(　　)。

A. 0.67%　　　　B. 0.77%　　　　　　C. 0.8%　　　　　　D. 0.87%

二、填空题

1. 1495℃发生＿＿＿＿＿转变，转变产物为＿＿＿＿＿。

2. 1148℃发生＿＿＿＿＿转变，转变产物为＿＿＿＿＿。

3. 727℃发生＿＿＿＿＿转变，转变产物为＿＿＿＿＿。

4. 低温莱氏体是＿＿＿＿＿和＿＿＿＿＿组成的机械混合物。

5. 高温莱氏体是＿＿＿＿＿和＿＿＿＿＿组成的机械混合物。

6. 铸锭可由 3 个不同外形的晶粒区所组成，即＿＿＿＿＿、＿＿＿＿＿和心部等轴晶粒区。

7. 在 Fe-Fe₃C 相图中，共晶转变温度是＿＿＿＿＿，共析转变温度是＿＿＿＿＿。

项目四　金属材料的常规热处理

(1) 掌握钢的常用热处理工艺。

(2) 了解热处理设备及操作知识。

(3) 能正确观察和分析金属试样热处理后的显微组织。

(4) 熟识金属表面淬火处理。

(5) 熟识材料表面化学氧化处理。

(6) 了解金属表面电镀处理。

(7) 了解材料表面处理的其他新方法。

任务4.1　钢热处理试验

4.1.1　学习目标

(1) 掌握金属材料热处理的基本概念。

(2) 掌握钢的常用热处理工艺。

(3) 了解热处理设备及操作知识。

(4) 在教师指导下能正确操作热处理设备并完成45钢热处理试验。

(5) 能正确观察和分析金属试样热处理后的显微组织。

4.1.2　任务描述

利用箱式电阻炉(见图4-1-1)完成对45钢工件进行正火、退火、淬火、回火等热处理试验；学习箱式电阻炉的正确操作方法。

金属材料的热处理是将固态金属或合金采用适当的方式进行加热、保温和冷却以获得所需组织结构与性能的工艺。热处理不仅可以用于强化材料，提高机械零件的使用性能，而且还可以用于改善材料的工艺性能。

图4-1-1　箱式电阻炉

4.1.3　必备知识

一、热处理的原理

热处理是指将金属材料在固态下加热、保温、冷却，以改变金属的微观组织结构，从而获得所需性能的一种工艺。热处理的主要目的有 2 个：一是消除前道工序产生的某些缺陷，改善材料的工艺性能，确保后续加工顺利进行；二是提高零件或工模具的使用性能。为简明表示热处理的基本工艺过程，通常用温度—时间坐标系绘出热处理工艺曲线，如图 4-1-2 所示。

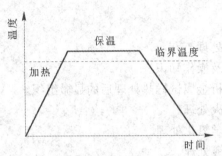

图 4-1-2　钢的热处理工艺曲线

热处理是一种重要的加工工艺，在机械制造业已被广泛应用。在机床制造中约 60%～70%的零件要经过热处理，在汽车、拖拉机制造业中热处理的零件达到 70%～80%，至于模具、滚动轴承零件 100%要经过热处理。热处理不仅可以用于强化材料，提高机械零件的使用性能，而且还可以用于改善材料的工艺性能。大体来说，热处理可以保证和提高工件的各种性能，如耐磨、耐腐蚀等；还可以改善毛坯的组织和应力状态，以利于进行各种冷、热加工。

例如，白口铸铁经过长时间退火处理可以获得可锻铸铁，提高了塑性；齿轮采用正确的热处理工艺，使用寿命可以比不经过热处理的齿轮成倍或成几十倍地提高；另外，价廉的碳钢通过渗入某些合金元素就具有某些价昂的合金钢性能，可以代替某些耐热钢、不锈钢；工模具则几乎全部需要经过热处理方可使用。

与其他加工工艺相比，热处理一般不改变工件的形状和整体的化学成分，而是通过改变工件内部的显微组织或改变工件表面的化学成分，赋予或改善工件的使用性能。其特点是改善工件的内在质量，而这一般不是肉眼所能看到的。

为使金属工件具有所需要的力学性能、物理性能和化学性能，除合理选用材料和各种成形工艺外，热处理工艺往往是必不可少的。钢铁是机械工业中应用最广的材料，钢铁显微组织复杂，可以通过热处理予以控制，所以钢铁的热处理是金属热处理的主要内容。另外，铝、铜、镁、钛等及其合金也都可以通过热处理改变其力学、物理和化学性能，以获得不同的使用性能。

二、钢的常规热处理工艺

热处理工艺种类很多，根据加热、冷却方式及获得组织和性能的不同，钢的热处理工艺可分为：普通热处理(退火、正火、淬火和回火)、表面热处理(表面淬火、化学热处理等)及特殊热处理(形变热处理、磁场热处理等)。

1. 退火

退火是将工件加热到适当温度，根据材料和工件尺寸采用不同的保温时间，然后进行缓慢冷却，目的是使金属内部组织达到或接近平衡状态，获得良好的工艺性能和使用性能，或者为进一步淬火作组织准备。

钢的退火工艺种类很多，根据加热温度可分为 2 大类：一类是在临界温度(Ac_1 或 Ac_3)以上的退火，又称为相变重结晶退火，包括完全退火、不完全退火、球化退火和扩散退火等；另一类是在临界温度以下的退火，包括再结晶退火及去应力退火等。在机械零件、工具、模具等制造过程中，经常采用退火作为预备热处理工序，安排在铸造或锻造之后，粗切削加工之前，用于消除前一工序所带来的某些缺陷。

1) 完全退火

完全退火又称重结晶退火，一般简称为退火，它是将钢加热到 Ac_3 温度以上，保温足够的时间，使组织完全奥氏体化后缓慢冷却，以获得接近平衡组织的热处理工艺。完全退火的目的是为了细化晶粒，均匀组织，消除内应力和热加工缺陷，降低硬度，改善加工性能。

对于锻、轧件，完全退火工序安排在工件热锻、热轧之后，切削加工之前进行；对于焊接件或铸钢件，一般安排在焊接、浇铸后(或扩散退火后)进行，完全退火加热温度不宜过高，一般在 Ac_3 以上 20～30℃(如图 4-1-3 所示)。

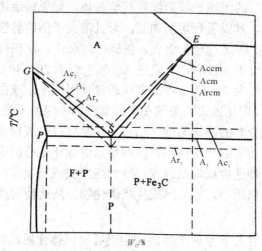

图 4-1-3　钢在实际加热和冷却时的临界温度

退火保温时间不仅取决于工件透烧(即工件心部达到所要求的温度)所需要的时间，而且还取决于组织转变所需要的时间。完全退火保温时间与钢材的化学成分、工件的形状和尺寸、加热设备类型、装炉量以及装炉方式等因素有关。

完全退火需要的时间很长，尤其是过冷奥氏体比较稳定的合金钢。如将奥氏体化后的钢很快降至稍低于 Ar_1 的温度，使奥氏体转变为珠光体，再空冷至室温，则可显著缩短退火时间，这种退火方法称为等温退火。等温退火适用于高碳钢、合金工具钢和高合金钢等。等温退火还有利于工件获得均匀的组织和性能。但是，对于大截面工件和大批量炉料，等温退火不易使工件内部达到等温温度，故不宜采用此法。

2) 不完全退火

不完全退火是将钢加热至 $Ac_1 \sim Ac_3$(亚共析钢)或 $Ac_1 \sim Accm$(过共析钢)之间，保温后缓慢冷却，以获得接近平衡组织的热处理工艺。

由于加热到两相区温度，组织没有完全奥氏体化，仅使珠光体相变重结晶转变为奥氏体，因此基本上不改变先共析铁素体或渗碳体的形态及分布。

不完全退火主要应用于大批或大量生产的亚共析钢锻件。如果亚共析钢锻件的锻造工艺正常，原始组织中的铁素体已均匀、细小，只是珠光体的片间距小、内应力较大，那么，只要在 Ac_1 以上、Ac_3 温度区间进行不完全退火，即可使珠光体片间距增大，使硬度有所降低，内应力也有所减小。不完全退火加热温度比完全退火低，工艺周期也较短，消耗热能较少，可降低成本，提高生产效率，因此，对锻造工艺正常的亚共析钢锻件，可采用不完全退火代替完全退火。

3) 球化退火

球化退火是使钢中的碳化物球化，获得粒状珠光体的一种热处理工艺。它实际上是一种不完全退火。

球化退火主要用于过共析钢及合金工具钢(如制造刀具、量具、模具所用的钢种)，其主要目的在于降低硬度，改善切削加工性能，以获得均匀的组织，改善热处理工艺性能，并为以后淬火作组织准备。

过共析钢锻件在锻后的组织一般为细片状珠光体，如果锻后冷却不当，还存在网状渗碳体，则不仅硬度高，难以进行切削加工，而且增大了钢的脆性，淬火时容易发生变形或开裂。因此，锻后必须进行球化退火，使碳化物球化，以获得粒状珠光体组织。

球化退火的加热温度不宜过高，一般在 Ac_1 温度以上 $20 \sim 30℃$，采用随炉加热，保温时间也不能太长，一般为 $2 \sim 4$ h。冷却方式通常采用炉冷，或在 Ar_1 以下 $20℃$ 左右进行较长时间的等温处理。球化退火的关键在于使奥氏体中保留大量未熔化的碳化物质点，并造成奥氏体中碳浓度分布的不均匀性。如果加热温度过高或保温时间过长，则使大部分碳化物溶解，并形成均匀的奥氏体，在随后冷却时球化核心减少，使球化不完全。渗碳体颗粒大小取决于冷却速度或等温速度。冷却速度快或等温温度低，珠光体在较低温度下形成，碳化物聚集作用小，容易形成片状碳化物，从而使硬度偏高。

4) 等温退火

等温退火的加热工艺与完全退火相同。但钢经奥氏体化后，等温退火以较快速率冷却至 Ar_1 以下珠光体转变区间的某一温度并等温保持，使奥氏体转变为珠光体组织，然后又以较快速率(一般空冷)冷至室温。该工艺的优点是能有效缩短退火时间，提高生产率以获得均匀的组织和性能，且应用广泛。例如，高速钢的普通退火与等温退火工艺相比，退火周期从近 20 h 可缩短为几 h。

5) 扩散退火

扩散退火又称为均匀化退火，它是将钢锭、铸件或锻坯加热至略低于固相线的温度，长时间保温，然后随炉缓慢冷却。其目的是为了消除晶体内偏析，使成分均匀化。扩散退火的实质是使钢中各元素的原子在奥氏体中进行充分扩散，所以扩散退火的温度高，时间长。

钢扩散退火加热温度通常选择在 Ac_3 或 Accm 以上 150～300℃，根据钢种和偏析程度而异。钢中合金元素含量越高，偏析程度越严重，加热温度应越高；但一般要低于固相线 100℃左右，以防止过烧(晶界氧化或熔化)。

工件经过扩散退火后，奥氏体晶粒十分粗大，必须进行一次完全退火或正火来细化晶粒，消除过热缺陷。

由于扩散退火生产周期长、热能消耗大、设备寿命短、生产成本高、工件烧损严重，因此，只有一些优质合金钢和偏析较严重的合金钢铸件才使用这种工艺。

6) 去应力退火

去应力退火又称低温退火(或高温回火)，它是在精加工或淬火前将工件加热至 Ac_1 以下某一温度，保温一定时间后，然后缓慢冷却。这种退火主要用来消除铸件、锻件、焊接件、热轧件、冷拉件等的残余应力，提高工件的尺寸稳定性。如果这些应力不消除，将会引起钢件在一定时间以后或在随后的切削加工过程中产生变形或裂纹。

钢的去应力退火加热温度很宽，应根据具体情况来决定，一般在 500～600℃之间，去应力退火的保温时间根据工件的截面尺寸或装炉量来决定。保温后应缓慢冷却，以免产生新的应力，冷却至 200～300℃出炉，再空冷至室温。

2. 正火

正火是将钢加热到 Ac_3(亚共析钢)或 Accm(过共析钢)以上适当的温度，保温一段时间，使之完全奥氏体化，然后在空气中冷却，以得到珠光体类型组织的热处理工艺。

正火与完全退火相比，二者的加热温度相同，但正火的冷却速度较快，转变温度较低。因此，对于亚共析钢来说，相同钢正火后组织中析出的铁素体数量较少，珠光体数量较多，且珠光体的片间距较小。对于过共析钢来说，正火可以抑制共析网状渗碳体的析出，钢的强度、硬度和韧性也比较高。

正火只适用于碳素钢及低、中合金钢，而不适用于高合金钢。因为高合金钢的奥氏体非常稳定，即使在空气中冷却也会获得马氏体组织。

工件加热到适宜的温度后在空气中冷却，正火的效果同退火相似，只是得到的组织更细，常用于改善低碳材料的切削性能，有时也用于对一些要求不高的零件作为最终热处理。

正火工艺是比较简单、经济的热处理方法，在生产中应用较广泛，主要应用于以下几个方面：

(1) 改善低碳钢的切削加工性能。对于含碳量低于 0.25%的碳素钢或低合金钢，退火后硬度过低，切削加工时容易"粘刀"，且表面粗糙度很差。通过正火使硬度提高至 140～190 HB，接近于最佳切削加工硬度，可改善切削加工性能。

(2) 消除中碳钢热加工缺陷。中碳结构钢铸件、锻件、轧件及焊接件，在热加工后容易出现魏氏组织、晶体粗大等过热缺陷和带状组织，通过正火可以消除这些缺陷，达到细化晶粒、均匀组织和消除内应力的目的。

(3) 消除过共析钢的网状碳化物。过共析钢在淬火前要进行球化退火，以便进行机械加工，并为淬火做好组织准备。但过共析钢中存在严重的网状碳化物，球化退火时将达不到良好的球化效果。通过正火可以消除过共析钢中的网状碳化物，提高球化退火质量。

(4) 提高普通结构件的力学性能。对于一些受力不大、性能要求不高的碳钢和合金钢结构件，可以采用正火处理达到一定的综合力学性能。将正火作为最终热处理代替调质处理，可减少工序，节约能源，提高生产效率。

正火与退火相比，不但力学性能更高，而且操作简便，生产周期短，能量消耗少，故在可能条件下应优先采取正火处理。

3. 淬火

淬火是将工件加热保温后，在水、油或其他无机盐、有机水溶液等淬冷介质中快速冷却，从而发生向马氏体转变的热处理工艺。淬火后钢件变硬，但同时变脆。

淬火的主要目的是得到马氏体组织，以提高钢的强度和硬度。例如，刀具、量具经淬火后可以得到高硬度、高耐磨性；轴类零件经淬火后可以获得优良的综合力学性能。淬火是强化钢的最重要的热处理方法，能很好地发挥钢材的性能潜力，因此也是最常用的一种热处理方法。

1) 淬火加热

制定淬火加热工艺主要是确定加热温度和加热时间，此外，还要确定加热方式和选择淬火介质等。

淬火加热温度的选择应以得到均匀细小的奥氏体晶粒为原则，以便淬火后获得细小的马氏体组织。淬火加热温度主要根据钢的临界点来确定。

为了使工件各部分均完成组织转变，需要在淬火加热温度下保温一定的时间。通常将工件升温和保温所需的时间计算在一起，统称为加热时间。影响加热时间的因素很多，如加热介质、钢的成分、炉温、工件的形状及尺寸、装炉方式及装炉量等。生产中一般采用经验公式进行估算。

2) 淬火冷却

冷却是淬火的关键工序，关系到淬火质量的好坏，同时，冷却也是淬火工艺中最容易出问题的一道工序。为了使钢获得马氏体组织，淬火时冷却速度必须大于临界冷却速度；但是，冷却速度过大又会使工件内应力增加，产生变形或开裂。因此，要结合钢过冷奥氏体的转变规律，确定合理的淬火冷却速度，达到使工件既能获得马氏体组织，又能减小变形和开裂的倾向的目的。

工件淬火冷却时要使其得到合理的淬火冷却速度，必须选择适当的淬火介质。淬火介质种类很多，常用的淬火介质有水、盐(碱)水溶液以及各种矿物油等。

3) 淬火方法

根据淬火时冷却方式的不同，常用淬火方法有单液淬火、双液淬火、分级淬火、等温淬火等。

单液淬火是指将加热至奥氏体状态的工件，淬入某种淬火介质中，连续冷却至介质温度的淬火方法。单液淬火方法操作简单，容易实现机械化、自动化。但是，工件中的马氏体转变冷却速度较快，容易产生较大的组织应力，从而增大工件变形、开裂的倾向，因此只适用于形状简单、尺寸小的工件。

双液淬火是指将淬火加热后的钢件，先放入冷却能力较强的淬火介质中冷却到稍高于

Ms 点温度(如图 4-1-4 所示),然后取出立即投入另一冷却能力较弱的淬火介质中冷却至室温的淬火方法。

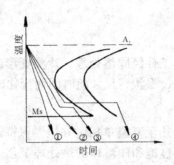

①—单液淬火; ②—双液淬火; ③—分级淬火; ④—等温淬火

图 4-1-4 各种淬火示意图

分级淬火是指将加热至奥氏体状态的工件先淬入高于该钢 Ms 点的盐浴中停留一定时间,待工件各部分与盐浴的温度一致后,取出空冷至室温,在缓慢冷却条件下完成马氏体转变的淬火方法。这种方法由于在马氏体转变前工件各部分温度已趋均匀,并在缓慢冷却条件下完成马氏体转变,这样不仅减小了淬火热应力,而且显著降低了组织应力,因而可有效地减少或防止工件淬火变形和开裂。

等温淬火是指将加热至奥氏体状态的工件淬入温度稍高于 Ms 点的盐浴中等温,保持足够长时间,使之转变为贝氏体组织,然后取出在空气中冷却的淬火方法。等温淬火可以显著减少工件变形和开裂的倾向,适用于处理用中碳钢、高碳钢或低合金钢制造的形状复杂、尺寸要求精密的工具和重要机械零件,例如模具、刀具和齿轮等。同分级淬火一样,等温淬火也只能适用于尺寸较小的工件。

4. 回火

为了降低钢件的脆性,将淬火后的钢件在高于室温而低于 650℃的某一适当温度进行长时间的保温,再进行冷却,这种工艺称为回火。回火的主要目的是消除钢件在淬火时所产生的应力,使钢件具有高的硬度和耐磨性,并具有所需要的塑性和韧性等。

决定工件回火后的组织和性能的重要因素是回火温度。按其回火温度的不同,可将回火分为低温回火、中温回火、高温回火等。

1) 低温回火(150~250℃)

低温回火所得组织为回火马氏体。其目的是在保持淬火钢的高硬度和高耐磨性的前提下,降低其淬火内应力和脆性,以免使用时崩裂或过早损坏。它主要用于各种高碳的切削刃具、量具、冷冲模具、滚动轴承以及渗碳件等,回火后硬度一般为 58~64 HRC。

2) 中温回火(350~500℃)

中温回火所得组织为回火屈氏体。其目的是获得高的屈服强度、弹性极限和较高的韧性。因此,它主要用于各种弹簧和热作模具的处理,回火后硬度一般为 35~50 HRC。

3) 高温回火(500~650℃)

高温回火所得组织为回火索氏体。习惯上将淬火加高温回火相结合的热处理称为调质处理,其目的是获得强度、硬度和塑性、韧性都较好的综合机械性能。因此,广泛用于汽车、机床等的重要结构零件，如连杆、螺栓、齿轮及轴类。回火后硬度一般为200～330 HB。

除上述 3 种回火方法以外，某些不能通过退火来软化的高合金钢，可以在 600～680℃进行软化回火。

5. 时效处理

时效处理是指金属或合金工件经固溶处理、冷塑变形或锻造后，在较高的温度下放置或在室温下保持，使其性能、形状、尺寸随时间而变化的热处理工艺。

6. 固溶热处理

固溶热处理是指将合金加热至高温单相区并恒温保持，使过剩的相充分溶解到固溶体中，然后快速冷却，以得到过饱和固溶体的热处理工艺。

1) 钢在加热时的组织转变

钢的热处理一般需要先加热至奥氏体，然后以不同的冷却方式使奥氏体转变为不同的室温组织，得到不同的力学性能。因此，掌握钢在加热时的组织变化规律，合理制定加热工艺规范，是保证热处理工艺质量的首要环节。

由铁-碳合金相图可知，共析钢、亚共析钢、过共析钢分别加热到 A_1、A_3、Acm 温度均能获得单相奥氏体。但在实际加热和冷却条件下，钢的组织转变总有滞后现象，在加热时高于而在冷却时低于相图上的临界点。为了方便区别，通常把加热时的临界点分别用 Ac_1、Ac_3、$Accm$ 来表示，冷却时各临界点分别用 Ar_1、Ar_3、$Arcm$ 来表示，如图 4-1-3 中所示。

钢加热时奥氏体形成的过程称为奥氏体化。以共析钢为例，当温度加热到 Ac_1 线时，珠光体向奥氏体转变，共析钢中奥氏体形成过程如图 4-1-5 所示。

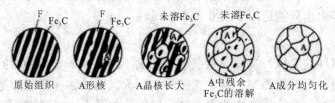

图 4-1-5　共析钢中奥氏体形成过程示意图

(1) 奥氏体晶核的形成及长大。铁素体和渗碳体相界面上优先形成奥氏体晶核，这是因为铁素体和渗碳体交界处易于满足形核所需要的能量起伏和浓度起伏。晶核生成后，与奥氏体相邻的铁素体中的铁原子通过扩散运动转移到奥氏体晶核上来，使奥氏体晶核长大，同时与奥氏体相邻的渗碳体通过分解不断地溶入生成的奥氏体中，也使奥氏体逐渐长大，直至珠光体全部消失。

(2) 残余渗碳体的溶解。铁素体先行消失后，还残留着未溶的渗碳体。所以仍然需要一定的时间，使渗碳体全部溶于奥氏体当中。

(3) 奥氏体均匀化。渗碳体全部溶解后，奥氏体中的碳浓度还是不均匀的，在原先是渗碳体的地方，碳的浓度较高；原先是铁素体的地方，碳的浓度较低。为此，必须继续保温，通过原子扩散才能取得均匀化的奥氏体。

由此可知，钢在热处理时，加热后需要有一定的保温时间，不仅为了把工件熟透，使其心部与表层温度趋于一致，还为了获得成分均匀的奥氏体晶粒，以便在冷却时得到良好的组织与性能。

2) 钢在冷却时的组织转变

冷却方式是决定热处理组织和性能的主要因素。热处理冷却方式分为等温冷却和连续冷却，如图 4-1-6 所示。

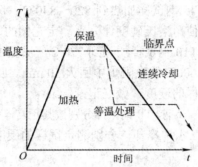

图 4-1-6 两种冷却方式示意图

奥氏体冷却降至 A_1(见图 4-1-4)以下时(A_1 以下温度存在的不稳定奥氏体称为过冷奥氏体)将发生组织转变。热处理中采用不同的冷却方式,过冷奥氏体将转变为不同的组织,从而使性能具有很大的差异。表 4-1-1 所示为 45 钢奥氏体化后,经不同方式冷却后的力学性能对比。

表 4-1-1　45 钢在 840℃加热经不同条件冷却后的力学性能

冷却方法	抗拉强度 / MPa	屈服点 / MPa	断后伸长率 /%	断面收缩率 /%	硬度/HRC
随炉冷却	530	280	32.5	49.3	15~18
空气中冷却	670~720	340	15~18	45~50	18~24
油中冷却	900	620	18~20	48	40~50
水中冷却	1100	720	7~8	12~14	52~60

4.1.4　试验指导

一、试验目的

本试验的主要目的是通过学习热处理的基本概念以及通过动手试验加深对理论知识的理解,掌握钢的加热转变和冷却转变的基本类型及其特点,学习金属材料的热处理知识和常用的 45 钢热处理工艺的应用,学会对热处理工艺进行分析。

二、试验准备

1. 设备及仪器

金相显微镜、抛光机、试验用箱式电阻炉、洛氏硬度计、冷却剂(水、510 号润滑油)。

2. 试验样品

(1) 45 钢(3 块/组);

(2) T10 钢(3 块/组);

(3) 20 钢、45 钢、T8 钢(各 1 块/组)。

三、试验步骤

将学生分为 3 个小组,按组领取试验样品,标注上钢号,以免混淆。

(1) 第 1 组学生将 3 块 45 钢试样加热到 820~840℃,保温 15 min 后分别在空气、润滑油和水中冷却。其后,使用洛氏硬度计分别测定它们的硬度,做好记录。

(2) 第 2 组学生将 3 块 T10 钢试样加热到 770℃,保温 15 min 后在水中冷却,然后再分别放入 200℃、400℃、600℃的电阻炉中回火 30 min。回火后在空气中冷却。最后,使用洛氏硬度计分别测定试样的硬度,做好记录。

(3) 第 3 组学生将 20 钢、45 钢、T8 钢试样分别按其正常淬火温度加热到 900℃、770℃、770℃,保温 15 min 后取出在水中冷却,分别测定试样的硬度,做好记录。

四、试验报告

(1) 试验目的。
(2) 简述钢的热处理目的。
(3) 填写硬度试验结果表格。
(4) 根据试验结果,对同种钢不同热处理后的硬度值进行对比分析,绘制钢的热处理工艺图。

五、注意事项

(1) 在试验中要有分工,各负其责。
(2) 淬火冷却时,试样要用夹钳夹紧,动作要迅速,并要在淬火介质中不断搅动。夹钳不要夹在测定硬度的表面上,以免影响测量结果。
(3) 测定硬度前必须用砂纸将试样表面的氧化层磨光并去除。对每一个试样,应在不同部位测定 3 次硬度,并以平均值作为结果填入表 4-1-2 中。
(4) 热处理时应注意操作安全。

表 4-1-2　钢热处理后的硬度测量结果

组别	试样	热 处 理 工 艺	硬度值
第 1 组	45 钢	加热到 820~840℃,保温 15 min 后空冷	
	45 钢	加热到 820~840℃,保温 15 min 后油冷	
	45 钢	加热到 820~840℃,保温 15 min 后水冷	
第 2 组	T10 钢	加热到 770℃,保温 15 min 后水冷,然后 200℃回火 30 min	
	T10 钢	加热到 770℃,保温 15 min 后水冷,然后 400℃回火 30 min	
	T10 钢	加热到 770℃,保温 15 min 后水冷,然后 600℃回火 30 min	
第 3 组	20 钢	加热到 900℃,保温 15 min 后水冷	
	45 钢	加热到 770℃,保温 15 min 后水冷	
	T8 钢	加热到 770℃,保温 15 min 后水冷	

4.1.5 拓展知识——铸铁的热处理

铸铁化学成分中的碳是以化合的渗碳体形式存在，亦可以游离的石墨形式存在。机械制造使用的工业铸铁中，碳主要以游离的石墨形式存在。铸铁的热处理和钢的热处理有相同之处，也有不同之处。铸铁的热处理一般不能改善原始组织中的形态和分布状况。对灰铸铁来说，由于片状石墨所引起的应力集中效应是对铸铁性能起主导作用的因素，因此对灰铸铁施以热处理的强化效果远不如钢和球墨铸铁那样显著，故灰铸铁热处理工艺主要为退火、正火等。对于球墨铸铁来说，由于石墨呈球状，对基体的割裂作用大大减轻，通过热处理可使基体组织充分发挥作用，从而可以显著改善球墨铸铁的力学性能，故球墨铸铁像钢一样，其热处理工艺有退火、正火、调质、多温淬火和感应加热淬火等。

1. 灰铸铁的热处理

1) 消除应力退火

由于铸件壁厚不均匀，在加热、冷却及相变过程中，会产生效应力和组织应力。另外，大型零件在机加工之后其内部也易残存应力，所有这些内应力都必须消除。去应力退火通常的加热温度为 500～550℃，保温时间为 2～8 h，然后炉冷(灰铸铁)或空冷(球墨铸铁)。采用这种工艺可以消除铸件内应力的 90%～95%，但铸铁组织不发生变化。若温度超过 550℃或保温时间过长，反而会引起石墨化，使铸件强度降低。表 4-1-3 为常见灰铸铁铸件的去应力退火规范。

表 4-1-3 常见灰铸铁铸件的去应力规范

铸件类别	铸件质量/t	铸件厚度/mm	热 处 理 规 范					
			装炉温度/℃	加热速度/(℃/h)	退火温度/℃	保温时间/h	冷却速度/(℃/h)	出炉温度/℃
复杂外形并要求精确尺寸的铸件	>1.5	>70	200	75	500～550	9～10	20～30	<200
		40～70	200	70	450～500	8～9	20～30	<200
		<40	150	60	420～450	5～6	30～40	<200
机床床身等类似铸件	>2	20～80	<150	30～60	500～550	3～10	30～40	180～200
较小型机床铸件	<0.1	<60	200	100～150	500～550	3～5	20～30	150～200
筒形结构简单铸件	<0.3	10～40	90～300	100～150	550～600	2～3	40～50	<200
纺织机械等小型铸件	<0.05	<15	150	50～70	500～550	1.5	30～40	150

2) 软化退火

在铸件的表面或薄壁处，由于冷却速度较快，容易产生白口铸铁组织，使铸件变得硬度高、切削加工困难，需要进行软化处理，即将铸铁缓慢加热到 800～950℃，保持一定时间，使渗碳体分解，然后随炉冷却到 400～500℃出炉空冷。

3) 表面淬火

表面淬火的目的是提高铸件工作表面的硬度和耐磨性。常用的表面淬火方法有火焰淬火、高频和中频感应淬火、电接触淬火等，如对机床导轨进行中频感应淬火可显著提高其耐磨性。

2. 球墨铸铁的热处理

由于球墨铸铁的基体组织与钢相同，球状石墨又不易引起应力集中，因此球墨铸铁具有较好的热处理工艺性能。凡是对钢可以采用的热处理，在理论上对球墨铸铁都适用。

1) 正火

球墨铸铁正火的目的是为了获得珠光体基体组织，并细化晶粒均匀组织，以提高铸件的力学性能。有时正火也是球墨铸铁表面淬火在组织上的准备。正火分高温正火和低温正火，高温正火温度一般在 950～980℃，低温正火一般加热到共析温度区间 820～860℃。正火之后一般还需进行回火处理，以消除正火时产生的内应力。

2) 退火

球墨铸铁退火的目的是为了获得高塑性、高韧性的铁素体球墨铸铁，如汽车的底盘铸件需进行退火处理。

3) 淬火及回火

为了提高球墨铸铁的力学性能，一般铸件加热到 Ac_1 以上 30～50℃，保温后淬入油中，可得到马氏体组织。为了适当降低淬火后的残余应力，一般淬火后应进行回火。低温回火组织为回火马氏体加残留贝氏体再加球状石墨，这种组织耐磨性好，常用于要求高耐磨性、高强度的零件。中温回火温度为 350～500℃，回火后组织为回火托氏体加球状石墨，适用于要求耐磨性好、具有一定稳定性和弹性的厚件。高温回火温度为 500～600℃，回火后组织为回火索氏体加球状石墨，具有韧性和强度结合良好的综合性能，因此在生产中广泛应用。

4.1.6　练习题

一、填空题

1. 常见的金属晶格类型有_____晶格、_____晶格和密排六方晶格 3 种。
2. 根据溶质原子在溶剂晶格中所处的位置不同,固溶体分为_____和_____两种。
3. 常规热处理方法有_____、_____、_____和_____。
4. 随着回火加热温度的升高,钢的_____和硬度下降,而_____和韧性提高。
5. 铸铁的力学性能主要取决于_____的组织和石墨的基体、形态、_____以及分布状态。
6. 常用铜合金中,_____是以锌为主加合金元素,_____是以镍为主加合金元素。
7. 铁碳合金的基本组织中属于固溶体的有_____和_____,属于金属化合物的有_____，属于混合物的有_____和莱氏体。

二、思考题

1. 时效处理和固溶热处理是指什么？
2. 分别简述一下钢在加热、冷却时的组织转变过程。

任务4.2 高频感应淬火试验

4.2.1 学习目标

(1) 了解各类表面处理工艺的原理和应用。
(2) 掌握火焰淬火和感应淬火的工艺方法。
(3) 能独立完成钢材的感应淬火处理。
(4) 能正确观察和分析金属试样热处理后的显微组织。

4.2.2 任务描述

利用高频感应加热设备(见图 4-2-1)和淬火机床(见图 4-2-2)完成对 45 钢及 T12 钢工件进行高频感应淬火热处理试验；学习高频感应加热设备和淬火机床的正确操作方法；通过加热时改变各种参数来改变淬硬层深度及淬硬层组织，经高频感应淬火后测定 45 钢和 T12 钢工件表面硬度及硬化组织，并做出硬度分布曲线。

图 4-2-1 高频感应加热设备

图 4-2-2 淬火机床

4.2.3 必备知识

一、金属材料表面处理的基础知识

1. 金属表面处理的概念

磨损、腐蚀和断裂是机械零部件、工程构件的 3 大主要失效形式。磨损和腐蚀都是发生于零部件表面的材料流失过程，而断裂的萌生也是从零部件表面开始的。

金属材料表面工程技术就是通过某种工艺手段赋予工件表面不同于基体材料的组织结构、化学组成，使其具有不同于基体材料的性能。经过表面处理的材料，既具有基体材料的机械强度和其他力学性能，又具有新形成的表面各种特殊性能(如耐磨、耐腐蚀、耐高温、超导、润滑、绝缘等)。

2. 金属表面处理技术的作用

金属表面处理的作用是多种多样的，其作用主要体现在以下 3 个方面：

(1) 提高表面耐蚀性和耐磨性，减缓、消除和修复材料表面的变化及损伤。

(2) 使普通材料获得具有特殊功能的表面。

(3) 可用于节约能源、降低成本、改善环境。

3. 金属表面处理的分类

表面处理技术的种类很多，原理不一，应用范围和应用历史各异。从不同的角度进行归纳分类，有若干种分类。

从表面处理技术的应用历史来看，可分为传统表面处理技术和新型表面处理技术。传统表面处理技术是指一些较古老的表面强化工艺，如表面淬火、渗碳淬火、电镀技术等。新型表面处理技术主要指近 50 年来开发的表面强化新技术，它是将许多新的科学技术渗透到表面强化技术领域的结果，如气相沉淀、热喷涂、离子注入等。

从金属材料表面处理的原理出发，大致可将表面处理技术概括为以下 3 类：

(1) 表面合金化技术，包括喷焊、堆焊、离子注入、激光熔覆等。

(2) 表面覆盖与覆膜技术，包括电镀、化学镀、化学转换膜、气相沉积等。

(3) 表面组织转化技术，包括表面淬火、化学热处理等热处理技术及喷丸、滚压等表面加工硬度技术。

按工艺特点分类，目前金属材料常用的表面处理工艺主要有：

(1) 表面热处理，如表面淬火、表面化学热处理等。

(2) 电镀与化学镀，如纯金属电镀、合金电镀、电刷镀等。

(3) 化学转化膜，如化学氧化处理、磷化处理等。

(4) 气相沉积，如化学气相沉积、物理气相沉积等。

(5) 形变强化，如喷丸、机械镀等。

(6) 热喷涂，如火焰喷涂、等离子喷涂、电弧喷涂等。

(7) 堆焊，如手工堆焊、埋弧堆焊、等离子堆焊等。

(8) 高能束技术，如激光表面合金化、激光熔覆、离子注入等。

二、金属表面淬火的相关知识

金属表面淬火是通过不同的方法对零件进行快速加热，使零件表面迅速达到淬火温度，然后快速冷却，使表面获得淬火组织而内部仍保持原始组织的热处理工艺。它可使工件表面硬而耐磨，内部有足够的塑性、韧性。这对齿轮、曲轴等结构件很重要，但它不改变工件表面的化学成分。

表面淬火具有工艺简单、变形小和生产率高等优点，在生产中广为应用。常用的表面淬火方法有火焰淬火、感应淬火、激光淬火、火花放电加热淬火等，下面主要介绍火焰淬火和感应淬火。

1. 火焰淬火

1) 火焰淬火的原理

火焰淬火利用氧乙炔气体或其他可燃气体(如天然气、焦炉煤气、石油气等)以一定比例混合进行燃烧,形成强烈的高温火焰,并通过喷嘴喷射零件表面,使表面层迅速加热至淬火温度,然后急速冷却(淬火冷却介质最常用的是水,也可以用乳化液),使表面获得要求的硬度和一定的硬化层深度,而材料内部保持原有组织,如图4-2-3所示。

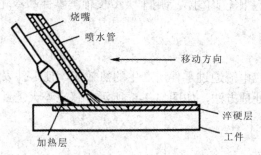

图 4-2-3　火焰淬火示意图

该工艺具有设备简单、成本低和方便灵活等优点,适用于大、小单件或小批量零件的表面淬火;但它易使工件表面过热,淬火质量不稳定,加热温度难控制,故使其应用受到限制。

2) 火焰淬火方法及应用

火焰淬火一般采用特制的喷嘴,氧乙炔气体混合后经喷嘴喷射出来而燃烧。火焰淬火时,喷嘴和零件之间必须保持一定的距离,一般为 10～40 mm。火焰最佳状态可通过调整氧气和乙炔气的流量来实现。氧乙炔火焰一般根据氧气和乙炔气过剩的情况可分为还原性火焰、中性火焰和氧化性火焰。火焰淬火的淬硬层深度一般为 2～6 mm。

根据喷嘴与零件相对运动的情况,火焰淬火可分为 4 种方法,如图 4-2-4 所示。

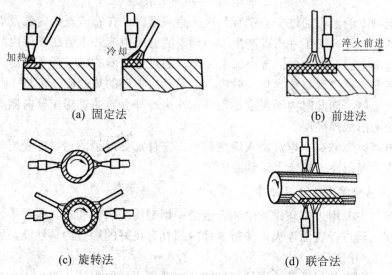

(a) 固定法　　　　　　　　　　(b) 前进法

(c) 旋转法　　　　　　　　　　(d) 联合法

图 4-2-4　火焰表面淬火方法示意图

(1) 固定法:零件和喷嘴都不动,用火焰喷嘴直接加热淬火部分,使零件加热到淬火温度后立即喷水冷却，如图4-2-4(a)所示。这种方法适用于淬硬面积不大的零件。

　　(2) 前进法：火焰喷嘴和冷却装置沿零件表面做平行移动，一边加热，一边冷却，被淬火零件可缓慢移动或不动，如图4-2-4(b)所示。这种方法主要用于对长形零件进行表面淬火。

　　(3) 旋转法：用一个或几个固定火焰喷嘴对旋转零件进行表面加热，表面加热至淬火温度后进行冷却，如图4-2-4(c)所示。这种方法适用于小直径的轴和模数小于5的齿轮等。

　　(4) 联合法：淬火零件绕其轴旋转，喷嘴和喷水装置同时沿零件轴线移动，如图4-2-4(d)所示。联合加热法比较均匀，适用于大型长轴类零件和冷轧辊的表面淬火。

2. 感应淬火

1) 感应淬火的原理

　　感应淬火是利用感应电流通过零件所产生的热效应，使零件表面很快加热到淬火温度，然后迅速冷却的热处理方法，如图 4-2-5 所示。感应淬火是目前应用最广泛的一种表面淬火工艺。

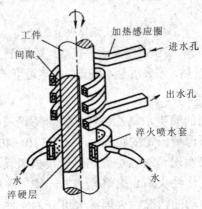

　　工件　　　　　加热感应圈
　　间隙　　　　　进水孔
　　　　　　　　　出水孔
　　　　　　　　　淬火喷水套
　　水　　　　水
　　淬硬层

图 4-2-5　感应淬火示意图

　　当一定频率的电流通过空心铜管制成的感应器时，在感应器的内部及周围便产生一个交变磁场，于是，在工件内部产生了同频率的感应电流。电流在工件内部的分布是不均匀的，表面电流密度大，内部电流密度小，通过感应器的电流频率越高，电流就越集中于工件表面，这种现象称为集肤效应。依靠感应电流的热效应，可将工件表面层迅速加热到淬火温度，而此时内部温度还很低，淬火冷却介质通过感应器内侧的小孔及时喷射到工件表面形成淬硬层。

　　感应电流频率越高，电流透入深度越小，工件加热层越薄，则淬硬层越浅。因此，淬硬层厚度主要取决于感应电流频率。

2) 常用感应淬火方法及应用

　　感应淬火主要用于中碳钢和中碳合金结构钢制造的齿轮和轴类零件等。它们经正火或调质处理后再进行表面淬火，使得零件内部具有良好的综合力学性能，而零件表面具有较高的硬度和耐磨性。

　　生产上根据零件尺寸及淬硬层深度的要求选择不同的电流频率，因此，常用的感应淬火有以下3类。

(1) 低频感应淬火：常用电流频率为 50 Hz，可获得 10～15 mm 深的淬硬层，适用于大直径的穿透加热及要求淬硬层深的大工件的表面淬火。

(2) 中频感应淬火：常用电流频率为 2500～8000 Hz，可获得 3～6 mm 深的淬硬层，主要用于要求淬硬层较深的零件，如发动机曲轴、大模数齿轮、钢轨等的表面淬火。

(3) 高频感应淬火：常用电流频率为 200～300 kHz，可获得的表面淬硬层深度为 0.5～2 mm，主要用于中小模数齿轮和小轴的表面淬火。

3) 感应淬火的特点

感应淬火是表面淬火工艺中比较优异的一种，因此受到普遍的重视和广泛的应用。与传统表面热处理相比，它的优点体现在以下 5 个方面。

(1) 热效率高，淬火后表面硬度一般比火焰淬火高 2～3 HRC。

(2) 由于感应淬火升温速度快，保温时间极短，故零件表面氧化脱碳少，与其他工艺相比，零件废品率极低。

(3) 感应加热设备紧凑，占地面积小，使用简便，劳动条件较好。

(4) 生产效率高，而且淬硬层深度易于控制。

(5) 感应淬火不仅应用于零件的表面淬火，还可应用于零件的内孔淬火。

然而，感应淬火也有其的不足，主要表现在以下 3 个方面。

(1) 设备与淬火工艺匹配比较麻烦，因为电参数常发生变化。

(2) 需要淬火的零件要有一定的感应器与其相对应，零件形状复杂时，感应器的制造也较困难。

(3) 要求使用专业性强的淬火机床，且设备维修比较复杂。

所以，感应淬火不适用于单件小批量生产，主要适用于大批量生产。

4.2.4 试验指导

一、试验目的

(1) 了解感应加热的原理。

(2) 掌握高频感应淬火的方法。

(3) 熟悉硬度试验机的基本原理和操作方法。

二、试验准备

1. 设备及仪器

金相显微镜、高频感应加热设备(10 kW)、淬火机床、洛氏硬度计、冷却剂(水、510 号润滑油)。

2. 试验样品

直径为 Φ8，长度为 100 mm 的 45 钢及 T12 钢棒各 10 根。

三、试验步骤

第 1 步：将学生分为多个小组，每组领取 2 根不同钢号的钢棒，打上钢号，以免混淆。

　　第 2 步：听取教师讲解设备正确操作方法及注意事项。

　　第 3 步：接通高频感应加热设备的电源，接通冷却水，按规定进行不同参数的选择。

　　第 4 步：将工件放入不同的感应器中加热(加热温度由加热时间进行控制)，加热完毕后喷水冷却，水温应在 10～30℃之间。

　　第 5 步：将高频感应淬火后的工件用砂纸打磨光亮。

　　第 6 步：测定工件不同参数条件下的表面硬度值并记录。

　　第 7 步：用金相显微镜观察不同淬火条件下的金相组织，并测定工件不同参数条件下的硬化层深度。

　　第 8 步：做出 45 钢和 T12 钢工件的硬度分布曲线图。

四、试验报告内容

　　(1) 试验目的。

　　(2) 试验材料与试验内容。

　　(3) 分析加热温度与钢的种类对硬化层深度的影响并加以讨论。

　　(4) 分别绘制出 45 钢和 T12 钢的硬度分布曲线图并加以讨论。

　　(5) 分析试验结果。

五、试验注意事项

　　(1) 取放工件时注意不要碰伤感应器。

　　(2) 控制加热时间(温度)不宜过长；工件淬火时，动作要迅速，以免工件表面过热而影响淬火质量。

　　(3) 淬火或回火后的工件均要用砂纸打磨表面，去掉氧化皮后再测定硬度值。

　　(4) 硬度测定一般选取 3 个以上的采样点，取平均值作为该点的硬度值。

4.2.5　拓展知识——表面化学热处理技术

　　表面化学热处理技术是将金属或合金工件置于一定温度的活性介质中，使用一种或多种元素渗入工件表面，以改变其化学成分、组织和性能的热处理工艺。与表面淬火不同，它不仅改变表层的组织，同时也改变其化学成分。其作用除了强化表面，提高工件表面的硬度、耐磨性和抗疲劳强度等性能以外，还可以起到表面保护的作用，提高工件表面的耐腐蚀性、抗氧化性等，从而显著提高工件的使用性能和寿命。普通钢材通过化学处理后可代替昂贵的高合金钢或含有贵金属、稀有元素的特殊钢，具有明显的经济价值。因此，该方法在工业上获得了越来越广泛的应用。

　　化学热处理的种类很多，一般都以渗入的元素来命名，常用的化学热处理方法有渗碳、渗氮、硫氮共渗、渗硼、硼氮共渗、渗铝、渗铬、渗钒、渗硅、渗锌、盐浴渗金属等。

　　无论是哪一种化学热处理，活性原子渗入工件表面都包括分解、吸收、扩散 3 个基本过程。

　　(1) 分解。富有渗入元素的介质在一定的条件下进行化学反应，分解产生具有一定活性的渗入元素原子。

(2) 吸收。分解产生的渗入元素活性原子(初生状态原子)被工件表面吸收(溶解)，这一过程的进行必须具备下列 2 个条件：① 有渗入元素活性原子存在，当渗入元素呈分子状态存在时，不能被工件吸收；② 渗入元素能渗入工件中形成固溶体或金属化合物。

(3) 扩散。被工件表面吸收的渗入元素原子，由表面向内部移动，并达到一定浓度和深度。影响这一过程的因素有如下 2 点：① 渗入原子沿渗层深度方向有浓度差，浓度差越大，扩散越容易进行；② 原子的热运动，原子向内部扩散需要足够的能量，其能量主要取决于温度，温度越高，扩散越容易进行。浓度差是由吸收过程造成的，因为吸收使工件表面具有较高的浓度。

上述的分解、吸收、扩散连续地进行，最终完成化学热处理的过程。

表面化学热处理的作用主要有以下 2 个方面。

(1) 强化工件表面，提高工件表层的力学性能，如表层硬度、耐磨性、疲劳强度等。

(2) 保护工件表面，改善工件表层的物理、化学性能，如耐高温及耐蚀性等。

1. 渗碳技术

渗碳技术是将零件放在渗碳介质中，加热到奥氏体状态(一般在 850～950℃)，并保温足够长时间，使碳原子渗入工件表层，从而使工件表层具有高硬度和耐磨性的一种化学热处理工艺。碳原子渗入零件可以使零件表面获得较高的硬度、耐磨性与疲劳强度，而心部仍保持一定的强度和较高的韧性。生产上所采用的渗碳深度一般在 0.5～2.5 mm 范围内。实践表明，渗碳层碳的质量分数为 0.85%～1.10%时最好。渗碳层硬度应不低于 56 HRC，对一些采用合金钢制造的工件，渗碳层表面硬度应不低于 60 HRC。

常用的渗碳钢的含碳量都比较低，其碳的质量分数通常在 0.10%～0.25%范围内。常见渗碳钢及其用途如表 4-2-1 所示。

表 4-2-1　常见渗碳钢及其用途

钢　号	用　　途
15 钢、20 钢	受力较小的摩擦件，如小型模具的套管、导柱等
15Cr、20Cr	柴油机上的活塞销、凸轮轴零件等
18CrMnTi	摩托车、发动机上的齿轮、轴等
12CrNi3A	塑料模具型腔、型芯；飞机发动机上的齿轮等
18Cr2Ni4WA	承受高负荷的重要零件，如发动机上的大齿轮及轴等
20CrMnMo	用于大型推土机上的主动齿轮、活塞销等

渗碳是在含碳的介质中进行的。在一定条件下，能使工件表面增碳的介质称为渗碳剂。渗碳可分为气体渗碳、固体渗碳、液体渗碳和碳氮共渗(氰化)。气体渗碳是将工件装入密闭的渗碳炉内，通入气体渗碳剂(甲烷、乙烷等)或液体渗碳剂(煤油或苯、酒精、丙酮等)，在高温下分解出活性碳原子，渗入工件表面，以获得高碳表面层的一种渗碳操作工艺。固体渗碳是将工件和固体渗碳剂(木炭加促进剂组成)一起装在密闭的渗碳箱中，将箱放入加热炉中加热到渗碳温度，并保温一定时间，使活性碳原子渗入工件表面的一种渗碳方法。液体渗碳是利用液体介质进行渗碳，常用的液体渗碳介质有碳化硅、"603"

渗碳剂等。碳氮共渗(氰化)又分为气体碳氮共渗、液体碳氮共渗、固体碳氮共渗。其中,气体渗碳在生产中应用最广。

2. 渗氮技术

渗氮也称为氮化,是将金属零件置于含有大量活性氮原子的介质中,在一定的温度(一般在 Ac_1 以下)和压力下将活性氮原子渗入其表面的化学热处理工艺。渗氮后的工件变形小,具有比渗碳更高的硬度,其硬度可达 68～72 HRC,具有较好的耐磨性、疲劳强度和耐蚀性。

渗氮按目的不同,可分为抗蚀渗氮和强化渗氮。抗蚀渗氮是为了提高金属零件表面的耐蚀性;强化渗氮是为了提高零件表面的硬度、耐磨性和疲劳强度,同时还具有一定的抗蚀性能。

目前常用的渗碳方法主要有气体渗氮、离子渗氮、真空渗氮和电解气相离子催化渗氮等。常用的渗氮剂有氨、氨与氮、氨与预分解氨(即氨、氢氮混合气体)以及氨与氢等 4 种,一般渗氮气体采用脱水氨气。

3. 碳氮共渗技术

碳氮共渗技术是在一定温度下,同时将碳、氮原子渗入钢件表层奥氏体中并以渗碳为主的化学热处理工艺。由于早期的碳氮共渗是采用含氰根的盐浴作为渗剂,因此也称为“氰化”。碳氮共渗兼有渗碳和渗氮的优点,其主要优点如下。

(1) 渗层性能好。碳氮共渗与渗碳相比,其渗层硬度差别不大,但其耐磨性、耐蚀性及疲劳强度比渗碳层高。碳氮共渗层一般要比渗氮层厚,并且在一定温度下不形成化合物层,故与渗氮层相比,抗压强度较高,而脆性较低。

(2) 渗入速度快。在碳氮共渗的情况下,由于碳氮原子能互相促进渗入过程,因此在相同温度下,共渗速度比渗碳和渗氮都快,仅是渗氮时间的 1/3～1/4。

(3) 工件变形小。由于氮的渗入提高了共渗层奥氏体的稳定性,故使渗层的淬透性得到提高,这样不仅可以用较缓慢的淬火介质进行淬火而减少变形,而且可以用较便宜的碳素钢来代替合金钢制造某些工模具。

(4) 不受钢种限制。一般来说,各种钢材都可以进行碳氮共渗。

根据操作时温度的不同,碳氮共渗可分为低温(500～600℃)、中温(700～800℃)、高温(800～950℃) 3 种。低温碳氮共渗以渗氮为主,用于提高模具的耐磨性及抗咬合性。中温碳氮共渗主要用于提高结构钢工件的表面硬度、耐磨性和抗疲劳性能。高温碳氮共渗以渗碳为主,应用较少。

根据共渗介质的不同,碳氮共渗又分为固体、液体和气体 3 种。目前生产中应用较广的有低温气体碳氮共渗和中温气体碳氮共渗两种方法。生产中通常所说的气体碳氮共渗是指中温气体碳氮共渗。气体碳氮共渗的介质实际上是渗碳和渗氮用的混合气体。

目前最常用的是在井式气体渗碳炉中滴入煤油(或甲苯、丙酮等渗碳剂),使其热分解出渗碳气体,同时向炉中通入渗氮所需的氨气。在共渗温度下,煤油与氨气除了单独进行渗碳和渗氮作用外,它们相互间还可发生化学反应而产生活性炭、氮原子。此外,生产中也有用有机液体三乙醇胺、甲酰胺和甲醇,再加入尿素等共渗介质,作为滴入剂进行碳氮共渗。活性炭、氢原子被工件表面吸收,并逐渐向内部扩散,结果获得了一定深度的碳氮共渗层。

几种表面热处理工艺的比较如表 4-2-2 所示。

表 4-2-2 几种表面热处理工艺的比较

项目	表面淬火	渗碳	渗氮	碳氮共渗
处理工艺	表面加热淬火 + 低温回火	渗碳 + 淬火 + 低温回火	渗氮	碳氮共渗 + 淬火 + 低温回火
生产周期	很短, 几秒到几分钟	长, 约 3～9 h	很长, 约 20～50 h	短, 约 1～2 h
表层深度/mm	0.5～7	0.5～2	0.3～0.5	0.2～0.5
硬度 HRC	58～63	58～63	65～70	58～63
耐磨性	较好	良好	最好	良好
疲劳强度	良好	较好	最好	良好
耐蚀性	一般	一般	最好	较好
热处理后变形	较小	较大	最小	较小
应用举例	机床齿轮、曲轴	汽车齿轮、爪型离合器	油泵齿轮、制动器齿轮	精密机床主轴、丝杠

4. 渗硼技术

渗硼技术也是机械制造中比较有效的一种化学热处理工艺,它是将工件置于含有活性硼原子的介质中加热到一定温度,保温一段时间后,在工件表面形成一层坚硬致密的渗硼层的工艺过程。渗硼层中的硼化物一般由 $FeB + Fe_2B$ 双相或 Fe_2B 单相构成。渗硼层具有以下特性。

1) 高硬度与耐磨性

钢铁渗硼后表面具有极高的硬度,显微硬度可达 1290～2300 HV,所以具有很高的耐磨性。渗硼层的耐磨性优于渗碳层和渗氮层。

2) 高温抗氧化性及热硬性

钢铁渗硼后所形成的铁硼化合物(FeB、Fe_2B)是一种十分稳定的金属化合物,它具有良好的高温抗氧化性和热硬性,经渗硼处理的模具一般可在 600℃ 以下可靠地工作。

3) 耐蚀性

渗硼层在酸(除硝酸外)、碱和盐的溶液中都具有较高的耐蚀性,特别是在盐酸、硫酸和磷酸中具有很高的耐蚀性。例如,45 钢经渗硼后,在硫酸、盐酸水溶液中的寿命比渗硼前可提高 5～14 倍。

4) 脆性

渗硼层的硬度高,脆性较大。渗硼工件在承受较大的冲击载荷时,容易发生渗层剥落与开裂。为了降低渗硼层的脆性,渗硼件在形状上应避免尖锐的棱边和棱角,而且应选择合适的渗硼工艺,力求获得单相 Fe_2B 组织。渗层不宜过厚,一般取 0.03～0.10 mm

即可。渗硼采用扩散退火及共晶化处理，是降低脆性的有效措施。

根据使用的介质和设备不同，渗硼技术的分类如下：

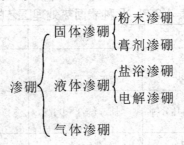

4.2.6　练习题

一、填空题

1. _____、_____和_____是机械零部件、工程构件的 3 大主要失效形式。_____和_____都是发生于零部件表面的材料流失过程，而_____的萌生也是从零部件表面开始。

2. _____是通过对零件表面进行快速加热以改善表面组织而内部仍保持原始组织的热处理工艺。

3. 常用的表面淬火方法有_____、_____、_____、_____等。

4. 火焰淬火根据喷嘴与零件相对运动的情况可分为_____、_____、_____、_____。

5. 感应淬火主要用于_____和_____制造的_____和_____零件等。

6. 生产上根据零件尺寸及淬硬层深度的要求选择不同的电流频率，常用的感应淬火有_____、_____和_____。

二、思考题

1. 金属表面处理技术的作用是什么？
2. 简述金属表面处理的分类。
3. 简述火焰淬火的原理及应用。
4. 感应淬火的特点表现在哪些方面？

任务 4.3　发 蓝 试 验

4.3.1　学习目标

(1) 掌握化学氧化处理的原理。
(2) 掌握零件表面化学除锈和除油工艺。
(3) 掌握氧化膜形成机理。

(4) 掌握氧化膜的后处理方法及发蓝处理的质量检测方法。

(5) 学会配置发蓝溶液进行钢铁制品的发蓝试验。

4.3.2　任务描述

利用氧化处理设备及氢氧化钠、亚硝酸钠、硝酸钠、盐酸等化学用品完成铁片或铁钉的发蓝试验。掌握化学氧化处理的原理，学习发蓝溶液的配置方法，并思考发蓝处理的技术要点和工程应用。

在表面处理工艺中，为了提高钢件的防锈能力，可用强氧化剂将钢件表面氧化成致密、光滑的四氧化三铁(Fe_3O_4)，这种 Fe_3O_4 薄层能有效地保护钢件内部不受氧化。在高温下氧化成的 Fe_3O_4 呈天蓝色，故称发蓝处理；在低温下氧化成的 Fe_3O_4 呈暗黑色，故称发黑处理。在兵器制造中，常用的是发蓝处理；在工业生产中，常用的是发黑处理。

能否把钢铁表面氧化成致密、光滑的 Fe_3O_4，关键是选择较强的氧化剂。强氧化剂通常由氢氧化钠、亚硝酸钠、磷酸三钠等组成。按合理比例配置强氧化剂、把握合适的发蓝处理时间能得到更好的发蓝处理效果。

4.3.3　必备知识

一、化学氧化处理的基础知识

1. 化学氧化处理

化学氧化处理主要应用于钢铁零件，俗称发蓝(发黑)处理，是将金属制品在空气中加热或直接浸于浓氧化性溶液中使其表面生成均匀、完整、一致的氧化物薄膜材料的保护技术。经发蓝处理获得的氧化膜极薄，厚度约为 0.5～1.5 μm，不影响工件的精度与力学性能，而且氧化膜也很牢靠，不易剥落。氧化膜的组成主要是 Fe_3O_4，称为磁性氧化铁。这种氧化膜同空气中自然形成的氧化膜相比，膜层均匀而紧密，但以覆盖层来衡量，其防护性能仍然很差，需要浸肥皂液、浸油或钝化处理后，防护性能和润滑性能才能得到提高。

2. 氧化膜形成原理

1) 钢铁高温化学氧化(碱性化学氧化)

(1) 化学反应机理。

高温化学氧化是传统的发蓝方法，一般是在强碱溶液里添加氧化剂(如硝酸钠和亚硝酸钠)，在 140℃左右的温度下处理 15～90 min，生成以 Fe_3O_4 为主要成分的氧化膜，膜厚一般为 0.5～1.5 μm，最厚可达 2.5 μm。氧化膜具有较好的吸附性。将氧化膜浸油或做其他处理后，其耐蚀性能可大大提高。由于氧化膜很薄，对零件尺寸和精度几乎没有影响，因此在精密仪器、光学仪器、武器及机器制造业中得到广泛应用。其化学反应机理为：

$$3Fe + NaNO_2 + 5NaOH \rightarrow 3Na_2FeO_2 + H_2O + NH_3 \uparrow$$

$$6Na_2FeO_2 + NaNO_2 + 5H_2O \rightarrow 3Na_2Fe_2O_4 + 7NaOH + NH_3\uparrow$$

$$Na_2FeO_2 + Na_2Fe_2O_4 + 2H_2O \rightarrow Fe_3O_4 + 4NaOH$$

在钢铁表面附近生成的 Fe_3O_4，其在浓碱性溶液中的溶解度极小，很快就从溶液中结晶析出，并在钢铁表面形成晶核，而后晶核逐渐长大形成一层连续致密的黑色氧化膜。

在生成 Fe_3O_4 的同时，部分铁酸钠可能发生水解而生成氧化铁的水合物，即

$$Na_2Fe_2O_4 + (m + 1)H_2O \rightarrow Fe_2O_3 \cdot mH_2O + 2NaOH$$

含水氧化铁在较高温度下失去部分水而形成红色沉淀物附在氧化膜表面，成为红色挂灰，或称"红霜"，这是钢铁氧化过程中常见的故障，应尽量避免。

(2) 钢铁高温氧化工艺。

碱性化学脱脂→热水洗→酸洗→冷水洗两次→氧化处理→回收温水洗→冷水洗→浸 3%～5%铬酸钾(钝化)→干燥→浸油。

常见高温化学氧化中的氧化溶液成分及工艺条件见表 4-3-1。

表 4-3-1　常见高温化学氧化中的氧化溶液成分及工艺条件

溶液成分和工艺条件	1	2	3	4	
				第 1 槽	第 2 槽
氢氧化钠(NaOH) / (g/L)	600～700	600～700	550～650	550～650	750～850
亚硝酸钠(NaNO₂) / (g/L)	200～250	55～65	150～200	100～150	150～200
磷酸三钠(Na₃PO₄) / (g/L)		20～30			
重铬酸钾(K₃Cr₄O₇) / (g/L)	25～35				
温度/℃	130～137	130～137	135～145	130～135	140～150
时间/min	15	60～90	60～90	10～20	40～50

2) 钢铁常温化学氧化(酸性化学氧化)

钢铁发蓝机理：为了提高钢件的防锈能力，用强的氧化剂将钢件表面氧化成致密光滑的 Fe_3O_4。这种 Fe_3O_4 薄层能有效地保护钢件内部不受氧化。在一定温度下(约 550℃)氧化层的 Fe_3O_4 呈铁蓝色，故称为发蓝处理。

钢铁常温化学氧化是 20 世纪 80 年代以来迅速发展的新技术，与碱性高温氧化工艺相比，这种工艺具有氧化速度快、膜层抗蚀性好、节能、高效、成本低、操作简单、环境污染小等优点。钢铁表面的发蓝处理，可得到均匀的黑色或蓝黑色外观，其表面膜的主要成分是 $CuSe$，功能与 Fe_3O_4 相似。

3) 钢铁常温发黑氧化

目前，常温发黑溶液在市场上有商品供应，品种型号甚多，其主要成分是硫酸铜($CuSO_4$)、二氧化硒(SeO_2)，还含有各种催化剂、缓冲剂、络合剂与辅助材料。其机理为：SeO_2 溶于水中生成亚硒酸(H_2SeO_3)，即

$$SeO_2 + H_2O \rightarrow H_2SeO_3$$

钢铁工件浸入发黑溶液中时，溶液中的游离 Cu 与 Fe 发生置换反应，金属铜覆盖在

工件表面，且伴随着 Fe 的溶解，即

$$CuSO_4 + Fe \rightarrow FeSO_4 + Cu$$

$$Fe + 2H \rightarrow Fe + H_2\uparrow$$

金属 Cu 与 H_2SeO_3 发生氧化还原反应，生成黑色的硒化铜膜，同时伴随着副反应发生，生成 $CuSeO_3$ 及 $FeSeO_3$ 的挂灰成分，即

$$3Cu + 3H_2SeO_3 \rightarrow CuSe + 2CuSeO_3 + 3H_2O$$

常温氧化工艺流程如下：

化学脱脂→热水洗→酸洗→冷水洗→除锈酸洗→冷水洗→中和处理→冷水洗→常温氧化→水洗→肥皂水处理干燥→浸热油→水洗→热水烫干→浸清漆封闭。

常见常温发黑氧化溶液成分见表 4-3-2。

表 4-3-2　常见常温发黑氧化溶液成分

成　分	配方 1	配方 2
硫酸铜/(g/L)	1~3	2.0~2.5
亚硒酸/(g/L)	2~3	2.5~3.0
磷酸/(g/L)	2~4	—
有机酸/(g/L)	1.0~1.5	—
十二烷基硫酸钠/(g/L)	0.1~0.3	—
复合添加剂/(g/L)	10~15	—
氯化钠/(g/L)	—	0.8~1.0
对苯二酚/(g/L)	—	0.1~0.3
pH/(g/L)	2~3	1~2

3. 氧化膜的后处理

钢铁工件通过化学氧化处理得到的氧化膜虽然能提高耐蚀性，但其防护性仍然较差，所以氧化后还需进行皂化处理、浸油或在铬酸盐溶液里进行填充处理。

1) 不合格氧化膜的退除

不合格氧化膜经脱脂后，在 10%~15%(体积分数)的盐酸(HCl)或硫酸(H_2SO_4)中浸蚀数秒或数十秒即可退除，然后可重新氧化。

2) 发蓝处理后的质量检测

(1) 外观观察法。将工件放在荧光灯下，离肉眼 30 cm，观察其表面，若颜色均匀一致，无明显花斑与铁锈存在，则为良好。

(2) 氧化膜疏松测定法。在脱脂后的工件上滴上数滴 3%的中性硫酸铜，若在 30 s 内不显示铜色即为合格。

二、化学氧化处理设备

化学氧化处理设备无一定大小规格，应根据工厂发蓝件的大小和数量而定。一般

要求如下:

(1) 酸洗槽应采用玻璃耐酸缸、耐酸塑料桶、耐酸搪瓷缸等。为防止氯化氢(HCl)气体对人体的影响,必须安装抽风设备。

(2) 氧化槽本身应采用不易被氧化的材料制造,一般采用低碳钢板制作而成。氧化槽要保证一定的氧化速度所具有的功率,其热源可用电阻丝或电热管等加热获得。为防止氢氧化钠散出气味对人体的影响,氧化槽也必须有抽风设备。

(3) 其他设备,如清洗槽、皂化槽、热油槽等都无相关技术规定,按需选用即可。

三、化学氧化处理安全要求

(1) 操作员在操作时必须戴上眼镜、戴上橡胶手套、穿上高筒胶皮靴、穿上耐酸工作服。

(2) 碱性溶液在氧化阶段会产生强烈腐蚀性气体,如接触到操作员皮肤,会导致皮肤发痒甚至破裂,因此必须采用铁罩壳将蒸汽导向屋外,或安装排气扇将气体排往屋外。

四、化学氧化处理应用

化学氧化处理适用于碳素钢和低合金钢,广泛应用于机械零件、仪器仪表、枪械等高精密零件及不能以其他覆层替代的防护–装饰性工件。在不影响精密度及力学性能的前提下,它能使工件更加美观以及增加耐锈性,但在使用过程中应注意定期擦油保养。

由于操作不同及金属本身的化学成分不同,获得的氧化膜颜色也不尽相同,有蓝黑色、黑色、红棕色等。碳素钢及一般合金钢为黑色,铬硅钢为红棕色到黑棕色,高速钢是黑褐色,铸铁为紫褐色。

4.3.4　试验指导

一、试验目的

通过试验了解钢铁发蓝的原理,加深对化学氧化处理理论知识的理解,学会常用发蓝试剂的配置方法。

二、试验准备

1. 设备及仪器
电子天秤、烧杯、量杯、酒精灯。

2. 试验样品
试验试样:铁片或铁钉。

发蓝试剂:氢氧化钠、亚硝酸钠、硝酸钠、盐酸、肥皂、锭子油、铁粉、硫酸铜。

三、试验步骤

第 1 步:先把 30 g 氢氧化钠溶于装有 30 mL 水的烧杯中,再慢慢地加入 9 g 亚硝酸钠和 5 g 硝酸钠,用玻璃棒搅拌使之溶解,再加水到 50 mL,配制成发蓝溶液。

第2步：在发蓝溶液中再加入一些纯净的铁粉，并加热至沸腾，这时温度约为138～150℃。

第3步：把几枚铁钉或铁片表面上的油污、锈斑处理干净。一般用10%的碱溶液在80℃浸10 min后取出，用清水洗涤即可除油，然后再放入盐酸溶液清洗除锈。

第4步：把铁钉或铁片浸入煮沸的发蓝溶液中约0.5 h后取出，在表面上即可观察到一层蓝黑色的氧化膜。

第5步：把经过发蓝处理的铁钉或铁片浸入冷水中漂洗，再浸入热水中漂洗，以洗去试样表面沾有的发蓝溶液。

第6步：将铁钉或铁片浸入3%～5%的热肥皂水中(80～90℃)5 min左右，再用冷水和热水分别冲洗一次，最后浸在105～110℃的锭子油中处理5～10 min，取出后放置10 min，使沾着的油液流尽后擦干表面即可。

钢铁试样发蓝处理工序过程具体如表4-3-3所示。

表4-3-3　钢铁零件发蓝处理工序过程

工序名称	溶液配比	处理温度	处理时间/min
氧化发蓝	30 g氢氧化钠溶于30 mL水、9 g亚硝酸钠和5 g硝酸钠	138～150℃	30
化学除油	10%的碱溶液	80℃	10
氧化发蓝	NaOH (625 g/dm³) NaNO$_2$ (225 g/dm³) K$_4$[Fe(CN)$_6$] (15 g/dm³)	140～150℃	30～60
清洗	流动水	室温或50℃	1～2
酸洗除锈	15%～30%HCl 0.5%～1.5%HCHO	室温	4～6
清洗	流动水	室温	1～2
皂化、钝化	20%～30% 皂液 3%～5% K$_2$Cr$_2$O$_7$溶液	80～90℃ 105～110℃	5～6 5～10
清洗	热水	90～100℃	1～2
烘干(擦干)	日光或烘箱(擦布)	50℃	30～60

第7步：通过外观观察法和氧化膜疏松测定法检验发蓝处理后的质量。

经过这样处理的钢铁制品表面呈现蓝黑色而且均匀致密。

四、试验报告内容

(1) 试验目的。

(2) 试验材料与试验内容。

(3) 发蓝工艺的基本原理。

(4) 试验基本步骤和注意事项。

(5) 分析发蓝温度与时间对表面质量的影响。

五、试验注意事项

在发蓝处理前，钢铁制品的表面一定要洗净。

普通碳素钢发蓝处理的最佳温度不可超出 150℃，而且发蓝处理的时间也不宜过短或过长，保持在 30 min 左右；温度过高或时间太长，试样表面颜色会变成褐色和花斑，容易生锈。

4.3.5　扩展知识——磷化处理

钢铁零件在含有锌、锰、铁或碱金属的磷酸盐溶液中进行化学处理，在其表面上形成一层不溶于水的磷酸盐膜的过程，称为磷化处理，所形成的薄膜为磷化膜。

1. 磷化工艺的基本原理

磷化过程包括化学与电化学反应。不同磷化体系、不同基材的磷化反应机理比较复杂，普遍观点认为磷化成膜过程主要是由如下 4 个步骤组成的。

(1) 利用酸的侵蚀使基体金属表面 H^+ 浓度降低：

$$Fe - 2e \rightarrow Fe^{2+};\ 2H^+ + 2e \rightarrow 2[H] \rightarrow H_2 \uparrow$$

(2) 促进剂(氧化剂)加速：

$$[O] + [H] \rightarrow [R] + H_2O;\ Fe^{2+} + [O] \rightarrow Fe^{3+} + [R]$$

式中：[O]为促进剂(氧化剂)；[R]为还原产物。

由于促进氧化掉第 1 步反应所产生的氢原子，故加快了反应速度，进一步导致金属表面 H^+ 浓度急剧下降，同时也将溶液中的 Fe^{2+} 氧化成 Fe^{3+}。

(3) 磷酸根的多级离解：

$$H_3PO_4 \rightarrow H_2PO_4^- + H^+ \rightarrow HPO_4^{2-} + 2H \rightarrow PO_4^{3-} + 3H^+$$

因金属表面的 H^+ 浓度急剧下降，导致磷酸根各级离解平衡向右移动，最终成为 PO_4^{3-}。

(4) 磷酸盐沉淀结晶成为磷化膜：

$$Zn^{2+} + Fe^{2+} + PO_4^{3-} + H_2O \rightarrow Zn_2Fe(PO_4)_2 \cdot 4H_2O \downarrow$$

当金属表面离解出的 PO_4^{3-} 与溶液中(金属界面)的金属离子(如 Zn^{2+}、Mn^{2+}、Ca^{2+}、Fe^{2+})达到溶液积常数时，就会形成磷酸盐沉淀。

磷酸盐沉淀与水分一起形成磷化晶核，晶核继续长大成为磷化晶粒，无数个晶粒紧密堆集形成磷化膜。

2. 磷化工艺的应用

根据磷化工艺目的不同，磷化工艺主要分为防锈磷化工艺、耐磨减摩润滑磷化工艺和漆前磷化工艺。

1) 防锈磷化工艺

磷化工艺的早期应用是防锈，钢铁件经磷化处理形成一层磷化膜，起到防锈作用。经过磷化防锈处理的工件防锈期可达几个月甚至几年(对涂油工件而言)，广泛用于工序间、运输、包装存储及使用过程中的防锈。防锈磷化主要有铁系磷化、锰系磷化、锌系磷化 3 大品种。

铁系磷化的主体槽液成分是磷酸亚铁溶液，不含氧化类促进剂，并且有高游离酸度。这种铁系磷化处理温度高于 95℃，处理时间长达 30 min 以上，磷化膜重大于 10 g/m^2，并且有除锈和磷化双重功能。由于这种高温铁系磷化速度太慢，现在应用很少。

锰系磷化用作防锈磷化具有最佳性能，磷化膜微观结构呈颗粒密堆集状，是应用最为广泛的防锈磷化。锰系磷化加与不加促进剂均可，如果加入硝酸盐促进剂可加快磷化膜生成速度。通常处理温度为 80～100℃，处理时间为 10～20 min，膜重在 7.5 g/m^2 以上。

锌系磷化也是广泛应用的一种防锈磷化，通常采用硝酸盐作为促进剂，处理温度为 80～90℃，处理时间为 10～15 min，磷化膜重大于 7.5 g/m^2，磷化膜微观结构一般是针片紧密堆集型。

防锈磷化的一般工艺流程为：脱脂除锈→水清洗→表面调整活化→磷化→水清洗→铬酸盐处理→烘干→涂油脂或染色处理。

通过强碱强酸处理过的工件会导致磷化膜粗化现象，采用表面调整活化可细化晶粒。锌系磷化可采用草酸、胶体钛进行表面调整。锰系磷化可采用不溶性磷酸锰悬浮液活化。铁系磷化一般不需要调整活化处理。磷化后的工件经铬酸盐封闭可大幅度提高防锈性，如再经过涂油或染色处理可将防锈性提高几倍甚至几十倍。

2) 耐磨减摩润滑磷化工艺

对于发动机活塞环、齿轮、制冷压缩机一类工件，不仅承受一次载荷，而且还有运动摩擦，要求工件能减摩、耐磨。锰系磷化膜具有较高的硬度和热稳定性，能耐磨损，具有较好的减摩润滑作用，因此，广泛应用于活塞环、轴承支座、压缩机等零部件。这类耐磨减摩磷化处理温度为 70～100℃，处理时间为 10～20 min，磷化膜重大于 7.5 g/m^2。

在冷加工行业，如接管、拉丝、挤压、深拉深等工序，要求磷化膜提供减摩润滑性能，一般采用锌系磷化。一是锌系磷化膜皂化后形成润滑性很好的硬脂酸锌层；二是锌系磷化操作温度比较低，可在 40℃、60℃或 90℃条件下进行磷化处理，磷化时间为 4～10 min，有时甚至几十秒钟即可，磷化膜重要求大于等于 3 g/m^2 便可。

其工艺流程是：脱脂除锈→水清洗→锰系磷化或锌系磷化→水清洗→干燥→皂化(硬脂酸钠)→涂润滑油脂干燥。

3) 漆前磷化工艺

涂装底漆前的磷化处理，可以提高漆膜与基体金属的附着力，提高整个涂层系统的耐腐蚀能力，提供工序间保护以免形成二次生锈。因此，漆前磷化的首要问题是磷化膜必须与底漆有优良的配套性，而磷化膜本身的防锈性是次要的，磷化膜要细致密实、膜薄。当磷化膜粗厚时，会对漆膜的综合性能产生负面效应。磷化体系与工艺的选定主要有：工件材质、油锈程度、几何形状、磷化与涂漆的时间间隔、底漆品种和施工方式以及相关场地设备条件等。

一般来说，低碳钢较高碳钢容易进行磷化处理，磷化成膜性能更好些。对于有锈(氧化皮)工件必须经过酸洗工序，而酸洗后的工件将给磷化带来很多麻烦，如工序间生锈发黄、残留酸液的清除、磷化膜出现粗化等。酸洗后的工件在进行锌系、锰系磷化前一般要进行表面调整处理。

在间歇式的生产场合，由于受条件限制，磷化工件必须存放一段时间后才能涂漆，因此要求磷化膜本身具有较好的防锈性。如果存放期在 10 天以上，一般采用中温磷化，如中温锌系、中温锰系等，磷化膜重最好应在 2.0～4.5 g/m² 之间。磷化后的工件应立即烘干，不宜自然晾干，以免在夹缝、焊接处形成锈蚀。如果存放期只有 3～5 天，可用低温磷化，烘干效果会好于自然晾干。

3. 磷化工艺的分类

按磷化处理温度分类，磷化工艺可分为 3 类：

(1) 高温磷化。钢铁零件的高温磷化是指在 90～98℃的温度下处理 10～30 min。其优点是膜层的耐蚀性、结合力、硬度和耐热性都较好；缺点是高温操作能耗大、挥发量大、成分变化快、磷化膜易夹渣、结晶粗细不均匀。

(2) 中温磷化。钢铁零件的中温磷化是指在 50～70℃的温度下处理 10～15 min。其优点是膜层的耐蚀性接近高温磷化膜，溶液稳定，磷化速度快，生产效率高，应用广泛。中温厚磷化膜常用于防锈、冷加工润滑、减摩等。

(3) 常(低)温磷化。钢铁零件的常温磷化是指不加热，在自然室温条件下的磷化，正常为 10～35℃。目前对这类磷化的研究最活跃，进步最快。

磷化工艺按施工方法也可分为 3 类：

(1) 浸渍磷化。这种方法适用于高、中、低温磷化工艺。其优点是设备简单，仅需加热槽和相应加热设备，最好用在不锈钢或橡胶衬里的槽子上，不锈钢加热管道应放在槽两侧。

(2) 喷淋磷化。这种方法适用于中、低温磷化工艺，可处理大面积工件，如汽车、冰箱、洗衣机壳体等。其优点是处理时间短，成膜反应速度快，生产效率高，且用这种方法获得的磷化膜结晶致密、均匀、膜薄、耐蚀性好。

(3) 涂刷磷化。上述两种方法无法实施时，可采用本方法。这种方法可以在常温下操作，易涂刷，可除锈蚀，磷化后工件自然干燥，防锈性能好，但磷化效果不如前两种。

除钢以外，铝、锌、镁、钛及其合金等也能够接受磷酸盐的处理，但磷酸盐膜的形成与基底金属的化学组成及其表面结构有关。一些金属，例如铜、铅、不锈钢和镍铬合金，由于其在含游离磷酸的溶液中不会发生腐蚀溶解，自然也不会发生结晶成核过程，因此在其表面是难以形成磷酸盐膜的。

4.3.6　练习题

一、填空题

1. 钢铁发蓝处理后氧化膜的组成主要是_____。

2. 发蓝溶液中使用的强氧化剂主要是由_____、_____、_____组成的。

3. 在兵器制造中，常用的是_____；在工业生产中，常用的是_____。

4. 经发蓝处理获得的氧化膜厚度约为_____。

5. 氧化槽一般采用_____制作而成。

6. 普通碳素钢发蓝处理的最佳温度不可超出_____。

7. 发蓝处理的最佳时间为_____。

二、思考题

1. 为什么经过发蓝处理后，还要再进行氧化膜后处理？

2. 简述发蓝处理后的质量检测方法。

3. 分别写出钢铁高温和低温化学氧化反应的化学方程式。

项目五　金属材料的选用

(1) 熟识材料的失效类型及原因。
(2) 熟识材料的选用原则。
(3) 掌握选材的一般方法。

任务5.1　材料的失效分析

5.1.1　学习目标

(1) 了解零件失效的概念。
(2) 掌握零件失效的类型。
(3) 了解零件失效的原因。

5.1.2　任务描述

如图 5-1-1 所示，依据你现有的生活常识，试回答问题：
(1) 生活中你见过的零件失效的类型有哪些？
(2) 造成这些零件失效的原因是什么？

图 5-1-1　失效零件图

5.1.3 必备知识

一个零件无论质量多高，都不可能无限期使用，总有一天会因各种原因而失效报废，到达或超过正常设计寿命的失效是不可避免的；也有许多零件，其运行寿命远远低于设计寿命而发生早期失效，给生产造成很大影响，甚至酿成重大安全事故。因此，必须给予足够的重视。在零件选材初始，就必须对零件在使用中可能产生的失效方式、原因及对策进行分析，为选材及后续加工的控制提供参考依据。

一、失效的概念

失效是指零件在使用中，由于形状或尺寸的改变或内部组织及性能的变化而失去原有设计的效能。零件在工作时，由于承受各种载荷，或者由于运动表面间长时间地相互摩擦等原因，零件的尺寸、形状及表面质量会随着时间延长而改变。如果零件尺寸由于磨损超过了零件设计时的尺寸公差范围，零件表面由于磨损或外界介质的侵蚀等造成表面质量下降，这些都会使零件失效。

一般机械零件出现下列 3 种情况中的任何 1 种即可认为已失效：零件完全不能工作；零件虽能工作，但已不能完成设计功能；零件已有严重损伤，不能再继续安全使用。由此可见，零件失效不等于零件坏了。

零件在达到或超过设计的预期寿命后发生的失效，属于正常失效；在低于设计预期寿命时发生的失效，属于非正常失效。

由于零部件的失效，会使机床失去加工精度、输气管道发生泄漏、飞机出现故障等，严重时将威胁人身生命和生产的安全，造成巨大的经济损失。因此，分析零部件的失效原因、研究失效机理、提出失效的预防措施具有十分重要的意义。

二、零件失效的类型

零件在工作时的受力情况一般比较复杂，往往承受多种应力的复合作用，因而造成零件的不同失效形式。机械零件常见的失效形式可归纳为以下几种类型。

1. 断裂失效

断裂是零件最严重的失效形式，它是因零件承载过大或因疲劳损伤等发生破断。例如，钢丝绳在吊运中的断裂及在交变载荷下工作的轴、齿轮、弹簧等的断裂。断裂方式有韧性断裂、脆性断裂、疲劳断裂、低应力脆性断裂等。

1) 韧性断裂失效

材料在断裂之前所发生的宏观塑性变形或所吸收的能量较大的断裂称为韧性断裂。工程上使用的金属材料的韧性断口多呈韧窝状，如图 5-1-2 所示。韧窝是由于空洞的形成、长大并连接而导致韧性断裂产生的。

2) 脆性断裂失效

材料在断裂之前没有塑性变形或塑性变形很小(小于 2%)的断裂称为脆性断裂。疲劳断裂、应力腐蚀断裂、腐蚀疲劳断裂和蠕变断裂等均属于脆性断裂。

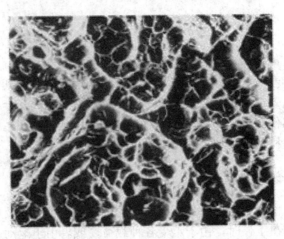

图 5-1-2　韧窝断口

3) 疲劳断裂失效

零部件在交变应力作用下,在比屈服应力低很多的应力下发生的突然脆断,称为疲劳断裂。由于疲劳断裂是在低应力、无先兆情况下发生的,因而具有很大的危险性和破坏性。据统计,80%以上的断裂失效属于疲劳断裂。疲劳断裂最明显的特征是断口上的疲劳裂纹扩展区比较平滑,并通常存在疲劳休止线或疲劳纹。

疲劳断裂的断裂源多发生在零部件表面的缺陷或应力集中部位。提高零部件表面加工质量,减少应力集中,对材料表面进行表面强化处理,都可以有效地提高疲劳断裂抗力。

4) 低应力脆性断裂失效

石油化工中的容器、锅炉等一些大型锻件或焊接件,在工作应力远远低于材料的屈服应力作用下,由于材料自身固有的裂纹扩展导致的无明显塑性变形的突然断裂,称为低应力脆性断裂。对于含裂纹的构件,要用抵抗裂纹失稳扩展能力的力学性能指标,即断裂韧性来衡量,以确保安全。

低应力脆性断裂按其断口的形貌可分为解理断裂和沿晶断裂。金属在正应力作用下,因原子间的结合键被破坏而造成的穿晶断裂称为解理断裂。解理断裂的主要特征是其断口上存在河流花样(如图 5-1-3 所示),是由于不同高度解理面之间产生的台阶逐渐汇聚而形成的。沿晶断裂的断口呈冰糖状(如图 5-1-4 所示)。

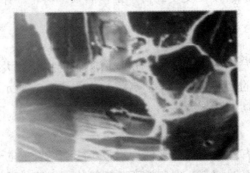

图 5-1-3　解理断口

图 5-1-4　沿晶断口

2. 过量变形失效

过量变形失效是指零件变形量超过允许范围而造成的失效。它主要有过量弹性变形失效和过量塑性变形失效。例如，高温下工作时，螺栓发生松脱，就是过量弹性变形转化为塑性变形而造成的失效。

1) 过量弹性变形失效

一些细长的轴、杆件或薄壁筒零部件，在外力作用下将发生弹性变形，如果弹性变形过量，会使零部件失去有效工作能力。例如镗床的镗杆，如果工作中产生过量弹性变形，不仅会使镗床产生振动，造成零部件加工精度下降，而且还会使轴与轴承的配合不良，甚至会引起弯曲塑性变形或断裂。引起弹性变形失效的原因，主要是零部件的刚度不足。因此，要预防弹性变形失效，应选用弹性模量大的材料。

2) 过量塑性变形失效

零部件承受的静载荷超过材料的屈服强度时，将产生塑性变形。塑性变形会造成零部件间相对位置变化，致使整个机械运转不良而失效。例如压力容器上的紧固螺栓，如果拧得过紧，或因过载引起螺栓塑性伸长，便会降低预紧力，致使配合面松动，导致螺栓失效。

3. 表面损伤失效

由于磨损、腐蚀、疲劳等原因，使零部件表面失去正常工作所必需的形状、尺寸和表面粗糙度造成的失效，称为表面损伤失效。

1) 磨损失效

磨损失效是工程上量大面广的一种失效形式。任何 2 个相互接触的零部件发生相对运动时，其表面都会发生磨损，造成零部件尺寸变化、精度降低而不能继续工作，这种现象称为磨损失效，例如轴与轴承、齿轮与齿轮、活塞环与汽缸套等摩擦副在服役时表面产生的损伤。

工程上主要是通过提高材料的硬度来提高零部件的耐磨性。另外，增加材料组织中硬质相的数量，并让其均匀、细小地分布，选择合理的摩擦副硬度配比，提高零部件表面加工质量，改善润滑条件等都能有效地提高零部件的抗磨损能力。提高材料耐磨性的主要途径是进行表面强化，表 5-1-1 列出了表面强化工艺方法的分类及特点。

表 5-1-1 表面强化方法的分类和特点

分类	强化方法	硬化层组织结构	硬化层厚度/mm		可获得的表面硬度及变化	表层残余应力大小/MPa	适用工件材料
			最小	最大			
表面形变强化及表面抛、磨光	喷丸	亚晶粒细化、高密度位错	0.4	1.0	增加 20%~40%	压应力 4~8	钢、铸铁、有色金属
	滚轮磨光		1.0	20.0	增加 20%~50%	压应力 6~8	
	流体抛光		0.1	0.3	增加 20%~40%	压应力 2~4	
	金刚砂磨光		0.01	0.20	增加 30%~60%	压应力 8~10	
化学热处理	渗碳	马氏体及碳化物	0.5	2.0	60~67 HRC	压应力 4~10	低碳钢
	氮化	氮化物	0.05	0.60	650~1200 HV	压应力 4~10	钢、铸铁
	渗硼	硼化物	0.07	0.15	1300~1800 HV	—	钢、铸铁
	渗钒	碳化钒	0.005	0.02	2800~3500 HV	—	钢、铸铁
	渗硫	低硬度硫化物(减摩)	0.05	1.00	—	—	钢、铸铁
表面冶金强化	表面冶金涂层	固溶体+化合物	0.5	20	200~650 HB	拉应力 1~5	钢、铸铁、有色金属
	表面激光处理	细化组织	—	—	1000~1200 HV	—	钢
表面薄膜强化	镀铬	纯金属	0.01	1.0	500~1200 HV	拉应力 2~6	钢、铸铁、有色金属
	化学气相沉积	TiC、TiN	0.001	0.01	1200~3500 HV	—	
	离子镀	Al 膜、Cr 膜	0.001	0.01	200~2000 HV	—	
	化学镀	Ni-P、Ni-B	0.005	0.1	400~1200 HV	—	
	电刷镀	高密度位错	0.005	0.3~0.5	200~700 HV	—	

2) 腐蚀失效

由于化学或电化学腐蚀而造成零部件尺寸和性能的改变而导致的失效称为腐蚀失效。合理地选用耐腐蚀材料,在材料表面涂覆防护层,采用电化学保护及采用缓蚀剂等可有效提高材料的抗腐蚀能力。

3) 表面疲劳失效

表面疲劳失效是指 2 个相互接触的零部件相对运动时,在交变接触应力作用下,零部件表面层材料发生疲劳而脱落所造成的失效。

三、零件失效的原因

引起零件失效的因素很多且较为复杂，它涉及零件的结构设计、材料的选择、材料的加工、产品的装配及使用保养等方面，通常与下列因素有关。

(1) 设计不合理。设计上导致零件失效的最常见原因是结构或形状不合理，即在零件的高应力处存在明显的应力集中源，如各种尖角、缺口、过小的过渡圆角等。另一种原因是对零件的工作条件估计错误，如对工作中可能的过载估计不足，因而设计的零件的承载能力不够。发生这类失效的原因在于设计，但可通过选材来避免，特别是当零件的结构与几何尺寸基本固定而难以作较大的改动时，更是如此。

(2) 选材不合理。选材不当是材料失效的主要原因。虽然问题出在材料上，但责任在设计者身上。最常见的情况是，设计中对零件失效的形式判断错误，使所选材料的性能不能满足工作条件的要求，或者选材时所根据的性能指标不能反映材料对实际失效形式的抗力，从而错误地选择了材料。另外，所用材料的冶金质量太差，如含有过量的夹杂物、杂质元素及成分不合格等，这些都容易使零件造成失效。

(3) 加工工艺不当。零件或毛坯在加工和成形过程中，由于工艺方法、工艺参数不正确等，常会出现某些缺陷，导致失效。例如，热加工中产生的过热、过烧和带状组织等；冷加工不良时粗糙度太低，产生过深的刀痕、磨削裂纹等；热处理中产生的脱碳、变形及开裂等。

(4) 安装使用不正确。机器在装配和安装过程中，不符合技术要求，如安装时配合过松、过紧、对中不准、固定不稳等，都可能使零件不能正常工作，或工作不安全；使用中不按工艺规程操作和维修，保养不善或过载使用等，均会造成材料失效。

5.1.4　拓展知识——失效分析方法

失效分析方法是指对零件失效原因进行分析研究的方法。一般来说，零件的工作条件不同，发生失效的形式也不一样，防止零件失效的相应措施也就有所差别。分析零件失效原因是一项复杂、细致的工作，其合理的工作程序可分为以下几步。

1. 收集历史资料

仔细收集失效零件的残体，详细整理失效零件的设计资料、加工工艺文件及使用和维修记录。根据这些资料全面地从设计、加工、使用各方面进行具体的分析，确定重点分析的对象，样品应取自失效的发源部位或能反映失效的性质和特点的地方。

2. 检测

对所选试样进行宏观(用肉眼或立体显微镜)及微观(用高倍的光学或电子显微镜)断口分析，以及必要的金相剖面分析，找出失效起源部位和确定失效形式。对失效样品进行性能测试、组织分析、化学分析和无损探伤，检验材料的性能指标是否合格，组织是否正常，成分是否符合要求，有无内部或表面缺陷等，全面检测各种必要的数据。

3. 综合分析

对上述检测所得的数据进行综合分析，在某些情况下需要进行断裂力学计算，以便于确定失效的原因。例如，零件发生断裂失效，可能是零件强度、韧性不够或疲劳破坏等原因所致。综合各方面分析资料作出判断，确定失效的具体原因，提出改进措施。

4. 写出失效分析报告

失效分析报告是失效分析的最后结果。通过它，可以了解材料的破坏方式，可以以此作为选材的重要依据。必须指出，在失效分析中，有两项最重要的工作：一是收集失效零件的有关资料，这是判断失效原因的重要依据，必要时需做断裂力学分析；二是根据宏观及微观的断口分析，确定失效发源地的性质及失效方式。这两项工作最重要，因为它除了告诉人们失效的精确位置和应该在该处测定哪些数据外，同时还对可能的失效原因做出了重要指示。例如，沿晶断裂应该是材料本身、加工或介质作用的问题，与设计关系不大。

5.1.5 练习题

一、选择题(多选)

1. 零部件常见的失效形式有( )。

A. 过量变形失效   B. 断裂失效

C. 表面损伤失效   D. 材料老化失效

2. 属于零件断裂失效的有( )。

A. 韧性断裂失效   B. 脆性断裂失效

C. 疲劳断裂失效   D. 低应力脆性断裂失效

3. 零件的工作表面粗糙度大、工作环境恶劣，将造成( )。

A. 磨损失效   B. 表面疲劳失效

C. 腐蚀失效   D. 脆性失效

4. 造成零部件失效的原因很多，主要有( )。

A. 设计不合理   B. 选材错误

C. 加工工艺不当   D. 装配使用不当

二、简答题

1. 什么是零件失效？分析零件失效的主要目的是什么？

2. 材料选用的一般原则有哪些？在选用材料时有哪些方法？

3. 简述零件失效的分析方法。

任务5.2 材料选用的原则与方法

5.2.1 学习目标

(1) 了解材料选用的原则。

(2) 掌握材料选用的方法。

5.2.2　任务描述

机床主轴是主轴部件之一，其运动精度和结构刚度直接影响切削加工效率和加工质量。图 5-2-1 所示为机床主轴结构图，根据轴的工作条件，请填写表 5-2-1，并回答问题：

(1) 机械零件的选材主要考虑哪些方面的因素？

(2) 制造传动轴的材料应如何进行选择？

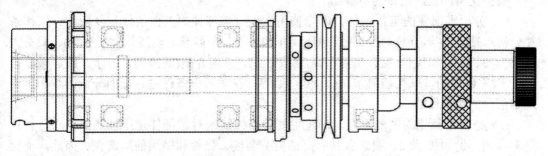

图 5-2-1　机床主轴结构图

表 5-2-1　机床主轴选择

工作条件	选用钢号	热处理工艺	加工工艺路线	硬度要求	主要失效形式	备注
(1) 在滑动轴承内运行						
(2) 承载中或重载荷						
(3) 转速较高、精度要求较高						
(4) 较高交变、冲击载荷						

5.2.3　必备知识

机械零件的选材是一项十分重要的工作。选材是否恰当，特别是一台机器中关键零件的选材是否恰当，将直接影响到产品的使用性能、使用寿命及制造成本。要做到合理选用材料，就必须全面分析零件的工作条件、受力性质和大小，以及失效形式，然后综合各种因素，提出能满足零件工作条件的性能要求，再选择合适的材料并进行相应的热处理以满足性能要求。

选材的原则首先是要满足使用性要求，然后再考虑工艺性和经济性。

一、使用性与选材

使用性能是保证零部件完成指定功能的必要条件。使用性能是指零部件在工作过程中应具备的力学性能、物理性能和化学性能，它是选材的最主要依据。对于机械零件，最重要的使用性能是力学性能，对零部件力学性能的要求，一般是在分析零部件的工作条件(温度、受力状态、环境介质等)和失效形式的基础上提出来的。

1. 选材步骤

根据使用性能，选材的步骤如下：

(1) 分析零部件的工作条件，确定使用性能。零部件的工作条件是复杂的。工作条件分析包括受力状态(拉、压、弯、剪、切)、载荷性质(静载、动载、交变载荷)、载荷大小及分布、工作温度(低温、室温、高温、变温)、环境介质(润滑剂、海水、酸、碱、盐等)、对零部件的特殊性能要求(电、磁、热)等。在对工作条件进行全面分析的基础上确定零部件的使用性能。

(2) 分析零部件的失效原因，确定主要使用性能。对零部件使用性能的要求，往往是多项的。例如传动轴，要求其具有高的疲劳强度、韧性和轴颈的耐磨性。因此，需要通过对零部件失效原因的分析，找出导致失效的主导因素，准确确定出零部件所必需的主要使用性能。例如，曲轴在工作时承受冲击、交变等载荷作用，而失效分析表明，曲轴的主要失效形式是疲劳断裂，而不是冲击断裂，因此应以疲劳抗力作为主要使用性能要求来进行曲轴的设计。制造曲轴的材料也可由锻钢改为价格便宜、工艺简单的球墨铸铁。表 5-2-2 列出了几种常见零部件的工作条件、失效形式及对性能的要求。

表 5-2-2　几种常见零部件的工作条件、失效形式及对性能的要求

零部件	工作条件		失效形式	对性能的要求
	承受应力	载荷性质		
紧固螺栓	拉、剪	静	过量变形、断裂	强度、塑性
传动齿轮	压、弯	循环、冲击	磨损、麻点、剥落、疲劳断裂	表面硬度、疲劳强度、内部韧性
传动轴	弯、剪	循环、冲击	疲劳断裂、过量变形、轴颈磨损	综合力学性能
弹簧	弯、剪	循环、冲击	疲劳断裂	屈强比、疲劳强度
连杆	拉、压	循环、冲击	断裂	综合力学性能
轴承	压	循环、冲击	磨损、麻点剥落、疲劳断裂	硬度、接触疲劳强度
冷作模具	复杂	循环、冲击	磨损、断裂	硬度、足够的强度和韧性

(3) 将对零部件使用性能的要求转化为对材料性能指标的要求。有了对零部件使用性能的要求，还不能马上进行选材。还需要通过分析、计算或模拟试验将使用性能要求指标化和量化。例如"高硬度"这一使用性能要求，需转化为">60 HRC"或"62~65 HRC"等。这是选材最关键、最困难的一步。需根据零部件的尺寸及工作时所承受的载荷，计算出应力分布，再由工作应力、使用寿命或安全性与材料性能指标的关系，确定性能指标的具体数值。

(4) 材料的预选。根据对零部件材料性能指标数据的要求查阅有关手册，找到合适的材料，根据这些材料的大致应用范围进行判断、选材。对用预选材料设计的零部件，其危险截面在考虑安全系数后的工作应力，必须小于所确定的性能指标数据值。然后再比较加工工艺的可行性和制造成本的高低，以最优方案的材料作为所选定的材料。

2. 选材注意事项

零件性能要求指标化完成后，即可进入具体选材的阶段。各种材料的力学性能指标数值，一般可从《机械设计手册》(以下简称《手册》)中查到，但是在利用具体性能指标时，必须注意以下几个问题：

(1) 同种材料，若采用不同工艺，其性能指标数值也不同。例如，同种材料采用锻压成形比用铸造成形强度高，使用调质处理比用正火的力学性能沿截面分布更均匀。

(2) 在《手册》上查到的性能指标是小尺寸光滑试样或标准试样在规定载荷下测定的。实际使用的零件尺寸一般较大，大尺寸零件上存在缺陷的可能性增加(如孔洞、夹杂物、表面损伤等)，另外，零件在实际使用中所承受的载荷一般是复杂的，零件形状、加工面粗糙度值与标准试样有较大差异，所以实际使用的数据不能直接采用《手册》上的数值，可对性能指标作适当的修改。

(3) 对于在复杂条件下工作的零件，必须采用特殊实验室性能指标作为选材依据，如高温强度、抗磨蚀性等。

(4) 因测试条件不同，测定的性能指标数值会产生一定的变化。

二、工艺性与选材

任何零件都是由不同的工程材料通过一定的加工工艺制造出来的。因此材料的工艺性能，即加工成零件的难易程度，是选材时必须要考虑的重要问题，它直接影响到零件的加工质量和费用。所以，熟悉材料的加工工艺过程及材料的工艺性能，对于正确选材是相当重要的。材料的工艺性能包括以下内容。

1. 铸造性能

铸造性能是指材料在铸造生产工艺过程中所表现出来的性能，它包含流动性、收缩性、疏松及偏析倾向、吸气性、熔点高低等。不同的材料，其铸造性能也不同。在常用的几种铸造合金中，铸造铝合金、铸造铜合金的铸造性能优于铸铁和铸钢，而铸铁优于铸钢。在铸铁中以灰铸铁的铸造性能最好。

2. 压力加工性能

压力加工性能是指材料的塑性和变形抗力，包括锻造性能、冷冲压性能等。塑性好，则易成形，加工面质量优良，不易产生裂纹；变形抗力小，则变形比较容易；变形功小，金属易于充满模腔，不易产生缺陷。一般低碳钢的压力加工性能比高碳钢好，非合金钢的压力加工性能比合金钢好。

3. 焊接性能

焊接性能是指金属材料在采用一定的焊接工艺(包括焊接方法、焊接材料、焊接规范及焊接结构形式等)条件下，获得优良焊接接头的难易程度。焊接性能分为工艺焊接性能和使用焊接性能。工艺焊接性指一定的金属材料在给定的焊接工艺条件下对形成焊接缺陷的敏感性，涉及焊接制造工艺过程中的焊接缺陷问题，如裂纹、气孔、断裂等。使用焊接性指一定材料在规定的焊接工艺条件下所形成的焊接接头适应使用要求的能力，涉及焊接接头的使用可靠性问题，它包括焊接应力、变形及晶粒粗化倾向，焊缝脆性、裂纹、气孔及其他缺陷倾向等。

4. 切削加工性能

切削加工性能是指材料接受切削加工而成为合格工件的难易程度，通常用切削抗力大小、零件表面粗糙度、排除切屑难易程度及刀具磨损量等来综合衡量其性能好坏。一般材料硬度值在 170~230 HBW 范围内，切削加工性好。

5. 热处理工艺性能

热处理工艺性能是指材料对热处理工艺的适应性能。常用材料的热处理工艺性能可通过热敏感性、氧化、脱碳倾向、淬透性、回火脆性、淬火变形和开裂倾向等来评定。一般碳钢的淬透性差、强度较低，加热时易过热，淬火时易变形开裂，而合金钢的淬透性优于碳钢。

6. 黏结固化性能

高分子材料、陶瓷材料、复合材料及粉末冶金材料，大多数靠黏合剂在一定条件下将各组分黏结固化而成。因此，这些材料应注意在成形过程中各组分之间的黏结固化倾向，以保证顺利成形及成形质量。

综上所述，零件选材应满足生产工艺对材料工艺性能的要求。与使用性能的要求相比，工艺性能处于次要地位；但在某些情况下，工艺性能也可成为主要考虑的因素。当工艺性能和力学性能相矛盾时，从工艺性能的角度考虑，使得某些力学性能显然合格的材料有时不得不舍弃，此点对于大批量生产的零件特别重要。因为在大量生产时，工艺周期的长短和加工费用的高低，常常是生产的关键。例如，为了提高生产效率而采用自动机床实行大量生产时，零件的切削性能可能成为选材时考虑的主要问题。此时，应选用易切削钢之类的材料，尽管其某些性能并不是最好的。

三、经济性与选材

除了使用性能与工艺性能外，经济性也是选材必须要考虑的重要问题。所谓的经济性，是指所选用的材料加工成零件后，其生产和使用的总成本最低，经济效益最好。经济性原则主要从以下几方面来考虑。

1. 材料的价格

不同材料的价格差异很大，而且在不断变动，设计人员在对材料的市场价格有所了解的基础上，应尽可能选用价格比较便宜的材料。通常，材料的直接成本为产品价格的 30%~70%，因此，能用非合金钢制造的零件就不用合金钢，能用低合金钢制造的零件就不用高合金钢，能用钢制造的零件就不用有色金属等，这一点对于大批量生产的零件尤为重要。表 5-2-3 给出了常见金属材料的相对价格。

表 5-2-3　常见金属材料的相对价格

材　料	相对价格/元	材　料	相对价格/元
碳素结构钢	1	铬不锈钢	约 6
低合金高强度结构钢	1.2～1.7	铬镍不锈钢	12～14
优质碳素结构钢	1.3～1.5	普通黄铜	9～17
易切削钢	约 1.7	锡青铜、铝青铜	15～19
合金结构钢(Cr-Ni 钢除外)	1.7～2.5	灰铸铁	约 1.4
铬镍合金结构钢(中合金钢)	约 5	球墨铸铁	1.8
滚动轴承钢	约 3	可锻铸铁	2～2.2
碳素工具钢	约 1.6	碳素铸钢件	2.5～3
低合金工具钢	3～6	铸造铝合金、铜合金	8～10
高速钢	10～18	铸造锡基轴承合金	约 23
硬质合金(YT 类刀片)	150～200	铸造铅基轴承合金	10
钛合金	约 40	镍	约 25
铝及铝合金	5～10	金	约 62 500

2. 材料的加工费用

零件的生产工艺与数量直接影响零件的加工费用，因此，应当合理地安排零件的生产工艺，尽量减少生产工序，并尽可能采用无切削或少切削加工新工艺，如精铸、模锻、冷拉毛坯等。对于单件生产，尽量不采用铸造方法。

3. 资源供应状况

随着工业的发展，资源和能源的问题日益突出，所选材料应立足于国内和货源较近的地区，并尽量减少所选材料的品种、规格，以便简化采购、运输、保管及生产管理等各项工作。另外，所选材料应满足环境保护方面的要求，尽量减少污染；还要注意生产所用材料的能源消耗，尽量选用耗能低的材料。

4. 使用非金属材料

在条件允许的情况下，可用工程塑料代替金属材料，这样可降低零件成本，性能可更加优异。此外，零件的选材应考虑产品的实用性和市场需求。某项产品或某种机械零件的优劣，不仅仅要求能符合工作条件的使用要求，从商品的销售和用户的愿望考虑，产品还应当具有质量轻、美观、经久耐用等特点。这就要求在选材时，应突破传统观念的束缚，尽量采用先进的科学技术成果，做到在结构设计方面有创新、有特色。在材料制造工艺和强化工艺上有改革、有先进性。

零件的选材还应考虑实现现代生产组织的可能性。一个产品或一个零件的制造，是采用手工操作还是机器操作，是采用单件生产还是采用机械化自动流水作业，这些因素都对产品的成本和质量起着重要的作用。因此，在选材时，应该考虑到所选材料能满足实现现代化生产的可能性。

四、选材的一般方法

材料的选择是一个比较复杂的决策问题。目前还没有一种确定选材最佳方案的精确方法。它需要设计者熟悉零件的工作条件和失效形式，掌握有关的工程材料理论及应用知识、机械加工工艺知识以及拥有较丰富的生产实际经验。通过具体分析，进行必要的试验和选材方案对比，最后确定合理的选材方案。一般应根据零件的工作条件，找出其最主要的性能要求，以此作为选材的主要依据。图 5-2-2 所示的机械零件选材的一般步骤仅供参考。

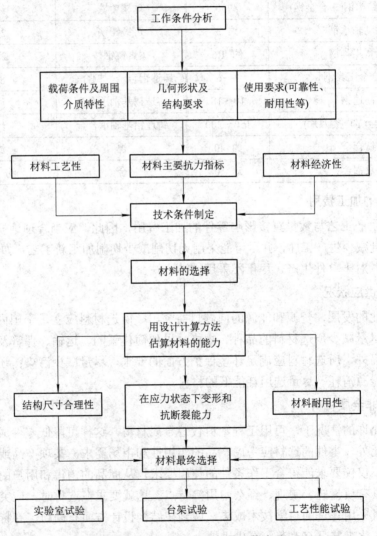

图 5-2-2　机械零件选材的一般步骤

1. 以综合力学性能为主时的选材

若零件工作时承受冲击力和循环载荷，如连杆、锤杆、锻模等，其主要失效形式是过量变形与疲劳断裂，对这类零件的性能要求主要是综合力学性能要好。对于一般机械零件，根据零件的受力和尺寸大小，通常选用调质或正火状态的中碳钢或中碳的合金钢，调质、正火或等温淬火状态的球墨铸铁，或选用淬火、低温回火的低碳钢等制造。当零件受力较小并要求有较高的比强度与比刚度时，应考虑选择铝合金、镁合金、钛合金或工程塑料与复合材料等。

2. 以疲劳强度为主时的选材

零件在交变应力作用下最常见的破坏形式是疲劳破坏，如发动机曲轴、齿轮、弹簧及滚动轴承等零件的失效，大多数是由疲劳破坏引起的。这类零件的选材，应主要考虑疲劳强度。应力集中是导致疲劳破坏的重要原因。实践证明，材料强度越高，疲劳强度也越高；在强度相同时，调质后的组织比退火、正火后的组织具有更好的塑性和韧性，且对应力集中敏感性小，具有较高的疲劳强度。因此，对受力较大的零件应选用淬透性较高的材料，以便进行调质处理；对材料表面进行强化处理，且强化层深度应足够大，也可有效地提高疲劳强度。

3. 以磨损为主时的选材

机器运转中 2 个零件发生摩擦时，其磨损量与其接触压力、相对速度、润滑条件及摩擦副的材料等有关。材料的耐磨性是抵抗磨损能力的指标，它主要与材料的硬度、显微组织有关。根据零件工作条件不同，可分为 2 种情况选材：

(1) 磨损较大、受力较小的零件和各种量具，对其材料的基本要求是耐磨性和高硬度。如钻套、顶尖、刀具、冷冲模等，可选用高碳钢或高碳的合金钢，并进行淬火和低温回火，以获得高硬度回火马氏体和碳化物组织。

铸铁中的石墨是优良的固体润滑剂，石墨脱落后，孔隙中可储存润滑油，所以也常用铸铁作耐磨零件，如机床导轨等。铜合金的摩擦系数小，约为钢的一半，也常用作在运动、摩擦部位工作的零件，如滑动轴承、丝杠开合螺母等。塑料的摩擦系数小，也常用于摩擦部件，甚至是无润滑的摩擦部位。

(2) 同时受磨损和交变应力作用的零件，为使其耐磨并具有较高的疲劳强度，应选用能进行表面淬火或渗碳、渗氮等的钢材，经热处理后使零件"外硬内韧"，既耐磨又能承受冲击。例如，机床中重要的齿轮和主轴，应选用中碳钢或中碳的合金钢，经正火或调质后再进行表面淬火，以获得较好的综合力学性能；对于承受大冲击力和要求耐磨性高的汽车变速齿轮，应选用低碳钢，经渗碳后淬火、低温回火，使表面获得高硬度的高碳马氏体和碳化物组织而高耐磨性，使内部获得低碳马氏体而具有高强度、好的塑性和韧性、能承受冲击。要求硬度、耐磨性更高以及热处理变形小的精密零件，如高精度磨床主轴及镗床主轴等，常选用氮化用钢进行渗氮处理。

4. 以耐蚀性或热强度为主时的选材

当受力不大，要求耐蚀性较高时，一般可以考虑选用奥氏体不锈钢，如发动机尾锥体和飞机蒙皮。选用奥氏体不锈钢，不仅耐蚀，而且具有一定的耐热性，同时成形工艺性好。当零件受力较大，又要求耐蚀性时，如汽轮机叶片，则以选用马氏体不锈钢为宜。为减轻结构质量，也可考虑选用钛合金。

不同类型的材料，具有不同水平的耐热性。从热强度角度选用材料，必须了解零件的工作温度、介质的性质、所受载荷的大小和性质。耐热铝合金和镁合金，一般只能在300～400℃以下工作，而且能够承受的工作应力较小，往往是为了减轻结构质量，或因零件形状较复杂，需要铸造成形时选用。不锈钢和钛合金的耐热水平相近，大致都可在500～600℃以下工作，但不锈钢零件的结构质量较大。在工作应力、温度和腐蚀条件允许时，选用钛合金可以减小结构质量。

5. 选材的一般步骤

零件材料的合理选择通常按照以下步骤进行：

(1) 对零件的工作条件进行周密的分析，找出主要的失效方式，从而恰当地提出主要性能指标。一般地，主要考虑力学性能，特殊情况还应考虑物理、化学性能。

(2) 调查研究同类零件的用材情况，并从其使用性能、原材料供应和加工等方面分析选材是否合理，以此作为选材的参考。

(3) 根据力学计算结果，确定零件应具有的主要力学性能指标，正确选择材料。这时要综合考虑所选材料应满足失效抗力指标和工艺性的要求，同时还需考虑所选材料在保证实现先进工艺和现代生产组织方面的可能性。

(4) 决定热处理方法或其他强化方法，并提出所选材料在供应状态下的技术要求。

(5) 审核所选材料的经济性，包括材料费、加工费等。

(6) 关键零件投产前应对所选材料进行试验，可通过实验室试验、台架试验和工艺性能试验等，最终确定合理的选材方案。

(7) 最后，在中、小型生产的基础上，接受生产考验，以检验选材方案的合理性。

5.2.4　拓展知识——常用材料的性能比较

材料的用途是由材料的性能决定的，在初选材料时，首先考虑的是性能，价格只作为参照，但价格又是制约高性能材料使用的主要因素。性能不合格的材料，可靠性也不高，缺少可靠性，其他方面也就无从谈起。常用的材料主要有金属、陶瓷、高分子材料、复合材料等，本节主要从力学性能、物理性能两方面进行比较。

1. 材料的力学性能比较

一般来说，材料的力学性能主要包括强度、韧性、弹性模量、延展性等，这些性能在国家标准中都有明确的规定，一般可从《机械设计手册》中查到，在厂家的产品说明书中也有详细的说明。

1) 强度

在分析零件工作条件和失效的基础上，提出对所用材料的强度要求，是极限强度、屈服强度还是疲劳强度，是拉伸强度还是压缩强度。金属材料的拉伸强度比陶瓷要好；聚合物的拉伸强度最低；铸铁、陶瓷、石墨等属于脆性材料，它们的化学键比较强，在拉伸过程中，这些材料容易产生裂缝而断裂，但在压缩应力作用下，裂缝倾向于弥合，所以这些材料具有较高的压缩强度。在动态应力作用下，必须要考虑疲劳强度，显然金属材料抗疲劳断裂的性能比聚合物和复合材料都要好。表 5-2-4 列出了一些常用材料的屈服强度或拉伸强度。

表 5-2-4　常用材料的屈服强度或拉伸强度

材　料	屈服强度/(N/mm²)	材　料	拉伸强度/(N/mm²)
无氧 99.95%退火铜	70	玻璃钢	1.04×10^3
无氧 99.95%冷拉铜	280	碳纤维环氧胶	1.37×10^3
99.45%退火铝	28	硼纤维/环	1.35×10^3
99.45%冷拉铝	170	低压聚乙烯	21.5～38
经热处理铝合金	350	聚苯乙烯	34.5～61
可锻铸铁	310	ABS	16～61
低碳钢	240～280	聚丙烯	33～41.4
高碳淬火钢	700～1300	PVC	34.6～61
退火合金钢(4340)	450～480	尼龙-66	81.4
淬火合金钢(4340)	900～1600	聚甲醛	61.2～66.4
马氏体时效钢(300)	2000	聚四氟乙烯	13.9～24.7

2) 韧性

材料在工作过程中发生振动或者冲击，就必须考虑断裂韧性。高分子材料的断裂韧性普遍较低，复合材料中的玻璃纤维增强型塑料有较高的断裂韧性，陶瓷基复合材料也有较高的断裂韧性，金属材料中的淬火、回火中碳钢具有最高的断裂韧性。表 5-2-5 列出了常用材料的断裂韧性值。

表 5-2-5　常用材料的断裂韧性值

材　料	K_{1c}/(kN/m$^{3/2}$)	材　料	K_{1c}/(kN/m$^{3/2}$)
纯塑性金属(Cu、Ni、Al 等)	96～340	木材(纵向)	11～14
压力容器钢	36～155	聚丙烯	1.2～2.9
高强钢	47～149	聚乙烯	0.9～1.9
低碳钢	40～140	尼龙	1.0～2.9
钛合金(Ti6Al4V)	50～118	聚苯乙烯	0.5～1.9
玻璃纤维复合材料	19～56	聚碳酸酯	0.9～2.8
铝合金	22～43	有机玻璃	0.9～1.4
碳纤维复合材料	31～43	聚酯	0.1～0.5
中碳钢	35～50	木材(横向)	0.5～0.9
铸铁	6～19	Si_3N_4	3.7～4.7
高碳工具钢	8～19	SiC	0.5～2.0
钢筋混凝土	9～16	Al_2O_3	2.8～4.7
硬质合金	12～16	水泥	0.5～0.8
MgO 陶瓷	1～2.8	钠玻璃	0.6～0.8

3) 弹性模量

金属材料通常是晶体结构，具有较高的弹性模量；复合材料的弹性模量比较容易提高，尤其是树脂基复合材料，基体本身的模量很低，但与高模量纤维复合后，就能使弹性模量几十倍乃至上百倍地提高；陶瓷材料的比模量(弹性模量与密度之比)最高，聚合物的比模量最低。表 5-2-6 列出了常用材料的弹性模量、切变模量和泊松比。

表 5-2-6　常用材料的弹性模量、切变模量和泊松比

材料	弹性模量 E/GPa	切变模量 G/GPa	泊松比 n
铸铁	110.3	51.0	0.17
软钢	206.8	81.4	0.26
铝	68.9	24.8	0.33
铜	110.3	44.1	0.36
黄铜	100	36.5	0.34
镍(冷拔)	213.7	79.4	0.30
钛	106.9	49.1	0.33
铅	17.9	6.2	0.40

2. 材料的物理性能比较

材料的物理性能包括热性能、光电性能，这些性能主要体现在热导率、热胀系数与电导率等方面。

1) 热导率与热胀系数

金属材料的热导率最大，聚合物的热导率几乎为零，复合材料的热导率变化很大，陶瓷材料的热导率较低。若设计导热设备，应尽可能选择热导率大的材料；若选择保温材料，应尽可能选择热导率小的材料。

聚合物与大多数金属材料和陶瓷材料相比有较大的热胀系数。热胀系数小，在升温和降温时易开裂。选择陶瓷材料考虑抗热冲击性能时，需同时考虑陶瓷的热导率与热胀系数，热导率越大，热胀系数越小，抗热冲击性能越高。表 5-2-7 列出了常用材料的热导率。

表 5-2-7　常用材料的热导率

材料	热导率/[W/(m·K)]	材料	热导率/[W/(m·K)]
铝	247	氧化铝	30.1
铜	398	氧化镁	37.7
金	315	尖晶石	15.0
铁	80.4	钠钙玻璃	1.7
镍	90	聚乙烯	0.38
银	428	聚丙烯	0.12
钨	178	聚苯乙烯	0.13
1025 钢	51.9	聚四氟乙烯	0.25
316 不锈钢	16.3	苯酚树脂(电木)	0.15
黄铜	120	尼龙-66	0.24
硅	150		

2) 电导率

电导率是衡量材料导电能力的表观物理量，金属材料的电导率最高，而非金属材料的电导率一般较低，在选材时要考虑影响电导率变化的因素，如温度、晶体结构、晶格缺等。表 5-2-8 列出了常用材料的电导率。

表 5-2-8 常用材料的电导率

材料	电导率/(S/m)	材料	电导率/(S/m)
银	6.300×10^7	SiC	10
工业纯铜	5.850×10^7	纯锗	2.2
金	4.250×10^7	纯硅	4.3×10^{-4}
工业纯铝	3.450×10^7	苯酚甲醛(电木)	$10^{-11} \sim 10^{-7}$
钠	2.100×10^7	窗玻璃	$< 10^{-10}$
工业纯钨	1.770×10^7	氧化铝	$10^{-12} \sim 10^{-10}$
黄铜(70%Cu + 30%Zn)	1.660×10^7	云母	$10^{-15} \sim 10^{-11}$
工业纯镍	1.460×10^7	有机玻璃	$< 10^{-12}$
工业纯铁	1.030×10^7	聚乙烯	$10^{-15} \sim 10^{-12}$
工业纯钛	0.240×10^7	聚苯乙烯	$< 10^{-14}$
不锈钢，301 型	0.170×10^7	金刚石	$< 10^{-14}$
镍铬合金	0.140×10^7	石英玻璃	$< 10^{-14}$
石墨	0.093×10^7	聚四氟乙烯	$< 10^{-16}$

5.2.5 练习题

一、选择题(多选)

1. 零件材料的选择，需考虑的因素有( )。

A. 使用性能 B. 工艺性能

C. 经济性能 D. 焊接性能

2. 零件在工作过程中，应具备的性能有( )。

A. 力学性能 B. 物理性能

C. 导电性能 D. 化学性能

3. 根据材料的经济性能原则，下列有利于降低成本的项目有( )。

A. 降低运输成本 B. 使用现有机床

C. 降低试验费用 D. 采用标准化

4. 下列属于材料工艺性能的有( )。

A. 铸造性能 B. 锻造性能

C. 切削性能 D. 热处理性能

5. 下列属于根据使用性能选材的有( )。

A. 分析工作条件 B. 分析失效原因

C. 材料的指标 D. 材料的预选

二、简答题

1. 简述根据使用性进行选材的步骤。

2. 简述根据工艺性进行选材的步骤。

3. 简述根据经济性进行选材的步骤。

任务 5.3　典型零件的选材

5.3.1　学习目标

(1) 了解轴类零件的选材方法。

(2) 了解轴类零件的失效形式及性能要求。

(3) 了解齿轮类零件的选材方法。

(4) 了解齿轮类零件的失效形式及性能要求。

5.3.2　任务描述

齿轮是机械工业中应用广泛的重要零件之一，主要用于传递力、调节速度或方向。齿轮工作条件复杂，选材时要根据工作条件，正确选择齿轮的材料和硬度，并进行热处理，才能保证齿轮正常运行。

图 5-3-1 所示为机床齿轮，根据齿轮的工作条件，填写表 5-3-1，并回答问题：

(1) 各类齿轮常用什么金属材料制作？

(2) 零件选材时有哪些基本原则？

图 5-3-1　机床齿轮

表 5-3-1　机床齿轮的选择

工作条件	选用钢号	热处理工艺	硬度要求	主要失效形式	备注
(1) 高速旋转					
(2) 承载中载荷					
(3) 受冲击					
(4) 模数小于 5					

5.3.3　必备知识

金属材料、高分子材料、陶瓷材料及复合材料是目前最主要的工程材料，它们各有自己的特性，所以各有其最合适的用途。但金属材料具有优良的使用性能，能满足绝大多数机械零件的工作要求，且金属材料具有良好的加工工艺性能，能方便地通过各种成形加工方法加工成所需产品，还能通过多种热处理途径提高和改善材料性能，能充分发挥材料的潜力。因此金属材料广泛用于制造各种重要的机械零件和工程结构。下面以轴类和齿轮类零件为例介绍典型机械零件的选材。

一、轴类零件的选材

轴是机器中的重要零件之一，一切回转运动的零件都装在轴上。根据轴的作用与所承受的载荷，可分成心轴和转轴两类。心轴只承受弯矩不传递扭矩，心轴可以转动，也可以不转动。转轴按负荷情况有以下几种：只承受弯曲负荷的，如车辆轴；承受扭转负荷为主的传动轴，如减速器的轴、自行车中间轴；同时承受弯曲和扭转负荷的，如曲轴；还有同时承受弯、扭、拉、压负荷的，如船舶螺旋桨推进轴。

1. 轴类零件的工作条件及失效形式

轴主要用于支承传动零件并传递运动和动力，是影响机械设备运行精度和寿命的关键零件。轴类零件工作时主要承受弯曲应力、扭转应力或拉压应力；轴颈处及与其他零件相配合处承受较大的摩擦和磨损作用；大多数轴类零件还承受一定的冲击力，若刚度不够，会产生弯曲变形和扭曲变形。

轴类零件失效形式有疲劳断裂、过量变形、过度磨损等。

2. 轴类零件的性能要求

根据工作条件和失效形式，轴类零件的材料必须具有良好的综合力学性能：足够的强度、刚度、塑性和一定的韧性，以防止过载和冲击断裂；高的硬度和耐磨性，以提高轴的运转精度和使用寿命；高的疲劳强度，对应力集中敏感性小，防止疲劳断裂；足够的淬透性，淬火变形小；良好的切削加工性；价格低廉。在特殊情况下工作的轴，要求具有特殊性能，如高温下工作的轴，抗蠕变性能要好；在腐蚀性介质中工作的轴，要求耐蚀性好等。

3. 轴类零件选材时需考虑的因素

在特定应用场合的轴，选材时要考虑如下的几个因素。

(1) 载荷类型和大小。承受弯曲和扭转载荷时，轴的选材对淬透性要求不高，根据轴颈大小和负荷大小部分淬透就行；承受拉、压载荷或载荷中有拉、压成分，而且拉、压成分不能忽略时，如水泵轴，要根据轴颈大小选择保证能淬透的材料。

载荷大小的合理性，应根据轴的失效形式判断认定。工作载荷小，冲击载荷不大，轴颈部位磨损不严重，例如普通车床的主轴，被认定为轻载；承受中等载荷，磨损较严重，有一定的冲击载荷，例如铣床主轴，被认定为中载；工作载荷大，磨损及冲击都较严重，例如工作载荷大的组合机床主轴，被认定为重载。

(2) 冲击载荷。冲击载荷大小反映了轴的材料对韧性的要求。在选材时，不能片面地追求强度指标。由于材料的强度和韧性往往是相互矛盾的，一般情况下，增加强度往往要牺牲韧性，而韧性的降低又意味着材料易发生脆化。因此，在选材时，要寻求高强度同时兼有高韧性的材料，才能保证使用的可靠性。

(3) 疲劳强度。当疲劳失效的可能性大且成为主要的失效形式时，疲劳强度应成为选材的主要力学性能指标。

(4) 精度的持久性。这是指轴经历相当长时间的运转后保持原有精度的能力。金属切削机床，尤其是高精度机床对此应有严格的要求。轴的精度持久性与使用过程中轴某些部位的磨损和热处理及切削加工引起的残余应力释放密切相关，热处理残余应力越小，精度持久性越高。

(5) 转速。高转速意味着运转总时间的缩短，且转速高易引起振动，故转速影响精度和精度的持久性。高转速时选用氮化主轴是有利的，其次是调质和正火。

(6) 配合轴承类型。配合的滑动轴承选用巴氏合金时，轴颈处硬度可略低；选用锡青铜时，轴颈处不低于 50 HRC；选用钢质轴承(如镗床主轴)时，轴颈应有更高的表面硬度。(巴氏合金是一种软基体上分布着硬颗粒相的低熔点轴承合金，有锡基、铅基、镉基3 个系列。锡基巴氏合金的代表成分(质量分数)为：锑 3%～15%，铜 2%～6%，镉 < 1%，锡少量。具有减摩特性的锡基和铅基轴承合金，由美国人巴比特发明而得名，因其呈白色，又称白合金。)

(7) 轴的复杂程度和长径比。轴越复杂和表面不连续性越严重，应力集中越高，此时提高塑性和韧性是有利的，选用调质、渗碳较好。轴的长径比越大，热处理弯曲变形倾向越大，应选用淬透性好的材料以减少变形。同样，轴的截面越大，也应选用淬透性好的材料。

4. 轴的常用材料及热处理

常用轴类材料主要是经锻造或轧制的低、中碳钢或中碳的合金钢，如 35 钢、40 钢、45 钢、50 钢等，其中 45 钢应用最广。这类钢一般均进行正火、调质或调质+表面淬火来改善力学性能。

对于受力小或不重要的轴，可采用 Q235 钢、Q275 钢等；当受力较大并要求限制轴的外形、尺寸和质量，或要求提高轴颈的耐磨性时，可采用 20Cr 钢、40Cr 钢、40CrNi 钢、20CrMnTi 钢、40MnB 钢等，并辅以渗碳、调质、调质 + 高频表面淬火等相应的热处理。

近年来越来越多地采用球墨铸铁和高强度灰铸铁作为轴的材料，尤其是曲轴材料，其热处理主要是退火、正火、调质和表面淬火。

5. 轴类零件的工艺路线

(1) 整体淬火轴的工艺路线：下料→锻造→正火或退火→粗加工→半精加工→调质→粗磨→去应力回火→精磨至尺寸。

(2) 调质后再表面淬火轴的工艺路线：下料→锻造→退火或正火→粗加工→调质→半精加工→表面淬火→粗磨→时效→精磨或精磨后超精加工。

(3) 渗碳轴的工艺路线：下料→锻造→正火→粗加工→半精加工→渗碳→去除不需渗碳的表面层→淬火并低温回火→粗磨→时效处理→精磨或精磨后超精加工。

(4) 氮化主轴的工艺路线：下料→锻造→退火→粗加工→调质→半精加工→去应力回火→粗磨→氮化→精磨或研磨到尺寸。

6. 轴类零件的选材示例

❖ 示例一：机床主轴。

选用机床主轴的材料和热处理工艺时，必须考虑以下几点：

(1) 受力的大小。不同类型的机床，工作条件有很大差别，如高速机床和精密机床主轴的工作条件与重型机床主轴的工作条件相比，无论在弯曲或扭转还是在疲劳特性方面，差别都很大。

(2) 轴承类型。例如，在滑动轴承上工作时，轴颈需要有高的耐磨性。

(3) 主轴的形状及其可能引起的热处理缺陷。结构形状复杂的主轴在热处理时易变形甚至开裂，因此在选材上应给予重视。

主轴是机床中主要零件之一，其质量好坏直接影响机床的精度和寿命。因此，必须根据主轴的工作条件和性能要求，选择用钢和制定合理的冷热加工工艺。机床主轴的选材及其热处理工艺如表 5-3-2 所示。

表 5-3-2　机床主轴的选材及其热处理工艺

工作条件	材料	热处理	硬度	原　因	使用实例
(1) 与滚动轴承配合； (2) 轻载荷或中等载荷，转速低； (3) 精度要求不高； (4) 稍有冲击载荷，交变载荷可以忽略不计	45 钢	调质处理	220～250 HB	(1) 调质后，保证主轴具有一定强度； (2) 精度要求不高	一般机床主轴
(1) 与滚动轴承配合； (2) 轻载荷或中等载荷，转速略高； (3) 装配精度要求不太高； (4) 冲击和交变载荷可以忽略不计	45 钢	调质后局部整体淬硬	42～47 HRC	(1) 有足够的强度； (2) 轴颈及配件装拆处得到需要的硬度； (3) 简化热处理操作； (4) 不承受较大冲击载荷	龙门铣床、立式铣床、小型立式车床等的主轴
(1) 与滚动轴承配合； (2) 轻载荷或中等载荷，转速低 $[PV \leqslant 150 \, N \cdot m/(cm^2 \cdot s)]$； (3) 精度要求不很高； (4) 冲击，交变载荷不大	45 钢	正火	170～217 HB	(1) 正火或调质后保证主轴具有一定的强度和韧性； (2) 轴颈处有滑动摩擦，需要有较高的硬度	C650、C660、C8480 等大重型车床主轴
		调质	220～250 HB		
		轴颈部分表面淬硬	48～53 HRC		
(1) 与滚动轴承配合； (2) 承受中等载荷，转速较高； (3) 精度要求较高； (4) 交变、冲击载荷较小	40Cr (42MnVB)	淬硬调质后局部淬硬	42～47 HRC 或 52～57 HRC	(1) 为保证有足够的强度，选用 40Cr 调质； (2) 轴颈和配件装拆处得到需要的硬度； (3) 若无冲击力，硬度要求取高值	齿轮铣床、组合车床等的主轴

工作条件	材料	热处理	硬度	原　因	使用实例
(1) 与滚动轴承配合； (2) 承受中等载荷，转速较高； (3) 精度要求较高； (4) 交变、冲击载荷较小； (5) 工作中受冲击载荷	40Cr (42MnVB)	调质	220～250 HB	(1) 调质后主轴有较高的强度和韧性； (2) 轴颈处得到需要的硬度	铣床、龙门铣床、车床等的主轴
		轴颈部分表面淬硬	48～53 HRC		
(1) 与滑动轴承配合； (2) 承受中等载荷，转速较高 $[PV<400 N \cdot m/(cm^2 \cdot s)]$； (3) 承受较高的交变和冲击载荷； (4) 精度要求较高	40Cr (42MnVB)	调质处理	220～250 HB 或 250～280 HB	(1) 调质后主轴有较高的强度和韧性； (2) 为获得良好的耐磨性，选择表面淬硬； (3) 配件装拆部分有一定硬度	车床主轴或磨床砂轮主轴（φ80 mm 以下）
		轴颈部分表面淬火	52～57 HRC		
		装拆配件处表面淬硬	48～53 HRC		
(1) 与滑动轴承配合； (2) 承受中等载荷，转速较高 $[PV<400 N \cdot m/(cm^2 \cdot s)]$； (3) 承受较高的交变和冲击载荷； (4) 精度要求更高	40Cr (42CrMn)	调质处理，轴颈部分表面淬火，装拆配件处表面淬硬	表面硬度 56～61 HRC	(1) 调质后主轴有较高的强度和韧性； (2) 为获得良好的耐磨性，选择表面淬硬； (3) 配件装拆部分有一定硬度	磨床砂轮主轴
(1) 与滑动轴承配合； (2) 承受中等载荷或重载荷 $[PV<400 N \cdot m/(cm^2 \cdot s)]$； (3) 要求轴颈有更高的耐磨性； (4) 精度要求较高； (5) 承受较高的交变，但冲击载荷较小	65Mn	调质	250～280 HB	(1) 调质后有较高的强度； (2) 表面淬硬后提高耐疲劳性能； (3) 获得较高的硬度，提高耐磨性； (4) 表面马氏体易粗大，冲击值低	磨床砂轮主轴
		轴颈部分表面淬硬	≥59 HRC		
		装拆配件处表面淬硬	50～55 HRC		
(1) 与滑动轴承配合； (2) 承受中等载荷或重载荷 $[PV<400 N \cdot m/(cm^2 \cdot s)]$； (3) 要求轴颈有更高的耐磨性； (4) 精度要求较高； (5) 承受较高的交变，但冲击载荷较小； (6) 表面硬度和显微组织要求更高	GCr15 9Mn2V	调质 轴颈部分表面淬硬 装拆配件处表面淬硬	250～280 HB，≥59 HRC	(1) 获得高的表面硬度和良好的耐磨性能； (2) 超精磨性好，粗糙度易降低	较高精度的磨床主轴

续表二

工作条件	材料	热处理	硬度	原　因	使用实例
(1) 与滑动轴承配合; (2) 受重载荷,转速很高; (3) 精度要求极高,轴隙≤0.003 mm; (4) 受很高的疲劳应力和冲击载荷	38CrMoAlA	正火或调质	250～280 HB	(1) 有很高的心部强度; (2) 达到很高的表面硬度,不易磨损保持精度稳定; (3) 优良的耐疲劳性能; (4) 畸变量小	高精度磨床主轴、镗床主轴、坐标镗床主轴等
		渗氮	≥900 HV		
(1) 与滚动或滑动轴承配合,转速较低; (2) 受轻载荷或中等载荷	50Mn2	正火	192～241 HB	对于大直径主轴,当热处理设备或技术有困难时,可用此材料	重型机床主轴
(1) 与滑动轴承配合; (2) 受中等载荷心部强度不高,但转速很高; (3) 精度要求不太高; (4) 不大的冲击压力和较高的疲劳应力	20Cr 20MnVB 20Mn2B	渗碳后淬硬	表面硬度56～63 HRC	(1) 心部强度不高,受力易扭曲畸变; (2) 表面硬度高,适用于高速低载荷主轴	高精度精密车床、内圆磨床等的主轴
(1) 与滑动轴承配合; (2) 重载荷,高速运转; (3) 高的冲击力; (4) 很高的交变载荷	20CrMnTi 12CrNi3	渗碳后淬硬	表面硬度56～63 HRC	(1) 很高的表面硬度、冲击韧性和心部强度; (2) 热处理畸变比20Cr 小	转塔车床、齿轮磨床、精密丝杆车床、重型齿轮铣床等的主轴

下面以 C616 车床主轴为例(如图 5-3-2 所示),介绍轴的选择步骤

图 5-3-2　机床主轴

(1) 确定机床主轴的工作条件和性能要求。

该主轴的工作条件如下:

① 承受交变的弯曲应力与扭转应力,有时受到冲击载荷的作用;

② 主轴大端内锥孔和锥度外圆经常与卡盘、顶针有相对摩擦;

③ 花健部分经常有磕碰或相对滑动。

总之,该主轴是在滚动轴承中转动,承受中等负荷,转速中等,有装配精度要求,且受到一定的冲击力作用。由此确定热处理技术条件如下:

① 整体调质后硬度应为 200～230 HB,金相组织为回火索氏体;

② 内锥孔和外圆锥面处硬度为 45～50 HRC，表面 3～5 mm 内金相组织为回火屈氏体和少量回火马氏体；

③ 花键部分的硬度为 48～53 HRC，金相组织同上。

(2) 选择用钢。

C616 车床属于中速、中负荷、在滚动轴承中工作的机床，因此选用 45 钢是可以的。过去此主轴曾采用 45 钢经正火处理后使用；后来为了提高其强度和韧性，在粗车后又增加了调质工序，而且调质状态的疲劳强度比正火稍高，这对提高主轴抗疲劳性能也是很重要的。表 5-3-3 所示为 45 钢正火和调质后的机械性能比较。

表 5-3-3　45 钢正火和调质后的机械性能比较

热处理	σ_b / (MN/m^2)	σ_s / (MN/m^2)	σ_{-1} / (MN/m^2)
调质	682	490	338
正火	600	340	260

(3) 确定主轴的工艺路线。

下料→锻造→正火→粗加工(外圆留余 4～5 mm)→调质→半精车外圆(留余 2.5～3.5 mm)→钻中心孔→精车外圆(留余 0.6～0.7 mm，锥孔留余 0.6～0.7 mm)→铣键槽→局部淬火(锥孔及外锥体)→车定刀槽，粗磨外圆(留余 0.4～0.5 mm)，滚铣花键→花键淬火→精磨。

选用热处理工艺时，需要注意的几个问题如下：

(1) 热处理工序的作用。

正火处理是为了得到合适的硬度(170～230 HB)，以便于机械加工，同时改善锻造组织，为调质处理作准备。

调质处理是为了使主轴得到高的综合机械性能和疲劳强度。调质后硬度为 200～230 HB，组织为回火索氏体。为了更好地发挥调质效果，将调质安排在粗加工后进行。

内锥孔和外圆锥面部分经盐浴局部淬火和回火后得到所要求的硬度，以保证装配精度和不易磨损。

(2) 热处理工艺。

调质淬火时由于主轴各部分的直径不同，应注意变形问题。调质后的变形虽然可以通过校直来修正，但校直时的附加应力对主轴精加工后的尺寸稳定性是不利的。为减小变形，应注意淬火操作方法，可采取预冷淬火和控制水中冷水机冷却时间来减小变形。

花键部分可用高频淬火以减小变形和达到硬度要求。

经淬火后的内锥孔和外圆锥面部分需经 260～300℃回火，花键部分需经 240～260℃回火，以消除淬火应力并达到规定的硬度值。

也有用球墨铸铁制造机床主轴的，如某厂用球墨铸铁的主轴淬火后硬度为 52～58 HRC，且变形量比 45 钢小。

❖ 示例二：汽车半轴。

汽车半轴是驱动车轮转动的直接驱动件，也是典型的受扭矩的轴件。

半轴材料与其工作条件有关，中、小型汽车的半轴目前常用 40Cr 钢，而重型载重汽车常用 40CrMnMo 钢。如图 5-3-3 所示，下面以跃进 130 型载重汽车(载重量为 2500 kg)的半轴为例进行介绍。

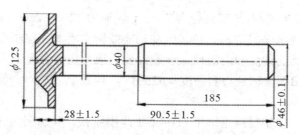

图 5-3-3　跃进 130 型载重汽车半轴简图

该轴工作时传递扭矩，承受冲击、反复弯曲疲劳和扭转应力的作用，所以要求材料有足够的抗弯强度、疲劳强度和较好的韧性。杆部硬度为 37～44 HRC，盘部外圆硬度为 24～34 HRC，并具备回火索氏体与回火托氏体组织。

根据上述工作条件和技术要求，可选用 40Cr 钢。其加工工艺路线为：下料→锻造→正火→机械加工→调质→盘部钻孔→磨削花键。

正火的目的是为改善锻造组织，细化晶粒，以利于切削加工，获得的硬度为 187～241 HBW。调质处理是为了使半轴得到好的综合力学性能，并获得回火索氏体与回火托氏体组织。

❖ **示例三**：内燃机曲轴。

曲轴是内燃机中形状复杂而又重要的零件之一，它通过连杆与内燃机气缸中的活塞连接在一起，其作用是在工作中将活塞连杆的往复运动变为旋转运动，驱动内燃机内其他运动机构。气缸中气体的爆发压力作用在活塞上，使曲轴承受冲击、扭转、剪切、拉压、弯曲等复杂交变应力，还可造成曲轴的扭转和弯曲振动，使之产生附加应力。因曲轴形状极不规则，所以应力分布很不均匀；另外，曲轴轴颈与轴承会发生滑动摩擦。因此，曲轴的主要失效形式是疲劳断裂和轴颈严重磨损。

根据曲轴的失效形式，要求制造曲轴的材料必须具有高的强度，一定的冲击韧性，足够的弯曲、扭转疲劳强度和刚度，轴颈表面还应有高的硬度和耐磨性。

实际生产中，按制造工艺把曲轴分为锻钢曲轴和铸造曲轴两种。锻钢曲轴主要由优质中碳钢和中碳合金钢制造，如 35 钢、40 钢、45 钢、35Mn2 钢、40Cr 钢、35CrMo 钢等。铸造曲轴主要由铸钢(如 ZG230-450)、球墨铸铁(如 QT600-3、QT700-2)、珠光体可锻铸铁(如 KTZ450-06、KTZ550-04)以及合金铸铁等材料制造而成。

内燃机曲轴的选材原则，主要根据内燃机的类型、功率大小、转速高低和相应轴承材料等条件而定，同时也需考虑加工条件、生产批量和热处理工艺及制造成本等。目前，高速大功率内燃机曲轴常用合金调质钢制造，中、小型内燃机曲轴常用球墨铸铁或 45 钢制造(见图 5-3-4)。

图 5-3-4　曲轴

某柴油机为单缸 4 冲程,气缸直径为 75 mm,转速为 2200~2600 r/min,功率为 4.4 kW。因功率不大, 故曲轴承受的弯曲、扭转、冲击等载荷也不大。由于在滑动轴承中工作, 故要求轴颈处有较高的硬度和耐磨性。一般性能要求是抗拉强度 $R_m \geqslant 750$ N/mm², 整体硬度在 240~260 HBW, 轴颈表面硬度 $\geqslant 625$ HV, 伸长率 $\delta \geqslant 2\%$, 锻造耐磨钢球冲击值 $A_k \geqslant 12$ J。

根据上述要求, 曲轴材料可选用 QT700-2 球墨铸铁, 其加工工艺过程如下: 铸造→高温正火→高温回火→切削加工→轴颈气体渗氮高温正火(950℃), 其目的是为了获得基体组织中珠光体的数量并细化珠光体, 提高强度、硬度和耐磨性。高温回火(560℃)是为了消除正火时产生的内应力。轴颈气体渗氮(渗氮温度 570℃)是在保证不改变组织及加工精度的前提下, 提高轴颈表面硬度和耐磨性, 也可采用对轴颈进行表面淬火来提高其耐磨性。还可对轴颈进行喷丸处理和滚压加工, 以提高疲劳强度。

二、齿轮类零件的选材

齿轮是现代工业应用最广的一种机械传动零件, 它们在汽车、机床、冶金、起重机械及矿山机械等产品中起着重要作用。与其他机械传动零件相比, 齿轮传动效率高, 使用寿命长, 结构紧凑, 工作可靠, 且可保证恒定不变的传动比; 其缺点是传动噪声较大, 对冲击比较敏感, 制造和安装精度要求高, 成本较高, 一般不用于中心距较大的传动。

1. 齿轮类零件的工作条件和失效形式

齿轮工作时, 通过齿面接触传递扭矩和调节速度, 在啮合齿表面既有滚动又有滑动, 因而在齿面会受到接触压应力及强烈的摩擦和磨损, 在齿根部则受到较大的交变弯曲应力的作用; 此外, 在启动、运动过程中的换挡、过载或啮合不良时, 齿轮会受到冲击载荷; 因加工、安装不当或齿轮轴变形等引起的齿面接触不良, 以及外来灰尘、金属屑末等硬质微粒的侵入, 都会产生附加载荷, 使工作条件恶化。所以, 齿轮的工作条件和载荷情况是相当复杂的。

齿轮的失效形式是多种多样的, 主要有轮齿折断(疲劳断裂、冲击过载断裂)、齿面损伤(齿面磨损、齿面疲劳剥落)、过量塑性变形等。

(1) 断齿。除因过载(主要是冲击载荷过大)产生断齿外, 大多数情况下的断齿是由于传递动力时, 在齿根部产生的弯曲疲劳应力造成的。

(2) 齿面磨损。由于齿面接触区的摩擦, 使齿厚变小、齿隙加大。

(3) 接触疲劳。在交变接触应力作用下, 齿面产生微裂纹, 逐渐剥落, 形成麻点。

2. 齿轮类零件的性能要求

为保证齿轮的正常工作, 要求齿轮材料经热处理后, 具有高的接触疲劳强度和抗弯强度、高的表面硬度和耐磨性、适当的内部强度和足够的韧性, 以及最小的淬火变形。同时, 具有良好的切削加工性能, 以保证所要求的精度和表面粗糙度值; 材质符合有关标准的规定, 价格适中, 材料来源广泛。

3. 齿轮的常用材料及热处理

齿轮用材绝大多数是钢(锻钢与铸钢), 某些开式传动的齿轮可用铸铁, 特殊情况下还可采用有色金属和工程塑料。

确定齿轮用材的主要依据是：齿轮的传动方式(开式或闭式)、载荷性质与大小(齿面接触应力和冲击负荷等)、传动速度(节圆线速度)、精度要求、淬透性及齿面硬化要求、齿轮副的材料及硬度值的匹配情况等。

1) 钢制齿轮

钢制齿轮有型材和锻件两种毛坯形式。一般锻造齿轮毛坯的纤维组织与轴线垂直，分布合理，故重要用途的齿轮都采用锻造毛坯。钢制齿轮按齿面硬度可分为硬齿面和软齿面：齿面硬度<350 HBW 为软齿面；齿面硬度≥350 HBW 为硬齿面。

(1) 对于轻载，低、中速，冲击力小，精度较低的一般齿轮，可选用中碳钢(如 Q255、Q275 和 40、45、50、50Mn 等)制造。常用正火或调质等热处理制成软齿面齿轮，正火硬度为 160~200 HBW，调质硬度一般为 200~280 HBW(≤350 HBW)。此类齿轮硬度适中，齿形加工可在热处理后进行，工艺简单，成本低，主要用于标准系列减速箱齿轮以及冶金机械、重型机械和机床中的一些次要齿轮。

(2) 对于中载、中速、受一定冲击载荷、运动较为平稳的齿轮，可选用中碳钢或合金调质钢(如 45Mn、50Mn、40Cr、42SiMn 等)制造。其最终热处理采用高频或中频及低温回火，制成硬齿面齿轮，齿面硬度可达 50~55 HRC，齿内部保持原正火或调质状态，这种齿轮具有较好的韧性。大多数机床齿轮属于这种类型。

(3) 对于重载，中、高速，且受较大冲击载荷的齿轮，可选用低碳合金渗碳钢或碳氮共渗钢(如 20Cr、20MnB、20CrMnTi、30CrMnTi 等)制造。其热处理是渗碳、淬火、低温回火，齿轮表面可获得 58~63 HRC 的高硬度。因淬透性高，故齿内部有较高的强度和韧性。这种齿轮的表面耐磨性、抗接触疲劳强度、抗弯强度及内部的抗冲击能力都高于表面淬火的齿轮，但热处理变形较大，在精度要求较高时应安排磨削加工，主要用于汽车变速箱和后桥中。

内燃机车、坦克、飞机上的变速齿轮，其负载和工作条件比汽车的更重要、更苛刻，对材料的性能要求更高，应选用含合金元素较多的渗碳钢(如 20Cr2Ni4、18Cr2Ni4WA)制造，以获得更高的强度和耐磨性。

2) 铸钢齿轮

某些尺寸较大(如直径大于 400 mm)、形状复杂并受一定冲击的齿轮，其毛坯用锻造难以加工时需要采用铸钢。常用碳素铸钢有 ZG270-500、ZG310-570、ZG340-640 等。载荷较大的可采用合金铸钢，如 ZG40Cr、ZG35CrMo、ZG42MnSi 等。

铸钢齿轮通常是在切削加工前进行正火或退火，以消除铸造内应力，改善组织和性能的不均，从而提高切削加工性。要求不高、转速较慢的铸钢齿轮，可在退火或正火处理后使用；对耐磨性要求较高的，可进行表面淬火(如火焰淬火)。

3) 铸铁齿轮

灰铸铁可用于制造开式传动齿轮，常用的牌号有 HT200、HT250、HT300 等。灰铸铁组织中的石墨能起到润滑作用，减摩性较好，不易胶合，切削加工性能好，成本低；

其缺点是抗弯强度差、性脆、耐冲击性差。因此，只适用于制造一些轻载、低速、不受冲击的齿轮。

由于球墨铸铁的强韧性较好，在闭式齿轮传动中，有用球墨铸铁(如 QT600-3、QT450-10、QT400-15 等)代替铸钢的趋势。

铸铁齿轮在铸造后一般进行去应力退火或正火、回火处理，硬度在 170～269 HBW 之间，为提高耐磨性，还可进行表面淬火。

4) 有色金属齿轮

对仪表齿轮或接触腐蚀介质的轻载齿轮，常用抗蚀、耐磨的有色金属型材制造。常见的有黄铜(如 H62)、铝青铜(如 QA19-4)、硅青铜(如 QSi3-1)、锡青铜(QSn6.5-0.1)等。硬铝和超硬铝(如 2A12、7A04)可制作轻质齿轮。另外，对于蜗轮蜗杆传动，由于传动比大、承载力大，常用锡青铜制作蜗轮(配合钢制蜗杆)，以减摩、减少胶合和黏着现象。

5) 工程塑料齿轮

在轻载、无润滑条件下工作的小型齿轮，可以选用工程塑料制造，常用的有尼龙、聚碳酸酯、夹布层压热固性树脂等。工程塑料具有质量轻、摩擦系数小、减振、工作噪声小等特点，适用于制造仪表或小型机械的无润滑、轻载齿轮。其缺点是强度低，工作温度较低，不宜用于制作承受较大载荷的齿轮。

6) 粉末冶金材料齿轮

这种齿轮一般适用于大批量生产的小齿轮，如汽车发动机的定时齿轮(材料 Fe-C0.9)、分电器齿轮(材料 Fe-C0.9-Cu2.0)、农用柴油机的凸轮轴齿轮(材料 Fe-Cu-C)、联合收割机中的油泵齿轮等。

4. 齿轮类零件的选材示例

1) 机床齿轮

机床齿轮属于运行平稳、负荷不大、工作条件较好的一类齿轮，一般选用碳钢制造，经高频感应热处理后的硬度、耐磨性、强度及韧性已能满足性能要求。

下面以 CM6132 机床中的齿轮为例进行分析，其所选用的材料为 45 钢。

热处理技术条件：正火，840～860℃空冷，硬度 160～217 HBW；高频感应加热喷水冷却，180～200℃低温回火，硬度 50～55 HRC。

加工工艺路线：锻造→正火→粗加工→调质＋半精加工→高频淬火及低温回火→精磨。

正火可使同批坯料具有相同硬度，便于切削加工，使组织均匀，消除锻造应力。对一般齿轮来说，正火也可以作为高频淬火前的预备热处理工序。

调质可使齿轮具有较高的综合力学性能，提高齿轮内部的强度、韧性，使齿轮能够承受较大的弯曲应力和冲击应力。

高频淬火及低温回火是赋予齿轮表面性能的关键工序，通过高频淬火可以提高齿轮表面的硬度和耐磨性，增强抗疲劳破坏能力；低温回火是为了消除淬火应力。

机床齿轮的选材是依据其工作条件(如圆周速度、载荷性质与大小、精度要求等)而定，表 5-3-4 列出了机床齿轮的选材及热处理工艺。

表 5-3-4 机床齿轮的选材及热处理工艺

序号	齿轮工作条件	钢种	热处理工艺	硬度要求
1	在低载荷下工作，要求耐磨性好的齿轮	15 钢	900～950℃渗碳，直接淬火，或 780～800℃水冷，180～200℃回火	58～63 HRC
2	低速(小于 0.1 m/s)、低载荷下工作的不重要的变速器齿轮和挂轮架齿轮	45 钢	840～860℃正火	156～217 HBW
3	中速、中载荷或大载荷下工作的齿轮(如车床变速箱中的次要齿轮)	45 钢	高频加热，水冷，300～340℃回火	45～50 HRC
4	高速、中等载荷，要求齿面硬度高的齿轮(如磨床砂轮箱齿轮)	45 钢	高频加热，水冷，180～200℃回火	54～60 HRC
5	速度不大、中等载荷、断面较大的齿轮(如铣床工作面变速器齿轮、立车齿轮)	45Cr 钢 42SiMn 钢 45MnB 钢	840～860℃油冷，600～650℃回火	200～230 HBW
6	中等速度(2～4 m/s)、中等载荷下工作的高速机床走刀箱或变速器齿轮	40Cr 钢 42SiMn 钢	调质后高频加热，乳化液冷却，260～300℃回火	50～55 HRC
7	高速、高载荷、齿部要求高硬度的齿轮	40Cr 钢 42SiMn	调质后高频加热，乳化液冷却，180～200℃回火	54～60 HRC
8	高速、中载荷、受冲击、模数小于 5 的齿轮(如机床变速器齿轮、龙门铣床的电动机齿轮)	20Cr 钢 20Mn2B 钢	900～950℃渗碳，直接淬火，或 800～820℃油淬，180～200℃回火	58～63 HRC
9	高速、重载荷、受冲击、模数大于 6 的齿轮(如立式车床上的重要齿轮)	20SiMnVB 钢 20CrMnTi 钢	900～950℃渗碳，降温至 820～850℃淬火，180～200℃回火	58～63 HRC
10	传动精度高，要求具有一定耐磨性的大齿轮	35CrMo 钢	850～870℃空冷，600～650℃回火(热处理后精切齿形)	255～302 HBW

2) 汽车齿轮

　　汽车齿轮主要安装在变速箱和差速器中。在变速箱中齿轮用于传递转矩和改变发动机、曲轴和主轴齿轮的传动速比。在差速器中齿轮用来增加扭转力矩并调节左右两车轮的转速，将动力传递到主动轮，推动汽车运行。这类齿轮受力较大，超载与受冲击频繁，工作条件远比机床齿轮恶劣。因此，对耐磨性、疲劳强度、内部强度和韧性等要求比机床齿轮高。如图 5-3-5 所示，下面以解放牌载重汽车(载重量为 8 t)变速箱中的变速齿轮为例进行分析。

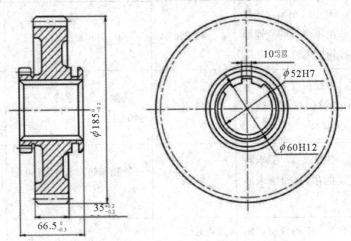

图 5-3-5　解放牌载重汽车变速齿轮简图

　　该齿轮工作中承受载荷较大，磨损严重，并且承受较大的冲击力。因此，要求齿面硬度和耐磨性高，内部具有较高的强度与韧性，即齿面硬度为 58～62 HRC，内部硬度为 33～48 HRC，内部强度 $R_m > 1000$ N/mm^2，内部韧性 $A_{ku} > 47$ J。

　　为满足上述要求，可选用合金渗碳钢 20CrMnTi，经渗碳、淬火和低温回火处理。其加工工艺路线为：下料→锻造(模锻)→正火→切削加工→渗碳→淬火及低温回火→喷丸→校正花键孔→精磨齿。正火，是为了均匀和细化组织，消除锻造应力，获得好的切削加工性能；渗碳后淬火及低温回火是使齿面具有高硬度和高耐磨性，内部具有足够的强度和韧性，渗碳层深 1.2～1.6 mm；喷丸处理可增大渗碳表层的压应力，提高疲劳强度，同时也可以清除氧化皮。

5.3.4　拓展知识

一、弹簧类零件的选材

　　弹簧是利用材料的弹性和弹簧的结构特点，在产生变形及恢复变形时，可以把机械能或动能转换成形变能，或者把形变能转换成动能或机械能。由于弹簧这种特性，可使其作为重要的基础零件(见图 5-3-6)，小至机械钟表发条、枪栓弹簧、生活用品(如测力器和弹簧秤中的弹簧)，大至各种汽车都离不开减振弹簧等，因此，弹簧的应用非常广泛。

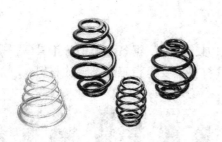

图 5-3-6　弹簧零件

1. 工作条件与失效形式

普通弹簧一般是在室温、大气条件下承受载荷，有些弹簧是在不同介质、不同温度下工作。在外力作用下，弹簧材料内部往往产生弯曲应力或扭转应力。板簧承受的最大应力是在根部或位于凹表面，而螺旋弹簧承受的最大切应力是在弹簧圈的内侧表面，所以，弹簧的失效形式往往在这些部位发生，其失效形式主要是疲劳断裂和应力松弛。

2. 性能要求

在力学性能方面，由于弹簧是在弹性范围内工作，不允许产生永久的塑性变形，因而要求弹簧材料有很高的弹性极限、屈服强度和抗拉强度；由于弹簧一般是在长时间、交变载荷下工作，因而要求弹簧有很高的疲劳寿命；有些弹簧是在较高工作温度下或在腐蚀环境中工作，则要求弹簧材料有良好的耐热性或耐腐蚀性。

对于要求淬火而截面尺寸较大的弹簧，要求钢材有适当的淬透性、较小的过热敏感性和表面脱碳倾向。在冷热成形时要求材料具有良好的卷制绕簧性能，以便提高弹簧的制造质量。

3. 选材及热处理

选材时，在对弹簧的功能、重要程度、使用条件、加工和热处理以及经济性等诸多因素进行综合考虑的同时，首先要以抗疲劳性能为主进行选择。制造弹簧用材料按其化学成分分类，有碳素弹簧钢和各种合金弹簧钢以及铁基、镍基、钴基、铜基等弹性合金。

下面以弹簧钢及其热处理为例进行简要分析。

1) 热轧弹簧钢

热轧弹簧钢大部分是圆钢和扁钢，用于制造尺寸较大的(弹簧直径 $d>8$ mm)热卷制螺旋弹簧和板簧。弹簧成形后必须经过淬火与回火处理，如用 60Si2Mn 钢制造汽车板簧的工艺路线为：扁钢剪制→机械加工(孔加工)→加热压弯→淬火→中温回火→喷丸强化。

热成形弹簧也可采用等温淬火获得下贝氏体或变形热处理，这对提高弹簧性能和使用寿命有明显的效果。

2) 冷轧弹簧钢

对于用冷轧钢板、钢带或冷拉钢丝制成的弹簧，由于冷塑性变形使材料强化，已达到弹簧所要求的性能，故弹簧成形后只需在 250℃左右范围内，保温 30 min 左右进行去应力处理，以消除冷成形弹簧的内应力，并使弹簧定形即可。

二、切削刀具类零件的选材

切削刀具泛指丝锥、板牙、钻头、车刀、铣刀、锯条、拉刀等工具(见图 5-3-7)，刀具一般由工作部分和夹持部分组成，刀具材料主要是指工作部分的材料。

图 5-3-7　丝锥、钻头

1. 工作条件及失效形式

在切削过程中，刀具材料在强烈的摩擦、高温、高压下工作，还要承受弯曲应力、扭转应力、冲击和振动等，由此造成的失效形式有：

(1) 磨损。刀具切削部位与工件被切削部位强烈的摩擦，使刀具前刀面、后刀面等发生磨损。

(2) 断裂。切削刀具在冲击力及振动作用下折断或崩刃。

(3) 刀具刃部软化。伴随切削过程的进行，由于刀具刃部温度不断升高，若刀具材料的热硬性低或高温性能不足，会使刃部硬度显著下降而丧失切削加工能力。

2. 性能要求

为避免(或减少)上述刀具的失效现象，刀具材料应具备以下基本性能：

(1) 有较高的硬度(一般在 60 HRC 以上)。

(2) 有较好的耐磨性。

(3) 有较高的热硬性。

(4) 有足够的强度和韧性。

(5) 有较好的工艺性能，如淬透性、焊接性及刃磨性等。

3. 典型刀具的选材及热处理

麻花钻和手用铰刀为典型的刀具，如图 5-3-8 所示。

(a) 麻花钻　　　　　　　　(b) 手用铰刀

图 5-3-8　典型刀具

1) 麻花钻

麻花钻是应用最广的钻孔工具，切削时钻头在封闭的内表面工作，由于钻头切削刃始终处于连续切削状态，且切削时排屑、冷却困难以及钻头与工件和钻屑之间的摩擦，都会产生大量的切削热，切削温度较高，因此，除要求较高的硬度(62～65 HRC)、耐磨性和一定韧性外，还要求具有较高的热硬性。另外，麻花钻形状复杂，钻心比较薄弱，要求热处理变形要小。

根据麻花钻的工作条件和性能要求，一般选用高速钢(如 W6Mo5Cr4V2、W18Cr4V 钢等)制造，其中 W6Mo5Cr4V2 钢不仅具有较高的硬度、耐磨性及高的热硬性，且韧性比 W18Cr4V 高，钻孔时不易脆断。其加工工艺路线如下：锻造→球化退火→加工成形→淬火→3 次高温回火→磨削→刃磨→检验。麻花钻毛坯采用锻造(或轧制)成形，通过压力加工可改善碳化物的分布，同时获得所需的尺寸和形状。球化退火是为了降低硬度、便于切削、消除内应力，并为最终热处理作好组织准备。由于高速钢的导热性很差，麻花钻在淬火加热的过程中要进行一次预热，为避免在此期间产生形变与裂纹，1270～1280℃的淬火和 550～570℃的 3 次回火是为了获得高的硬度、高的热硬性、高的耐磨性及一定的韧性，其最终组织为回火马氏体 + 碳化物 + 少量残留奥氏体。

2) 手用铰刀

手用铰刀是铰孔工具，主要用于降低钻削后孔的表面粗糙度值，以保证孔的形状和尺寸达到所需的加工精度。在加工过程中，手用铰刀刃口会受到较大的摩擦，它的主要失效形式是磨损和扭断，故手用铰刀对力学性能的主要要求是：刃口具有高的硬度和耐磨性以防止磨损，内部具有足够的强度与韧性以抵抗扭断，并应具有良好的尺寸稳定性。手用铰刀常用的材料为 CrWMn(微变形钢)。

手用铰刀应具有较高的含碳量，以保证淬火后获得高的硬度；少量的合金元素可提高钢的淬透性，并形成碳化物，提高钢的耐磨性。选用 CrWMn(微变形钢)淬火时变形量小，可保证手用铰刀的尺寸精度。其加工工艺路线如下：锻造→球化退火→加工成形→去应力退火→铣齿、铣方柄→淬火→低温回火→磨削→刃磨→检验。

三、箱体支承类零件的选材

箱体支承类零件是构成各种机械的骨架，它与有关零件连成整体，以保证各零件的正确位置和相互协调地运动。一般箱体类零件多为铸件，外部或内腔结构较复杂，常见的箱体支承类零件有机床上的主轴箱、变速箱、进给箱和溜板箱，内燃机的缸体、缸盖等。

1. 箱体支承类零件的工作条件、失效形式和对材料的性能要求

箱体支承类零件一般起支承、容纳、定位及密封等作用，这类零件外形尺寸大，板壁薄，通常受力不大，多承受压应力或交变拉压应力和冲击力，故要求有较高的刚度、强度和良好的减振性。另外，还应具有较高的尺寸和形状精度，这样才能起到定位准确、密封可靠的作用；还须具有较高的稳定性，以便箱体零件在长期使用过程中产生尽可能小的畸变，满足工作性能要求。

箱体支承类零件在使用中的主要失效形式有：① 变形失效，大多是由于箱体零件铸造或热处理工艺不当造成尺寸、形状精度达不到设计要求以及承载力不够而产生过量弹、

塑性变形；② 断裂失效，箱体零件的结构设计不合理或铸造工艺不当造成内应力过大而导致某些薄弱部位开裂；③ 磨损失效，主要是箱体零件中某些支承部位的硬度不够而造成耐磨性不足，工作部位磨损较快而影响了工作性能。

根据上述工作条件和失效形式，箱体支承类零件对材料的主要性能要求是：具有较高的硬度和抗压强度，具有较小的热处理变形量，同时还应具有良好的铸造工艺性能。

2. 箱体支承类零件的选材及热处理工艺

箱体支承类零件及热处理工艺的选择，主要根据其工作条件来确定。常用的箱体支承类零件材料有铸铁和铸钢两大类。

对于受力较大，要求强度、韧性高，甚至在高压、高温下工作的箱体支承类零件，如汽轮机机壳等，应选用铸钢。铸钢零件应进行完全退火或正火，以消除粗晶组织和铸造应力。受力较大，但形状简单、数量少的箱体支承类零件，可采用钢板焊接而成。对于受力不大，主要承受静载荷，不受冲击的箱体零件可选用灰铸铁，如 HT150、HT200。若在工作中与其他零件有相对运动，相互间有摩擦、磨损，则应选用珠光基体灰铸铁，如 HT250。铸铁零件一般应进行去应力退火，消除铸造内应力，减少变形，防止开裂。受力不大，要求自重轻或导热好的箱体零件，可选用铸造铝合金，如 ZAlSi5Cu1Mg(ZL105 铝合金)、ZAlCu5Mn(ZL201 铝合金)。受力小，要求自重轻、耐磨蚀，可选用工程塑料，如 ABS 塑料(丙烯腈-丁二烯-苯乙烯塑料)、有机玻璃和尼龙等。

四、工模具类零件的选材

工模具在切削加工工业中应用非常广泛，主要指各种刃具、模具和量具等。

1. 常用刃具的选材

1) 刃具的工作条件

刃具主要是指车刀、铣刀、钻头、锯条、丝锥、板牙等工具，其任务是切削。刃具在切削过程中，受到被切削材料的强烈挤压，刃部受到很大的弯曲应力，某些刃具(如钻头、铰刀)还会受到较大的扭转应力作用。刃部与切屑之间相对摩擦，产生高温，切削速度越大，温度越高，有时可达 500～600℃。一般冲击作用较小，但机用刃具往往会承受较大的冲击与振动。

2) 刃具的失效形式

刃具主要的失效形式是磨损、断裂、刃部软化。由于磨损增加了切削抗力，会降低切削零件表面质量；由于刃部形状变化，会使被加工零件的形状和尺寸精度降低；由于刃部温度升高，若刃具材料的红硬性低或高温性能不足，会使刃部硬度显著下降，丧失切削加工能力。

3) 刃具材料的性能要求

根据上述工作条件和失效形式，要求刃具有高的硬度(一般在 62 HRC 以上)和耐磨性，还要求有高的热硬性。为了承受切削力、冲击和振动，刃具材料必须有足够的强度、韧性和塑性，以免刃部在冲击、振动载荷作用下，突然发生折断或剥落。刃具材料还要求有高的淬透性，可采用较低的冷速淬火，以防止刃具变形和开裂。

4) 常用刀具材料

制造刃具的材料通常有碳素工具钢、低合金刃具钢、高速钢、硬质合金和陶瓷等。

碳素工具钢价格较低，但淬透性差。简单、低速的手用刃具，如手锯锯条、锉刀、木工用刨刀、凿子等对热硬性和强韧性要求不高，其主要的使用性能是高硬度和耐磨性，故可用碳素工具钢(如 T8、T10、T12 钢)制造。

低速切削、形状较复杂的刃具，如丝锥、板牙、拉刀等，可用低合金刃具钢 9SiCr、CrWMn 制造。因钢中加入了 Cr、W、Mn 等元素，使钢的淬透性和耐磨性大大提高，热硬性和韧性也有所改善，可在小于 300℃ 的温度下使用。

高速切削使用的刃具，可选用高速钢(W18Cr4V 钢、W6Mo5Cr4V2 钢等)制造。高速钢具有高硬度、高耐磨性、高热硬性、高强韧性和高淬透性等特点，因此，在刃具制造中广泛使用，用来制造车刀、铣刀、钻头和其他复杂、精密的刀具。高速钢的硬度为 62~68 HRC，切削温度可达 500~550℃，价格较贵。

硬质合金是由硬度、熔点很高的碳化物(TiC、WC)和金属用粉末冶金方法制成的，常用硬质合金的牌号有 YG6、YG8、YT6、YT15 等。硬质合金的硬度非常高，可达 89~94 HRA，且耐磨性、耐热性好，使用温度可达 1000℃。它的切削速度比高速钢高几倍。硬质合金制造刀具时比高速钢的工艺性差，一般制成形状简单的刀头，用钎焊的方法将刀头焊接在碳钢制造的刀杆或刀盘上，用于高速强力切削和难加工材料的切削。硬质合金的抗弯强度较低，冲击韧性较差，价格贵。

陶瓷因为硬度极高、耐磨性好、热硬性极高，可用来制造刃具。热压氮化硅(Si_3N_4)陶瓷的显微硬度为 5000 HV，耐热温度可达 1400℃。立方氮化硼的显微硬度可达 8000~9000 HV，允许的工作温度达 1400~1500℃。陶瓷刃具一般为正方形、等边三角形的形状，制成不重磨刀片，装夹在夹具中使用，用于各种淬火钢、冷硬铸铁等高硬度难加工材料的精加工和半精加工。另外，陶瓷刃具抗冲击能力较低，易崩刃。

下面以丝锥和板牙为例分析刃具的选材。

丝锥用于加工内螺纹，板牙用于加工外螺纹。它们的刃部要求硬度达到 59~64 HRC，为防止使用中扭断(指丝锥)或崩齿，心部和柄部应有足够的强度、韧性及较高硬度(40~45 HRC)。丝锥和板牙的失效形式主要是磨损和扭断。

丝锥和板牙分为手用和机用。手用丝锥和板牙的切削速度低，热硬性要求不高，可选用 T10A 钢、T12A 钢，并淬火、低温回火；机用丝锥和板牙的切削速度高，所以热硬性要求较高，常选用 9SiGr 钢、CrWMn 钢，并淬火、低温回火。

2. 常用模具的选材

模具按使用条件的不同可分为冷作模具、热作模具和塑料模具等。用于在冷态下变形或分离的模具称为冷作模具，如冷冲模、冷挤压模等；用来使热态金属或合金在压力下成形的模具称为热作模具，如热锻模、压铸模等。下面以冷作模具为例进行分析。

(1) 冷作模具的工作条件与失效形式。冷作模具通常在循环冲击力的作用下，承受复杂的应力作用，并具有强烈的摩擦。因此，它的主要失效形式是磨损、脆断。

(2) 冷作模具的主要性能要求。由上述工作条件和失效方式可知，冷作模具所要求的性能主要是高的硬度、良好的耐磨性以及足够的强度和韧性。一般薄钢板冲模要求的硬度为 58～60 HRC,厚钢板冲模要求的硬度为 56～58 HRC。

(3) 选材。冷作模具的选材应考虑冲压件的材料、形状、尺寸及生产批量等因素。一般尺寸较小、载荷较轻的模具可采用 T10A 钢、9SiCr 钢、9Mn2V 钢等制造;尺寸较大、重载的或性能要求较高、热处理变形要求小的模具,可采用 Cr12 钢、Cr12MoV 钢等制造。冷作模具材料最终热处理一般为淬火和回火,回火后的组织为回火马氏体,硬度可达到 60～62 HRC。

3. 常用量具的选材

量具指的是各种测量工具,它工作时主要受摩擦、磨损的作用,承受外力很小,因而,其工作部分要有高的硬度(62～65 HRC)、耐磨性和良好的尺寸稳定性,并要求有好的加工工艺性。

精度较低、尺寸较小、形状简单的量具,如样板、塞规等,可采用 T10A 钢、T12A 钢制作,经淬火、低温回火后使用;或用 50 钢、60 钢、65Mn 钢制作,经高频感应淬火后使用;也可用 15 钢、20 钢制作,经渗碳、淬火、低温回火后使用。

精度高、形状复杂的精密量具,如块规等,常用热处理变形小的钢制造,如 CrMn 钢、CrWMn 钢、GCr15 钢等,经淬火、低温回火后使用。要求耐蚀的量具可用不锈钢 3Cr13 等制造。

下面以块规为例进行分析。块规是机械制造工业中的标准量块,常用来测量及标定线性尺寸,因此,要求块规硬度达到 62～65 HRC,淬火不直度≤0.05 mm,并且要求块规在长期使用中能够保证尺寸不发生变化。

根据上述分析,选用 CrWMn 钢制造是比较合适的。其加工工艺路线如下:锻造→球化退火→机加工→粗磨→淬火→冷处理→低温回火→时效处理→精磨→低温回火→研磨球化退火。钢球化退火的主要目的是降低硬度,改善切削性能并为淬火作组织准备。冷处理和时效处理的目的是为了保证块规具有高的硬度(62～66 HRC)和尺寸的长期稳定性。冷处理后的低温回火是为了减小内应力,并使冷处理后的过高硬度(66 HRC 左右)降至所要求的硬度。时效处理后的低温回火是为了削除磨削应力,使量具的残余应力保持在最低程度。

五、常用机械的选材

常用机械如汽车、机床、仪器仪表、热能设备、化工设备等,这些机械的用材以金属材料为主,塑料、橡胶、陶瓷等非金属材料也占有相当大的比例。随着科技的进步,大量新技术、新结构、新材料被采用,开发了大量适应市场需要的机械产品,实现了产品的更新换代。

下面介绍汽车发动机、机床等机械主要零件的用材情况,供设计选材时参考。

1. 汽车发动机

汽车发动机提供动力,主要由缸体、缸盖、活塞、连杆、曲轴等系统组成。缸体是发动机的骨架和外壳,在缸体内外安装着发动机主要的零部件。缸体在工作时,承受气压力的拉伸和气压力与惯性力联合作用下的倾覆力矩的扭转和弯曲,以及螺栓预紧力的综合作用。因此,缸体材料应有足够的强度和刚度、良好的铸造性和切削性,价格低廉。常用的缸体材料有灰铸铁和铝合金 2 种。铝合金的密度小,但刚度差、强度低及价格贵,除了某些发动机为减轻质量而采用外,一般均用灰铸铁 HT200。

缸盖主要用来封闭气缸构成燃烧室,它承受高温、高压、机械负荷、热负荷的作用,所以,缸盖常用导热性好、高温机械强度高、能承受反复热应力、铸造性能良好的材料来制造。目前,使用的材料有两种:一种是灰铸铁或合金铸铁;另一种是铝合金。铸铁缸盖具有高温强度高、铸造性能好、价格低等优点,但其热导性差、质量大。铝合金缸盖的主要优点是导热性好、质量轻,但其高温强度低,使用中容易变形,成本较高。

中国汽车工业在铝和铝镁合金的应用方面已接近世界先进水平,解决了铝焊接工艺难题。发动机缸体、缸盖等已成功地应用蠕墨铸铁,与钢制零部件相比,可使质量下降 15%~20%。

活塞用材要求热强度高、导热性好、吸热性差、膨胀系数小、密度小,减摩性、耐磨性、耐蚀性和工艺性好等,常用的材料是铝硅合金。连杆一般用 45 钢、40Cr 钢或 40MnB 合金钢,合金钢虽具有很高的强度,但对应力集中很敏感。目前,非调质钢已成功用于大批量生产的汽车连杆等零件上,提高了国产钢材使用率,同时也降低了生产成本。曲轴一般用球墨铸铁 QT600-2,也可用锻钢件。

2. 机床

常用的机床零部件有机座、轴承、导轨、轴类、齿轮、弹簧、紧固件、刀具等,它们在工作时将承受拉伸、压缩、弯曲、剪切、冲击、摩擦、振动等力的作用,或几种力的同时作用。因此,机床用材应具有良好的热加工性能及切削加工性能。常用的机床材料有各种结构钢、轴承钢、工具钢、铸铁、有色金属、橡胶和工程塑料等。

随着对产品外观装饰效果的日益重视,(马氏体)1Cr13、1Cr18Ni10、1Cr18Ni9Ti 等不锈钢,H62、H68 等黄铜的使用也日趋增多。非金属材料,尤其是工程塑料和复合材料,机械性能大幅度提高,颜色鲜艳、不锈蚀、成本低,已经大量应用于机床行业中。

六、材料的代用与节材

在机械设计中要考虑材料的代用与节约用材,尽量用国产钢材取代进口钢材,这不仅可以有效地利用国内资源,还可以大大降低成本。例如,在材料工艺、装备综合创新的基础上,非调质钢已成功用于大批量生产的汽车齿轮、连杆、前轴等零件上,提高了国产钢材的使用率,同时也降低了生产成本。表 5-3-5 列出了几种常见代用钢。

表 5-3-5　常见代用钢

原钢种	代用钢种	原钢种	代用钢种
10 钢	08D 钢、Q235 钢	60Si2Mn 钢	65Mn 钢
15 钢	10 钢、20 钢、Q235 钢	9SiCr 钢	9Mn2V 钢
35 钢	Q275 钢	CrWMn 钢	9Mn2V 钢
20Cr 钢	20Mn2 钢、20Mn2B 钢	Cr12MoV 钢	Cr4W2MoV 钢
20CrMnTi 钢	20Mn2Ti 钢、20MnVB 钢、20SiMnVB 钢	W18Cr4V 钢	W6Mo5Cr4V2 钢
40Cr 钢	45Mn2 钢、45MnB 钢、40MnB 钢、42SiMn 钢、35SiMn 钢	5CrNiMo 钢	5CrMnMo 钢

用工程塑料取代金属，可减少钢材的使用，节约矿产资源，如用塑料制造汽车配件，可以直接获得汽车轻量化的效果，还可以改善汽车的某些性能，如防腐、防锈蚀、减振、抑制噪声、耐磨等。再如，用塑料轴承代替金属轴承，可以完成金属轴承不能完成的任务。

通常在机械设计中，材料的许用应力根据 $\sigma_{r0.2}$(规定残余延伸率为 0.2%时的应力)来确定，因此对于承受静载的零件，使用球墨铸铁比铸钢还节省材料，质量更轻。在实际应用中，大多数承受动载的零件是带孔和台肩的，因此完全可以用球墨铸铁代替钢制造某些重要零件，如曲轴、连杆、凸轮轴等。

另外，采用精铸、精锻、套裁、机械零件表面处理，均可节约材料。

5.3.4　练习题

一、简答题

1. 根据实际分析轴类零件的工作条件。
2. 试说明轴类零件选材的步骤和原则。

二、思考题

1. 有一轴类零件，工作中主要承受交变弯曲应力和交变扭转应力，同时还受到振动和冲击，轴颈部分还受到摩擦磨损。该轴直径为 30 mm，选用 45 钢制造。试拟定该零件的加工工艺路线，并说明每项热处理工艺的作用。

2. 已知有如下材料：ZG45、B3、Q235-A.F、42CrMo、60Si2Mn、T8、W18Cr4V、HT200、20CrMnTi，请从上述材料中选择合适的材料用于以下零件，并简述加工工艺路线。

(1) 机车动力传动齿轮(高速、重载、大冲击)；

(2) 大功率柴油机曲轴(大截面、传动大扭矩、大冲击、轴颈处要耐磨)；

(3) 机床床身。

项目六 认识常用的非金属材料

(1) 了解陶瓷、塑料、橡胶和玻璃的性能及用途。

(2) 掌握陶瓷、塑料、橡胶和玻璃的分类。

(3) 学会识别生活中常见的陶瓷、塑料、橡胶和玻璃。

(4) 培养学生热爱生活、体验生活的情操。

任务6.1 认识陶瓷

6.1.1 学习目标

(1) 掌握陶瓷的分类。

(2) 了解陶瓷的性能及用途。

(3) 学会识别生活中常见的陶瓷。

6.1.2 任务描述

陶瓷在生活中广泛使用,种类繁多,小到酒杯、茶具,大到兵马俑,各种不同的陶瓷器,有的追求实用价值,有的追求艺术价值,都展现出中国的文明史。

图 6-1-1 所示为形形色色的陶瓷器。依据你现有的生活常识,你认识哪些陶瓷器?说说它们的名称。试回答问题:

图 6-1-1 种类繁多的陶瓷器

(1) 陶瓷可分为哪些类型？

(2) 各种类型的陶瓷有哪些性能？

6.1.3　必备知识

一、陶瓷的发展

从中国陶瓷发展史来看，一般把"陶瓷"这个名词一分为二，即分为陶和瓷两大类。

随着人类文明的进步和发展，人们对陶瓷的发展过程也了解得越来越深入、越来越清晰。陶瓷史作为中华民族文化的重要组成部分，其历史悠久。远在新石器时代早期，我们国家的先民就已经开始制作陶器，随着社会的发展，制陶技术也不断发展。在考古发掘的十几个新石器时代晚期文化遗址中，出土的陶瓷较多，主要是灰陶器、黑陶器、彩陶等，在当时社会生产力水平相对较低的情况下，物质文明的发展水平不是很高，所以当时的陶瓷粗糙不平。

在夏商时期，陶器相对之前的新石器时代并没有非常大的创新和改变，本质上还是与新石器时期基本相同。到了周朝，陶器开始发生转变，这一时期陶器逐渐用于建筑领域，比如陶瓦、简易瓦和瓦钉。到了汉代，釉陶逐渐成为人们日常生活中的主要陶瓷品种。大部分人选择生活用品时，釉陶是首选，正是在这个时期，陶瓷用品开始得到广泛的应用。隋唐时期，社会经济繁荣，文化发展更是百花齐放，当时陶器的发展速度逐渐加快，这一时期中国古代著名的陶瓷品种唐三彩应运而生，唐三彩在陶器上取得了质的飞跃。

宋代是我国瓷器发展最辉煌的时期，期间有很多珍贵的瓷器和著名的瓷窑，瓷窑数量的不断增加意味着瓷器的发展不断变化。明清时期，"南青北白"是当时非常著名的称号，青瓷成为陶瓷发展的主要品种。

明代永乐、宣德之后，彩瓷盛行，除了彩料和彩绘技术方面的原因之外，更主要地应归功于白瓷质量的提高。明代釉上彩常见的颜色有红、黄、绿、蓝、黑、紫等。

清朝初年的康熙、雍正、乾隆三代，瓷器的成就也非常卓越，清初的瓷器制作技术高超，装饰精细华美，成就不凡。清代陶瓷，除以景德镇的官窑为中心外，各地民窑都极为昌盛兴隆，并得到很大的成就，尤其西风渐进，陶瓷外销，西洋原料及技术的传入，受到外来影响，使陶瓷业更为丰富而多彩多姿，也由于量产及仿制成风，画院追求工细纤巧，虽有惊人之作，但少创意而流于匠气。

目前，我国是世界陶瓷制造中心和陶瓷生产大国，年产量和出口量居世界首位，陶瓷制品也是我国出口创汇的主要产品之一，日用陶瓷占全球 70%，陈设艺术瓷占全球 65%。在我国，陶瓷的主要产区为景德镇、高安、丰城、萍乡、佛山、潮州、德化、醴陵、淄博等地。传统的陶瓷材料有黏土、氧化铝、高岭土等。新型陶瓷则是采用人工合成的高纯度无机化合物为原料，在严格控制的条件下经成形、烧结和其他处理而制成具有微细结晶组织的无机材料。在市场需求方面，欧洲、中东、北美和亚洲是主要的陶瓷需求区域。我国的陶瓷出口市场主要集中在美国、日本、韩国、欧盟等。2020 年，我国陶瓷制品产值近 11 000 亿元。

二、陶瓷的分类

陶瓷是陶器和瓷器的总称。陶与瓷的区别在于原料土和烧制温度的不同。在制陶的温度基础上再添火加温，陶就变成了瓷，陶和瓷的区别如图 6-1-2 所示。陶器的烧制温度在 900～1200℃，瓷器则是用高岭土在 1300～1400℃的温度下烧制而成。陶瓷制品的品种繁多，它们之间的化学成分、矿物组成、物理性质以及制造方法常常相似，无明显的界限，而在应用上却有很大的区别。因此很难硬性地归纳为几个系统，详细的分类法各家说法不一，国际上还没有一个统一的分类方法，常用的有如下两种从不同角度出发的分类法。

(a) 陶　　　　　　　　　　　　　　　　　　(b) 瓷

图 6-1-2　陶和瓷

1. 按用途分

(1) 日用陶瓷：如餐具、茶具、缸、坛、盆、罐、盘、碟、碗等(见图 6-1-3)。

图 6-1-3　日用陶瓷制品

(2) 艺术(工艺)陶瓷：如花瓶、雕塑品、园林陶瓷、器皿、相框、壁画、陈设品等。

(3) 工业陶瓷：指应用于各种工业的陶瓷制品。又分以下 4 个方面。

① 建筑、卫生陶瓷：如砖瓦、面砖、外墙砖、卫生洁具等。

② 化工(化学)陶瓷：用于各种化学工业的耐酸容器、管道塔、泵、阀以及搪瓷反应锅的耐酸砖等。

③ 电瓷：用于电力工业高低压输电线路上的绝缘子，如电机用套管、支柱绝缘子，

低压电器和照明用绝缘子，以及电信用绝缘子、无线电用绝缘子等。

④ 特种陶瓷：用于各种现代工业和尖端科学技术的特种陶瓷制品，有高铝氧质瓷、镁石质瓷、钛镁石质瓷、锆英石质瓷、锂质瓷，以及磁性瓷、金属陶瓷等。

2. 按材料分

粗陶、细陶、炻器、半瓷器，及至瓷器，原料是从粗到精，坯体是从粗松多孔逐步到达致密、烧结、烧成温度也是逐渐从低趋高。

粗陶是最原始最低级的陶瓷器，一般以一种易熔黏土制造。在某些情况下也可以在黏土中加入熟料或砂与之混合，以减少收缩。这些制品的烧成温度变动很大，要依据黏土的化学组成所含杂质的性质与多少而定。以之制造砖瓦，如气孔率过高，则坯体的抗冻性能不好，过低则不易挂住砂浆，所以吸水率一般要保持在 5%～15% 之间。烧成后坯体的颜色，取决于黏土中着色氧化物的含量和烧成气氛，在氧化焰中烧成多呈黄色或红色，在还原焰中烧成则多呈青色或黑色。

中国建筑材料中的青砖，即是用含有 Fe_2O_3 的黄色或红色黏土为原料，在临近止火时用还原焰煅烧，使 Fe_2O_3 还原为 FeO 成青色，陶器可分为普通陶器和精陶器两类。普通陶器即指土陶盆、罐、缸、瓮，以及耐火砖等具有多孔性着色坯体的制品。精陶器坯体吸水率仍有 4%～12%，因此有渗透性，没有半透明性，一般为白色，也有有色的。釉多采用含铅和硼的易熔釉，与炻器（“石胎瓷”）比较，因熔剂含量较少，烧成温度不超过 1300℃，所以坯体内未充分烧结；与瓷器比较，对原料的要求较低，坯料的可塑性较大，烧成温度较低，不易变形，因而可以简化制品的成形、装钵和其他工序。但精陶的机械强度和冲击强度比瓷器、炻器要小，同时它的釉比上述制品的釉要软，当它的釉层损坏时，多孔的坯体即容易沾污而影响卫生。

炻器在中国古籍上称“石胎瓷”，坯体致密，已完全烧结，这一点已很接近瓷器。但它还没有玻化，仍有 2% 以下的吸水率，坯体不透明，有白色的，而多数允许在烧后呈现颜色，所以对原料纯度的要求不及瓷器那样高，原料取给容易。炻器具有很高的强度和良好的热稳定性，很适应于现代机械化洗涤，并能顺利地通过从冰箱到烤炉的温度急变。

精陶按坯体组成的不同，又可分为黏土质、石灰质、长石质和熟料质等 4 种。黏土质精陶接近普通陶器。石灰质精陶以石灰石为熔剂，其制造过程与长石质精陶相似，而质量不及长石质精陶，已很少生产。长石质精陶又称硬质精陶，以长石为熔剂，是陶器中最完美和使用最广的一种，很多国家用以大量生产日用餐具（杯、碟、盘等）及卫生陶器以代替价昂的瓷器。热料精陶是在精陶坯料中加入一定量熟料，目的是减少收缩，避免废品，这种坯料多应用于大型和厚胎制品（如浴盆、大的盥洗盆等）。

半瓷器的坯料接近于瓷器坯料，但烧后仍有 3%～5% 的吸水率（真瓷器吸水率在 0.5% 以下），所以其使用性能不及瓷器，比精陶则要好些。

软质瓷的熔剂较多，烧成温度较低，因此机械强度不及硬质瓷，热稳定性也较低，但其透明度高，富于装饰性，所以多用于制造艺术陈设瓷。至于熔块瓷与骨灰瓷，它们的烧成温度与软质瓷相近，其优缺点也与软质瓷相似，应同属软质瓷的范围。这两类瓷器由于生产中的难度较大（坯体的可塑性和干燥强度都很差，烧成时变形严重），成本较高,生产并不普遍。英国是骨灰瓷(骨灰瓷是以骨灰为主要熔剂制成的瓷器,坯料由骨粉、高岭土、瓷石、长石、石英等组成)的著名产地,中国唐山也有骨灰瓷生产。

特种陶瓷是随着现代电器、无线电、航空、原子能、冶金、机械、化学等工业以及电子计算机、空间技术、新能源开发等尖端科学技术的飞跃发展而发展起来的。这些陶瓷所用的主要原料不再是黏土、长石、石英,有的坯休也使用一些黏土或长石,然而更多的是采用纯粹的氧化物和具有特殊性能的原料,制造工艺与性能要求也各不相同。

三、陶瓷的特性

与瓷相比,陶的质地相对松散,颗粒也较粗,烧制温度一般在900~1200℃之间,温度较低,烧成后色泽自然成趣,古朴大方,成为许多艺术家所喜爱的造型表现材料之一。陶的种类很多,常见的有黑陶、白陶、红陶、灰陶和黄陶等,红陶、灰陶和黑陶等采用含铁量较高的陶土为原料,铁质陶土在氧化气氛下呈红色,还原气氛下呈灰色或黑色。

与陶相比,瓷的质地坚硬、细密、耐高温、釉色丰富,烧制温度一般在1300~1400℃,常有人形容瓷器"声如磬、明如镜、颜如玉、薄如纸",瓷给人的感觉多是高贵华丽,与陶的那种朴实正好相反。所以在很多艺术家创作陶瓷艺术品时会着重突出陶或瓷的质感所带给欣赏者截然不同的感官享受,因此,创作前对两种不同材料的特征的分析与比较是十分必要的。

6.1.4 拓展知识

一、日用瓷

瓷器是陶瓷器发展的更高阶段。它的特征是坯体已完全烧结,完全玻化,因此很致密,对液体和气体都无渗透性,胎薄处呈半透明,断面呈贝壳状,以舌头去舔,感到光滑而不被粘住。硬质瓷具有陶瓷器中最好的性能,用以制造高级日用器皿、电瓷、化学瓷等。日用陶瓷餐饮器具以其易清洗,耐酸碱,便于高温消毒及蒸、煮、烧、烤食品等许多优点为广大消费者所喜爱。造型美观、装饰漂亮的高档陶瓷器皿不仅具有实用性,更具艺术观赏性,是日常生活的必需品。

1. 日用陶瓷分类

1) 按瓷种分

目前市场上流通的主要有普通日用瓷器、骨灰瓷器、玲珑日用瓷器、釉下(中)彩日用瓷器、日用精陶器、普通陶瓷和精细陶瓷烹调器等。除骨灰瓷外,其余产品又按外观缺陷的多少或幅度的大小分为优等品、一等品、合格品等不同等级。

2) 按花面装饰方式分

按花面特色可分为釉上彩陶瓷、釉中彩陶瓷、釉下彩陶瓷和色釉瓷及一些未加彩的白瓷等。

(1) 釉上彩陶瓷。釉上彩陶瓷就是用釉上陶瓷颜料制成的花纸贴在釉面上或直接以颜料绘于产品表面,再经700~850℃烤烧而成的产品。因烤烧温度没有达到釉层的熔融温度，所以花面不能沉入釉中，只能紧贴于釉层表面。如果用手触摸，制品表面有凹凸感，肉眼观察高低不平。

(2) 釉中彩陶瓷。釉中彩陶瓷彩烧温度比釉上彩高，达到了制品釉料的熔融温度，陶瓷颜料在釉料熔融时沉入釉中，冷却后被釉层覆盖。用手触摸制品表面，平滑如玻璃，无明显的凹凸感。

(3) 釉下彩陶瓷。釉下彩陶瓷是中国一种传统的装饰方法，制品的全部彩饰都在瓷坯上进行，经施釉后高温一次烧成，这种制品和釉中彩一样，花面被釉层覆盖，表面光亮、平整，无高低不平的感觉。

(4) 色釉瓷。色釉瓷则在陶瓷釉料中加入一种高温色剂，使烧成后的制品釉面呈现出某种特定的颜色，如黄色、蓝色、豆青色等。

(5) 白瓷。通常指未经任何彩饰的陶瓷，这种制品在市场上的销量一般不大。

以上不同的装饰方式，除显示其艺术效果外，主要区别在于铅、镉等重金属元素含量上。其中釉中彩、釉下彩、绝大部分的色釉瓷和白瓷的铅、镉含量是很低的，而釉上彩如果在陶瓷花纸加工时使用了劣质颜料，或在花面设计上对含铅、镉高的颜料用量过大，或烤烧时温度、通风条件不够，则很容易引起铅、镉溶出量的超标。有的白瓷，主要是未加彩的骨灰瓷，由于采用含铅的熔块釉，如果烧成时不严格按骨灰瓷的工艺条件控制，铅溶出量超标的可能性也很大。

铅、镉溶出量是一项关系人体健康的安全卫生指标，人体血液中的铅、镉含量应越少越好。人们如长期食用铅、镉含量过高的产品盛装的食物，就会造成铅在血液中的沉积，导致大脑中枢神经、肾脏等器官的损伤，尤其对少年儿童的智力发育会产生严重的影响。

2. 日用陶瓷选购注意事项

1) 外观质量

消费者首先可查看产品包装箱或箱内文件所标明的产品名称和等级；其次可通过肉眼观察产品的实际质量，选购时应尽量选择表面无明显缺陷、器型规整的产品。盘、碗类产品，可将规格大小一样的产品叠放在一起，观察其相互间的距离，距离不匀，说明器型不规整，变形大。对单个产品，可将其平放或反扣在玻璃板上，看是否与玻璃板吻合，以判断其变形大小。对瓷质产品，可托在手上，用手指轻敲口沿，若发出沙哑声，说明有裂纹存在。

釉中彩、釉下彩陶瓷的表面看起来很平滑，有玻璃光泽，用手摸无明显凹凸感，光滑如玻璃。釉上彩陶瓷由于颜料在釉层表面，用手摸时凹凸感明显，肉眼观察制品表面高低不平。

2) 使用功能

选购微波炉用瓷具，应避免有金属装饰的产品，如带有金边、银边或用金花纸、金属丝镶嵌图案的产品。用洗碗机洗涤的产品宜选用边缘较厚带圆弧状加强边的产品，因为这类产品在洗涤过程中不易损坏。

3. 陶瓷饮食器具的铅含量

日用陶瓷饮食器具多具有花面装饰，且大多以釉彩装饰，主要有釉上彩、釉中彩、釉下彩等装饰方式(见图 6-1-4)。

(a) 釉上彩 (b) 釉中彩 (c) 釉下彩

图 6-1-4 日用陶瓷器

釉中彩、釉下彩陶瓷的铅、镉溶出量极少或几乎没有，可放心选购。而釉上彩产品则应按使用目的不同，为降低铅含量影响，选购时需注意：

(1) 对于盛装食物的用具，应注意与食物相接触面的装饰。

(2) 用于盛装酸性食物的器皿，应尽量选用表面装饰图案较少的产品。

(3) 选购时还应注意图案颜色是否光亮，若不光亮，可能是烤花时温度未达到要求，此类产品的铅、镉溶出量往往较高。

(4) 特别注意那些用手即可擦去图案的产品，这种产品铅、镉溶出量极高。

对不放心的产品，可用食醋浸泡几小时，若发现颜色有明显变化应弃之不用。

二、骨灰瓷

骨灰瓷是以骨灰为主要熔剂制成的瓷器(见图 6-1-5)，坯料由骨粉、高岭土、瓷石、长石、石英等组成，白度高，半透明性良好，是高级日用瓷及装饰用瓷。

图 6-1-5 骨灰瓷

骨灰瓷瓷质较脆，热稳定性差且烧成范围窄而不易控制，一般采用两次烧成，素烧时温度为 1220~1280℃，釉烧时温度为 1250℃左右。

英国以生产骨灰瓷著称，其瓷质特点为白里略带黄色，釉面光滑，针孔少。日本骨灰瓷的瓷质也特别好。中国目前尚未大量生产骨灰瓷，只在唐山、淄博等地的少数厂家进行小批量生产。

骨灰瓷烧成后坯体主要由钙长石、磷酸钙和玻璃相所构成，其成瓷的物理学原理可以"磷酸钙－氧化硅－钙长石"三元系统相图为依据。

三、陶瓷的纹饰

在中国古代，经过近千年的陶瓷文化及工艺的发展，陶瓷器物发展了很多不约而同的纹理与纹饰。

1. 和合如意图

和合如意纹饰如图 6-1-6(a)所示，流行于清代。如意，为僧具之一，讲经时多用之。

2. 金玉满堂图

金玉满堂瓷器纹饰如图 6-1-6(b)所示，流行于清代，因鱼与玉音近，故清代瓷器以绘金鱼来比喻金玉满堂，金玉满堂是形容财富极多。

3. 独占鳌头图

独占鳌头瓷器纹饰如图 6-1-6(c)所示。鳌鱼，指传说中的海大龟(鳖)。一说形似龙，好吞火，故立屋脊；亦名蛮蛤，好风雨，背负蓬莱之山于海中。唐、宋时期皇帝殿前陛阶上镌有巨鳌，翰林学士、承旨等官朝见皇帝时，立于陛阶正中，故称入翰林院为上鳌头。

(a) 和合如意图　　　　　　(b) 金玉满堂图　　　　　(c) 独占鳌头图

图 6-1-6　陶瓷的纹饰一

4. 海水纹图

海水纹瓷器纹饰如图 6-1-7(a)所示，流行于宋代。海水布局为圆圈形式，多为 8~10 圈，中心为海螺纹或饰一朵花。各窑均有，而风格不同。

5. 梧桐图

梧桐图是清代瓷器纹样之一，如图 6-1-7(b)所示。据说系瓷制艺人根据唐人王勃《滕王阁》的诗意，将"江西八景"中章江门和滕王阁组合为景逐渐演变而来，又以"梧桐引得凤凰来"的佳句，称此图为"梧桐"。画面景、物、人皆备，宛如一幅江南渔、樵、耕、读山水风俗画，边缘饰织锦图案，辅以串珠装饰，中间饰象征吉祥的"八宝"纹样。

6. 婴戏图

婴戏图即描绘儿童游戏时的画作，又称"戏婴图"，是中国人物画的一种，如图 6-1-7(c)所示。因为以小孩为主要绘画对象，以表现童真为主要目的，所以画面丰富，形态有趣。始见于唐代长沙窑，用褐彩绘一肩负莲杖、手挽飘带的胖娃，外罩青釉。宋金时期，耀州窑、定窑、介休窑、景德镇窑、磁州窑等均有婴戏纹产品。装饰方法为刻画、印花、绘画等。图案有童子戏花、双婴划船、骑竹马、抽陀螺、钓鱼、玩鸟、蹴鞠、赶鸭、放鹌鹑、攀树折花等，笔画简练流畅，构图生动活泼。婴戏图明清时很流行。

(a) 海水纹图　　　　　(b) 梧桐图　　　　　(c) 婴戏图

图 6-1-7　陶瓷的纹饰二

6.1.5　练习题

一、选择题(不定项)

1. 陶瓷材料有(　　)。

A. 黏土　　　　　　　　　　　B. 氧化铝

C. 高岭土　　　　　　　　　　D. 黄土

2. 日用陶瓷包括(　　)。

A. 餐具　　　　　　　　　　　B. 缸

C. 坛盆　　　　　　　　　　　D. 盘碟

3. 工业陶瓷包括(　　)。

A. 外墙砖　　　　　　　　　　B. 卫生洁具

C. 地板砖　　　　　　　　　　D. 金属陶瓷

4. 陶瓷按材料分类有(　　)。

A. 粗陶　　　　　　　　　　　B. 细陶

C. 炻器　　　　　　　　　　　D. 半瓷器

二、填空题

1. 陶器和瓷器统称为 _____ 。

2. 陶器烧制的温度为 _____℃，瓷器烧制的温度为 _____℃。

三、简答题

1. 根据所学知识，试谈谈陶器选购注意事项。

2. 随着现代科技的发展，陶瓷受到哪些影响？

任务 6.2　认识塑料

6.2.1　学习目标

(1) 掌握塑料的分类。

(2) 了解塑料的性能及用途。

(3) 学会识别生活中常见的塑料制品。

6.2.2　任务描述

随着科学技术的发展，塑料制品在生活中的应用日益广泛，但是塑料制品给生活带来方便的同时，废弃塑料带来的"白色污染"也越来越严重。通过学习了解塑料的组成及分类，不仅能帮助我们科学地使用塑料制品，也有利于塑料的分类回收，并能为有效控制和减少"白色污染"尽一份环保责任。

图 6-2-1 所示为常见的塑料制品。依据你现有的生活常识，试回答问题：

(1) 生活中你见过哪些塑料制品？它们有哪些特点？

(2) 如何识别生活中的塑料制品？

图 6-2-1　日用塑料制品

6.2.3　必备知识

一、塑料的发展及应用

1. 塑料的发展

从第一个塑料产品赛璐珞诞生算起，塑料工业迄今已有 120 年的历史。其发展历史可分为三个阶段。

1) 天然高分子加工阶段

这个时期以天然高分子，主要是纤维素的改性和加工为特征。1869 年，美国人 J. W. 海厄特发现在硝酸纤维素中加入樟脑和少量酒精可制成一种可塑性物质，热压下可成形为塑料制品，命名为赛璐珞。1872 年在美国纽瓦克建厂生产。当时除用作象牙代用品外，还加工成马车和汽车的风挡和电影胶片等，从此开创了塑料工业，相应地区也发展了模压成形技术。1903 年，德国人 A. 艾兴格林发明了不易燃烧的醋酸纤维素和注射成形方法。1905 年德国拜耳股份公司进行工业生产。另外，一些化学家在实验室里合成了多种聚合物，如线型酚醛树脂、聚甲基丙烯酸甲酯、聚氯乙烯等，为后来塑料工业的发展奠定了基础。

2) 合成树脂阶段

这个时期是以合成树脂为基础原料生产塑料为特征。1909 年美国人 L. H. 贝克兰在用苯酚和甲醛来合成树脂方面，做出了突破性的进展，取得第一个热固性树脂——酚醛树脂的专利权。在酚醛树脂中，加入填料后热压制成模压制品、层压板、涂料和胶粘剂等。这是第一个完全合成的塑料。20 世纪 40 年代中期后，聚酯、有机硅树脂、氟树脂、环氧树脂、聚氨酯等陆续投入了工业生产。

3) 降解塑料阶段

20 世纪 60 年代便有人提出了通过降解塑料来解决污染的方案，中国在这方面也进行了不少的探索。中国降解塑料行业前后共经历了光降解、淀粉添加型降解、光-生物降解、全生物降解四个阶段。如今，生物降解塑料产业化技术已基本成熟，且在限塑令升级、禁塑令开始实行的时代背景推动下活跃于各大产商的视野中。目前生物降解塑料已开发出以 PLA 和 PBAT 为主，包括 PBS、PHA 等材料的系列产品，相应的下游产品如购物袋等也已面世，为解决白色污染提供方法。

2. 塑料的应用

塑料制品的应用已深入到社会的每个角落，从工业生产到衣食住行，塑料制品无处不在(见图 6-2-2)。塑料工业的迅猛发展，也带来了废弃塑料及垃圾废塑料引起的一系列社会问题，如一些农用土地因废弃地膜的影响而减产，废塑料引发的"白色污染"，不分解餐盒无法有效回收等。塑料废弃物剧增及由此引起的社会和环境问题摆在了人们面前，也摆在了全世界人们生活生存的地方。

图 6-2-2　塑料的应用

1) 农业应用

中国是一个农业大国。农用塑料制品(见图 6-2-3)已是现代农业发展不可缺少的资料，是抗御自然灾害，实现农作物稳产、高产、优质、高效的一项不可替代的技术措施，已经广泛地应用于农、林、牧、渔各行业，农业已成为仅次于包装行业的第 2 大塑料制品消费领域。

图 6-2-3　农业塑料大棚

2) 包装应用

塑料包装材料主要包括塑料软包装、编织袋、中空容器、周转箱等，是塑料制品应用中的最大领域之一(见图 6-2-4)。例如，各种矿产品、化工产品、合成树脂、原盐、粮食、糖、棉花和羊毛等包装已大量采用塑料编织袋和 PE 重膜包装袋；饮料、洗涤用品、化妆品等的复合膜、包装膜、容器、周转箱等采用塑料包装；食品和药品大宗重要物资等采用塑料包装等。

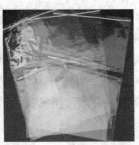

图 6-2-4　塑料包装袋

3. 塑料的发展趋势

中国塑料制品工业发展的总趋势是农用塑料(包括农地膜、节水农业器械和土工合成材料)仍占着重要的地位，并将得到更进一步发展；包装材料和塑料建材将是塑料工业快速增长的主要领域；高科技、高附加值的工程塑料制品及复合材料在生产与应用领域将随着市场经济的发展而不断扩展；管材、异型材、压延制品、双向拉伸材料、薄膜等的生产将逐步向经济规模方向发展；为保护臭氧层，泡沫塑料生产将进行无氟技术改造；为减少环境污染，将加强废弃塑料回收利用及降解塑料的研制开发；为发展塑料制品的品种和提高档次，塑料机械和模具的开发和生产将得到重视(见图 6-2-5)。

图 6-2-5　塑料回收机械

二、塑料的成分及分类

1. 塑料的成分

通常所用的塑料并不是一种纯物质，它是由许多材料配制而成的。其中，高分子聚合物(或称合成树脂)是塑料的主要成分，此外，为了改进塑料的性能，还要在高分子聚合物中添加各种辅助材料，如塑料助剂、填料、增塑剂、稳定剂、着色剂、润滑剂、抗氧化剂等，才能成为性能良好的塑料。

(1) 合成树脂是塑料的最主要成分，其在塑料中的含量一般在 40%～100%。树脂是一种未加工的原始高分子化合物，它不仅用于制造塑料，而且还是涂料、胶粘剂以及合成纤维的原料。而塑料除了极少一部分含100%的树脂外，绝大多数的塑料，除了主要组分为树脂外，还需要加入其他物质。

(2) 塑料助剂又叫塑料添加剂，是聚合物(合成树脂)进行成形加工时为改善其加工性能或为改善树脂本身性能而必须添加的一些化合物。

(3) 填料又叫填充剂，它可以提高塑料的强度和耐热性能，并降低成本。例如，酚醛树脂中加入木粉后可大大降低成本，使酚醛塑料成为最廉价的塑料之一，同时还能显著提高机械强度。填料可分为有机填料和无机填料两类，前者如木粉、碎布、纸张和各种织物纤维等，后者如玻璃纤维、硅藻土、石棉、炭黑等。填充剂在塑料中的含量一般控制在40%以下。

(4) 增塑剂，或称塑化剂，可增加塑料的可塑性和柔软性，降低脆性，使塑料易于加工成形。增塑剂(塑化剂)一般能与树脂混溶，无毒、无臭，对光、热稳定的高沸点有机化合物，最常用的是邻苯二甲酸酯类。例如，生产聚氯乙烯塑料时，若加入较多的增塑剂，便可得到软质聚氯乙烯塑料；若不加或少加增塑剂(用量小于10%)，则得到硬质聚氯乙烯塑料。

(5) 稳定剂主要是指保持高聚物塑料、橡胶、合成纤维等稳定，防止其分解、老化的试剂。为了防止合成树脂在加工和使用过程中受光和热的作用分解和破坏，延长使用寿命，要在塑料中加入稳定剂。常用的稳定剂有硬脂酸盐、环氧树脂等。稳定剂的用量一般为塑料的0.3%~0.5%。

(6) 着色剂可使塑料具有各种鲜艳、美观的颜色(见图6-2-6)，常用有机染料和无机颜料作为着色剂。合成树脂的本色大多是白色半透明或无色透明的，在工业生产中常利用着色剂来增加塑料制品的色彩。

图 6-2-6　各种塑料瓶

(7) 润滑剂的作用是防止塑料在成形时粘在金属模具上，同时可使塑料的表面光滑美观。常用的润滑剂有硬脂酸及其钙镁盐等。

(8) 抗氧化剂的作用是防止塑料在加热成形或在高温使用过程中受热氧化，而使塑料变黄、发裂等。

除了上述各种辅助材料外，塑料中还可加入阻燃剂、发泡剂、抗静电剂、导电剂、导磁剂、相容剂等，以满足不同的使用要求。

2. 塑料的分类

根据各种塑料不同的使用特性，按照其用途可将塑料分为通用塑料、工程塑料和特种塑料 3 种类型。

1) 通用塑料

通用塑料一般是指产量大、用途广、成形性好、价格便宜的塑料(见图 6-2-7)。通用塑料有 5 大品种,即聚乙烯(PE)、聚丙烯(PP)、聚氯乙烯(PVC)、聚苯乙烯(PS)及丙烯腈-丁二烯-苯乙烯(ABS)。这 5 大类塑料占据了塑料原料使用的绝大多数,其余的基本可以归入特殊塑料品种,如聚苯硫醚(PPS)、聚苯醚(PPO)、聚合酶(PA)、聚碳酸酯(PC)、热塑性结晶聚合物(POM)等,它们在日用生活产品中的用量很少,主要应用在工程产业、国防科技等领域,如汽车、航天、建筑、通信等领域。塑料根据其可塑性分类,可分为热塑性塑料和热固性塑料。通常情况下,热塑性塑料的产品可再回收利用,而热固性塑料则不能。根据塑料的光学性能分类,可分为透明、半透明(如 PE 水管)及不透明塑料,如聚苯乙烯(PS)、有机玻璃(PMMA)、丙烯腈-苯乙烯共聚物(AS)、聚碳酸酯(PC)等属于透明塑料,而其他大多数塑料都为不透明塑料。

图 6-2-7　塑料颗粒及颗粒机

通用塑料品种性能及用途如下。

(1) 聚乙烯(PE)。常用聚乙烯可分为低密度聚乙烯(LDPE)、高密度聚乙烯(HDPE)和线性低密度聚乙烯(LLDPE)。三者中,HDPE 有较好的热性能、电性能和机械性能,而LDPE 和 LLDPE 有较好的柔韧性、冲击性能、成膜性等。LDPE 和 LLDPE 主要用于包装用薄膜、农用薄膜、塑料改性等,而 HDPE 的用途比较广泛,可用于薄膜、管材、医用注射品等多个领域。

(2) 聚丙烯(PP)。相对来说,聚丙烯的品种更多,用途也比较复杂,应用领域繁多,品种主要有均聚聚丙烯(HOMOPP)、嵌段共聚聚丙烯(COPP)和无规共聚聚丙烯(RAPP)。根据用途的不同,均聚聚丙烯主要用在拉丝、纤维、注射、双向拉伸聚丙烯薄膜(BOPP)等领域;广泛应用于服装和毛毯等纤维制品、医疗器械、输送管道、化工容器、食品包装盒、药品包装盒等。无规共聚聚丙烯主要用于透明制品、高性能产品、高性能管材等。

(3) 聚氯乙烯(PVC)。由于其成本低廉,产品具有自阻燃的特性,故在建筑领域用途广泛,尤其在下水道管材、塑钢门窗、板材、人造皮革等领域用途最为广泛。

(4) 聚苯乙烯(PS)。作为一种透明的原材料,在有透明需求的情况下,用途广泛,如汽车灯罩、日用透明件、透明杯等。

(5) 丙烯腈-丁二烯-苯乙烯(ABS)。ABS 是一种用途广泛的工程塑料,具有杰出的物理机械性能和热性能,广泛应用于家用电器、面板、面罩、组合件、配件等领域,尤其是在家用电器领域，如洗衣机、空调、冰箱、电扇等，另外在塑料改性方面的用途也很广。

2) 工程塑料

工程塑料一般指能承受一定外力作用，具有良好的机械性能和耐高、低温性能，尺寸稳定性较好，可以用作工程结构的塑料(见图6-2-8)，如聚酰胺、聚砜等。工程塑料又可分为通用工程塑料和特种工程塑料2大类。工程塑料在机械性能、耐久性、耐腐蚀性、耐热性等方面能达到更高的要求，而且加工更方便并可替代金属材料。工程塑料被广泛应用于电子电气、汽车、建筑、办公设备、机械、航空航天等行业，以塑代钢、以塑代木已成为国际流行趋势。

图 6-2-8 工程塑料

通用工程塑料包括聚酰胺、聚甲醛、聚碳酸酯、改性聚苯醚、热塑性聚酯、超高分子量聚乙烯、甲基戊烯聚合物、乙烯醇共聚物等。

特种工程塑料又有交联型和非交联型之分。交联型的有聚氨基双马来酰胺、聚三嗪、交联聚酰亚胺、耐热环氧树脂等。非交联型的有聚砜、聚醚砜、聚苯硫醚、聚酰亚胺、聚醚醚酮(PEEK)等。

工程塑料具备许多材料所没有的优良特性，其特性如下：

(1) 比强度高。工程塑料的强度比金属材料稍差些，但其密度一般为$(1.0\sim2.0)\times10^3\,kg/m^3$，只有钢铁的 1/8～1/4，铜合金的 1/9～1/5，铝合金的 1/3～2/3。因此工程塑料的比强度(强度/密度)较高。这对于有载重比(载重量/机器自重)要求的运输机械来说，更为重要。

(2) 化学稳定性好。工程塑料对一般酸、碱等介质均有良好的耐腐性，因此适合制造化工机械设备和在腐蚀介质中工作的零件。

(3) 良好的电绝缘性。工程塑料的电绝缘性与陶瓷相近，是机械设备中理想的电绝缘材料。

(4) 优良的耐磨、减摩和自润滑性。工程塑料适合于在各种摩擦条件下工作，如在有润滑或干摩擦条件下，均有优良的耐磨性和减摩性，这对于难以采用人工润滑条件下工作的摩擦副更为可贵。

(5) 良好的减振性和消声性。装有塑料轴承和齿轮的机械，可以高度而平稳地运转，有利于减小振动和噪声。

(6) 良好的成形工艺性。大部分工程塑料都可以用注塑或挤压成形，一般不再进行机械加工，生产效率高，制造费用低。

(7) 工程塑料也存在某些缺点，如强度和硬度不及金属材料高，耐热性和导热性差，容易老化等，这些问题有待于进一步研究改进。

3) 特种塑料

特种塑料一般是指具有特种功能，可用于航空、航天等特殊应用领域的塑料(见图6-2-9)。例如，氟塑料和有机硅塑料具有突出的耐高温、自润滑等特殊功用，增强塑料和泡沫塑料具有高强度、高缓冲性等特殊性能，这些塑料都属于特种塑料的范畴。

图 6-2-9　特种塑料

(1) 增强塑料。增强塑料原料在外形上可分为粒状(如钙塑增强塑料)、纤维状(如玻璃纤维或玻璃布增强塑料)和片状(如云母增强塑料) 3 种。按材质可分为布基增强塑料(如碎布增强或石棉增强塑料)、无机矿物填充塑料(如石英或云母填充塑料)和纤维增强塑料(如碳纤维增强塑料) 3 种。

(2) 泡沫塑料。泡沫塑料可以分为硬质、半硬质和软质 3 种。硬质泡沫塑料没有柔韧性，压缩硬度很大，只有达到一定应力值才产生变形，应力解除后不能恢复原状；软质泡沫塑料富有柔韧性，压缩硬度很小，很容易变形，应力解除后能恢复原状，残余变形较小；半硬质泡沫塑料的柔韧性和其他性能介于硬质与软质泡沫塑料之间。

6.2.4　拓展知识

一、塑料的优缺点

1. 塑料的优点

(1) 化学性能稳定，不会锈蚀，大部分塑料的抗腐蚀能力强，不与酸、碱反应。

(2) 制造成本低。

(3) 耐用、防水、质轻。

(4) 容易被塑制成不同形状。

(5) 是良好的绝缘体，导热性低。

(6) 可以用于制备燃料油和燃料气，可以降低原油消耗。

(7) 耐冲击性好，具有较好的透明性和耐磨性。

(8) 一般成形性、着色性好。

2. 塑料的缺点

(1) 回收利用废弃塑料时，分类十分困难，而且经济上不合算。

(2) 塑料容易燃烧，燃烧时会产生有毒气体。例如，聚苯乙烯燃烧时会产生甲苯，这种物质少量吸入会导致人眼失明，并伴有呕吐等症状；聚氯乙烯(PVC)燃烧也会产生氯化氢有毒气体。除了燃烧，高温环境也会导致塑料分解出有毒成分，例如苯等。

(3) 塑料是由石油炼制的产品制成的，石油资源是有限的。

(4) 塑料埋在地底下几百年、几千年甚至几万年也不会腐烂。

(5) 塑料的耐热性能较差，热膨胀率大。

(6) 由于塑料的无法自然降解性，已经导致许多动物死亡的悲剧。

(7) 尺寸稳定性差，容易变形。

(8) 多数塑料耐低温性差，低温下变脆，容易老化。

二、塑料的鉴别

在采用各种塑料再生方法对废旧塑料进行再利用前，大多需要将塑料分拣。由于塑料消费渠道多而复杂，有些使用后的塑料又难以通过外观简单将其区分，因此，最好能在塑料制品上标明材料品种。为将不同品种的塑料进行区分，以便分类回收，首先要掌握鉴别不同塑料的知识，下面介绍塑料简易鉴别法。

1. 外观鉴别

通过观察塑料的外观，可初步鉴别出塑料制品所属大类：热塑性塑料、热固性塑料或弹性体塑料。

一般热塑性塑料有结晶和无定形两类。结晶塑料外观呈半透明、乳浊状或不透明，只有在薄膜状态呈透明状，硬度从柔软到角质。无定形塑料一般为无色，在不加添加剂时为全透明，硬度比角质橡胶状软。热固性塑料通常含有填料且不透明，如不含填料时为透明。弹性体塑料具有橡胶状手感，有一定的拉伸率。

2. 简单鉴别

首先是看颜色，因为深颜色的色料一般毒性很大，所以一般颜色越深的塑料其毒性越大。给塑料染色还有一个很重要的原因就是原料是废塑料，为了掩盖原来的颜色。

第二是闻气味，只要塑料有异味，不管怎样绝对不能装食品，异味一般都是在制品中添加助剂、色料等其他附料或残余单体的味道。

第三是摸表面，装食物的塑料一般摸起来光滑且有光泽，如果手感不光滑，尤其是发黏的一定不能装食物，因为这里面助剂太多了。

包装食品一般用 PP(聚丙烯)、PE(聚乙烯)材料的，超市的保鲜膜一般是 PP 材料的，家用热水管也是 PP 材料的。一般能装热水的塑料杯子用聚碳酸酯(PC)，但光盘也用这个，小心废料回炉。下水管一般用 PVC 材料。

3. 塑料的鉴定方法

(1) 密度法。通过考查各种塑料的密度，用液体作介质看其沉浮现象，可粗略辨别塑料所属大类。如塑料放在水中可浮于水面，那么可判定原料不是 PVC。

(2) 燃烧法。通过燃烧塑料观其火焰颜色以及燃烧时发出的气味和烟雾进行辨别，通常聚烯烃类原料燃烧火焰多为蓝色或淡蓝色，气味比较温和，烟雾呈白色，而多数带苯或氯的原料燃烧后易冒黑烟，且气味浓烈，如 ABS 等。另外，如 PE、PP 有滴燃现象，而

PVC 等则无滴燃，但有自熄现象。

(3) 光学法。通过观察原料透明性进行鉴别，一般常用透明原料为 PS、PC、PMMA、AS；半透明原料为 PE、无规共聚 PP、均聚 PP、软质 PVC、透明 ABS 等；其他原料基本不透明。

(4) 色辨法。一般来讲，不加助剂的原料，如果本身含有双键，则颜色会显略黄，如 ABS，因有丁二烯共聚，聚合后聚合物中仍含有双键，因此会显略黄。

4. 鉴别总结

各种塑料的鉴别总结如表 6-2-1 所示。

表 6-2-1　各种塑料的鉴别总结

名　称	外　观	燃　烧　性
聚四氟乙烯(PTFE)	半透明至不透明，易弯曲，有弹性	不燃，在炽热状况下有刺激性气味(HF)
聚酰胺(PA)	半透明至不透明	难燃，离开火焰后立即熄灭；当在火焰中燃烧时有蓝烟，上端呈橘红色，有融熔、滴落、起泡现象，可闻到羊毛烧焦气味
聚碳酸酯(PC)	透明至不透明，质硬	难燃，在火焰中燃烧黑烟多、明亮，有炭化、起泡现象，可闻到酚的气味
酚醛树脂(PF)	通常含有填充料)呈深色调	难燃，在火焰中燃烧可见明亮的黄色火焰，黑烟多，有开裂和颜色加深现象
聚氯乙烯(PVC)	(同聚碳酸酯)	难燃，在火焰中燃烧呈黄色，火苗边缘呈绿色，白烟；有软化现象，可闻到糊焦味
氨基树脂(UF 脲/甲醛；MF 三聚氰胺/甲醛)	(含填料)质硬	难燃，在火焰中燃烧呈鲜黄色；有炭化、膨胀、开裂现象，可闻到氨、甲醛、鱼腥味
聚乙烯(PE)	半透明至不透明，质硬；透明薄膜	在火焰中可燃，离开火焰后缓缓熄灭或继续燃烧；燃烧时火焰上端呈黄色，下端呈蓝色；有融熔、滴落现象，可闻到石蜡味
聚丙烯(PP)	(与聚乙烯相同)	(与聚乙烯相同)

三、塑料的成形和加工

塑料必须经过成形和加工，才能获得具有一定形状、尺寸和性能的制品。

1. 塑料的成形

塑料成形一般是在 400℃ 以下，主要方法有注射成形(也称注塑成形)、挤压成形、吹塑成形、压制成形、浇注成形和压延成形等。

1) 注射成形

注射成形是将塑料加热到黏流态，在高压下注射到模腔中，冷却后即可取出制品，其过程类似于金属的压铸。图 6-2-10 所示为注射成形的过程示意图。图(a)为注塑设备的原始位置,这时在加热缸前部已准备好足够的黏流态塑料;图(b)为闭合模腔,并用液压缸将黏流态塑料注入模腔;图(c)为制品冷却,同时启动螺杆输送装置,将塑料颗粒从料斗输送到加热缸前部;图(d)为开启模腔,取出塑料制品。上述过程容易实现机械化和自动化,具有较高生产率,制造几克重的小型塑料制品只需几秒钟,制造重达数千克的大型塑料件只需 2~3 min。注射成形适合于大批量生产热塑性塑料或流动性较好的热固性塑料制品,可以制造齿轮、连接管道的异形件、风机叶轮、电工元件以及具有加强筋、螺纹和外形复杂的塑料零件。

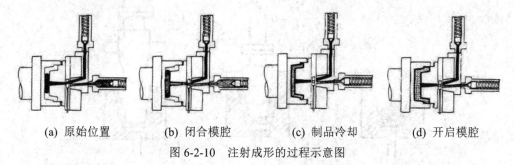

(a) 原始位置　　　(b) 闭合模腔　　　(c) 制品冷却　　　(d) 开启模腔

图 6-2-10　注射成形的过程示意图

2) 挤压成形

挤压成形是将塑料加热到黏流态,从模孔中挤出而成制品的成形方法。挤压成形是在塑料挤压机上进行的。塑料粉末或颗粒从料斗进入料筒,在螺杆输送装置推动下,将其混合,压紧并向前移动。固态塑料在加热元件产生的热量以及与筒壁的摩擦热作用下,变为熔融的黏流态,从模孔中连续地挤出。模孔的形状决定了制品横截面的外形,芯棒的形状则决定了制品横截面的中空形状。挤出管子尚需进行定径和随后在连续水槽中冷却,最后锯切成一定长度,运送到堆场。挤压成形可以连续自动地进行,适合于制造热塑性塑料的管材、棒料、板材和线材等。

3) 吹塑成形

吹塑成形是在预热的管坯中吹入压缩空气,使管坯沿模腔变形而成制品的成形方法。图 6-2-11 所示为吹塑成形的过程示意图。首先将管状毛坯挤进闭合模腔,然后通入压缩空气,使管坯沿模腔变形。当制品冷却定形后,打开模腔,取出制品。吹塑成形只适用于热塑性塑料,可以制造瓶、罐、桶等中空塑料制品,还可制造厚度仅为 0.04 mm 的塑料薄膜。

图 6-2-11　吹塑成形的过程示意图

4) 压制成形

热固性塑料大都采用压制成形。压制成形有模压法和层压法两种。模压法如图 6-2-12 所示。首先把粉状或粒状塑料倒入凹模的模腔内(图(a))；然后，将压头压入凹模，使固态塑料在压力和加热压模的热量作用下变软并填充至模腔内(图(b))；在一定时间内固化后，将压头提起，用顶杆将塑料制品顶出(图(c))。层压法是用片状骨架填料在树脂溶液中浸渍，再在层压机上加热、加压固化成形，用于生产各种增强塑料板、棒、管等，再经机械加工可制成所需要的塑料零件。

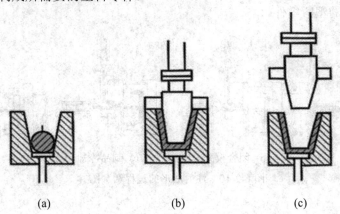

(a)　　　　　　　　(b)　　　　　　　　(c)

图 6-2-12　压制成形(模压法)的过程示意图

5) 浇注成形

浇注成形与上述成形方法的区别是利用液态塑料浇注到型腔内，再固化成形。若在离心力作用下进行浇注，则相当于金属的离心铸造，可生产齿轮、带轮、套筒等大型、厚壁的塑料零件。浇注成形适用于热固性塑料或某些热塑性塑料。

6) 压延成形

压延成形是利用加热的滚筒，将热塑性塑料连续加压变形，以生产塑料薄片或薄膜的成形方法。

2. 塑料的加工

塑料的加工包括塑料制品的机械加工、连接和表面处理。

1) 塑料的机械加工

塑料的切削加工性能好，可以进行车、刨、钻、铣、磨、抛光等加工，所用的加工设备和刀具与金属加工基本相同。但需要考虑塑料的导热性差、易变形、过热、开裂、崩落等，需采取一定的工艺措施。例如，加工塑料的刀具应具有较大的前角和后角，以提高刀具的锋利程度；采用小的进给量。

2) 塑料的连接

对热塑性塑料制品的粘接或修补可采用热熔粘接法，即将被连接的塑料制品加热熔融，然后压紧，让其冷却凝固，也可用塑料熔滴滴入接头处进行粘接。

对同种塑料的连接可采用熔剂粘接法，即利用丙酮、三氯甲烷、二甲苯等有机熔剂滴入接头处，使被连接的塑料熔解，待熔剂挥发后，将其粘接在一起。

对不同种塑料或塑料与其他材料之间可采用胶接法,但市场供应的胶粘剂均有一定适用范围,应加以选择,必要时应进行试验、检验。

3) 塑料的表面处理

塑料表面处理的目的是进行防护或装饰,以改善塑料的表面性能,常用的有塑料电镀和塑料着色两种。

塑料电镀前,应对塑料表面去除油污和灰尘,并进行打磨,然后用化学方法在其表面沉积一层银膜,以镀铜作底层,最后镀上铬、镍等金属覆盖层,最后进行抛光。

塑料着色可采用带静电的纸型把所需颜色的油墨涂抹在塑料表面,进行适当加热,使油墨渗入到塑料表层,以获得带有一定色彩的花纹图案。

6.2.5 练习题

一、选择题(不定项)

1. 塑料的主要应用领域包括(　　)。

A. 农业　　　　　　　　　　　　　B. 包装业

C. 日常生活　　　　　　　　　　　D. 其他行业

2. 为了改善塑料性能,将加入的辅助材料有(　　)。

A. 添加剂　　　　　　　　　　　　B. 润滑剂

C. 着色剂　　　　　　　　　　　　D. 稳定剂

3. 通用塑料包括(　　)。

A. 聚乙烯　　　　　　　　　　　　B. 聚丙烯

C. 聚氯乙烯　　　　　　　　　　　D. 聚苯乙烯　　　E. 丙烯腈

二、填空题

1. 塑料根据可塑性分为 _____ 和 _____。

2. 一般而言, _____ 的产品可以再回收利用。

3. 通用工程塑料包括 _____、_____、_____ 等。

三、简答题

1. 请查阅资料,试述塑料行业发展将带来哪些影响?

2. 简述常用塑料的种类和用途。

3. 塑料有哪些特性?

任务 6.3　了解橡胶

6.3.1 学习目标

(1) 了解橡胶的发展及应用。

(2) 掌握橡胶的分类。

(3) 学会识别生活中常见的橡胶制品。

6.3.2 任务描述

橡胶是高弹性的高分子化合物。随着科学技术的发展，越来越多的橡胶制品广泛应用于工业或生活各方面。

图 6-3-1 所示为常见的橡胶制品。依据你现有的生活常识，试回答问题：

(1) 生活中你见过哪些橡胶制品？它们有哪些特点？

(2) 如何识别生活中的塑料制品？

图 6-3-1 各种橡胶制品

6.3.3 必备知识

天然橡胶是通过提取橡胶树、橡胶草等植物(见图 6-3-2)的胶乳，并经加工后制成的具有弹性、绝缘性、不透水和空气的材料。它是一种高弹性的高分子化合物。

图 6-3-2 橡胶树

一、橡胶的发展

1493—1496 年哥伦布发现美洲大陆时看到当地居民玩耍橡胶球并将其带回欧洲，欧洲人开始认识天然橡胶；1735 年，法国科学家 Condamine 等将当地居民所制橡胶制品带回欧洲，引起进一步研究和利用橡胶的兴趣；1823 年在英国建立第一个橡胶工厂，将橡胶溶于苯中制成防水布，用于生产雨衣；1826 年 Hancock 发现了用机械使橡胶获得塑性的方法，奠定了现代橡胶加工方法的基础；1830—1876 年英国人把橡胶树种和幼苗从伦敦皇家植物园移植到印尼、新加坡、马来西亚等地，完成了野生天然橡胶变成人工栽培种植的艰难工作；1839 年，Goodyear 发明橡胶硫化法，将橡胶和硫黄共热，特别是在铅化合物存在下与硫黄共热之后，橡胶就会变成坚实而富有弹性的物质，不再因温度的变化而变硬发黏；1879 年布却特发现了异戊二烯聚合实验现象；1900 年人们了解了天然橡胶的分子结构后，合成橡胶正式开始，在高分子链状结构学说和橡胶弹性分子动力学理论指导下，1914 年至 1918 年德国生产了甲基橡胶，开始了合成橡胶的新纪元；1932 年，苏联大规模生产丁钠橡胶后相继生产的合成胶有氯丁、丁苯及丁腈橡胶；20 世纪 50 年代，发现了定向聚合法，导致了合成橡胶工业的新飞跃。

新中国成立后，中国橡胶工业迅猛发展，主要有以下发展大事件。

1964 年，上海大中华橡胶厂研制出国内第一条全钢丝子午线轮胎；上海大中华橡胶厂在试制钢丝斜交轮胎成功之后，开始探索研制全钢子午线轮胎。在既无资料又无现成设备的情况下，技术人员凭借一张子午线轮胎成形鼓的照片，自行设计和试制子午线轮胎的成形鼓，一边试制，一边不断改进。经过多次试验和改进，终于试制成功中国第一条"双钱"牌全钢子午线轮胎。

1982 年，上海正泰橡胶厂从德国麦兹勒引进了年产 50 万条乘用子午线轮胎的二手设备生产线。在北京橡胶工业研究设计院等单位的大力支持下，"回力"牌轿车子午线轮胎成功投产，并顺利通过认证，为上海大众汽车厂的桑塔纳轿车配套。

1999 年，天津轮胎公司根据市场需求，开始研发大型农业子午线轮胎，采用国内技术，经过近一年的攻关试制，第一条"海豚"牌农业子午线轮胎成功下线，为国内农业轮胎子午化闯出了一条新路。到 2014 年，全国生产农业子午线轮胎的企业约 4 家，年产量达 37 000 条。

2009 年，中国石化齐鲁分公司建设的丁苯橡胶生产装置投产，全厂丁苯橡胶装置年产能达 23 万吨，为当时国内最大的丁苯橡胶生产基地，该装置全部采用国内自有技术；由中国蓝星山西合成橡胶集团有限责任公司与亚美尼亚依里特公司共同出资筹建的中亚两国最大的合资项目——3 万吨/年氯丁橡胶生产装置生产出 SN232 型合格的氯丁橡胶产品；中石油兰州石化公司 5 万吨/年丁腈橡胶生产装置建成投产，该装置拥有国内自主知识产权。

2010 年，山东玉皇化工有限公司 8 万吨/年顺丁橡胶生产装置建成投产，这是国内民营企业建成的第一套规模化合成橡胶装置；茂名鲁华化工有限公司建设的 1.5 万吨/年异戊橡胶生产装置建成投产，该项目全部采用自主研发技术，填补了国内异戊橡胶生产的空白。

2015 年，千吨级氢化丁腈橡胶装置在浙江嘉兴建成投产，结束了氢化丁腈橡胶依赖进口的历史，中国成为世界上第三个拥有自主知识产权工业生产氢化丁腈橡胶的国家。

我国橡胶产业发展至今已有百年历史，经过百年发展，已成为世界前 5 大天然橡胶生产国，同时也是天然橡胶进口和消费大国。由于橡胶种植受到自然条件的限制，国内胶区主要分布于海南、云南、广东、广西、福建等地；全球范围来看，泰国、印度尼西亚、越南、中国、印度、马来西亚、柬埔寨、菲律宾和斯里兰卡等 9 个国家天然橡胶产量在全球占比近 90%，近年来，越南、科特迪瓦等新兴橡胶种植国家产量出现较明显增长。

近年来，国内外汽车表观消费不断增长，带动了轮胎产业快速发展，橡胶需求量一直在高位；加之在疫情影响下，橡胶手套、医用胶管等产品需求暴涨，海内外乳胶生产利润高。在原料偏紧的情况下，价格呈持续攀升态势，部分橡胶库存不足。另外，中国重卡销量好于预期，新车产销预报数据乐观等众多因素加持，橡胶需求持续增长。后期，叠加经济恢复，在全球货币宽松的背景下，不论是国内汽车消费刺激，还是全球疫情好转之后，欧美国家居民的出行需求提升，均对轮胎以及橡胶的需求有支撑。

二、橡胶的应用

1. 交通运输

随着汽车工业的发展，橡胶工业得到了迅猛发展。公路方面，除生产普通轮胎外，还发展出子午线轮胎、无内胎轮胎等。铁路方面，主要应用在铁路车辆橡胶弹簧减振制品、气密橡胶等，有的地铁也采用了橡胶轮胎。其他方面，如橡胶运输带、橡胶"气垫船""气垫车"等(见图 6-3-3)。

图 6-3-3　气垫船、轮胎

2. 工业矿山

矿山、煤炭、冶金等工业方面，主要的橡胶制品有胶带、胶管、密封垫圈、胶辊、胶板、橡胶衬里及劳动保护用品等。

3. 农林水利

随着农业机械化、农田水利的大发展，所需橡胶制品越来越多(见图 6-3-4)。除农业机械各种轮胎、联合收割机橡胶履带外，还有灌溉用的水池、塘堰和水库采用的橡胶防渗层及橡胶水坝、橡胶船、救生用品等，农副产品加工设备和林、牧、渔业技术装备等方面出现的橡胶配件。

图 6-3-4　橡胶水坝、履带

4. 军事国防

橡胶是重要的战略物资，在军事国防上的应用更是十分广泛，许多军事装备、空军设施、国防工程都有橡胶的足迹。随着国防现代化的发展，要求能耐 -100～-400℃的温度范围，并能抵抗各种酸、碱和氧化剂，具有特殊性能的橡胶，正在研制生产。

5. 土木建筑

现代化建筑，普遍使用橡胶(见图 6-3-5)。例如，在建筑物上使用的玻璃窗密封橡胶条、隔音地板、橡胶地毯、防雨材料等；把胶乳混入水泥，可以提高水泥的弹性和耐磨性；在沥青中加入 3%的橡胶或胶乳铺设马路的路面，可防止路面的龟裂，并提高耐冲击性。

图 6-3-5　橡胶地毯、地垫

6. 电气通信

由于橡胶的绝缘性能好，各种电线电缆绝缘皮多用橡胶制成。硬质橡胶可用来制作胶管、胶棒、胶板、隔板以及电瓶壳等。

7. 医疗卫生

在医疗卫生部门有许多橡胶制品在应用，主要有各种手术手套、海绵坐垫以及各种设备的配件等(见图 6-3-6)。随着医学技术的发展，在硅橡胶制造人造器官及人体组织代用品研究方面有了很大进展。

图 6-3-6　橡胶医用产品

8. 文教体育

常见的各种球胆、乒乓球拍海绵胶面、游泳脚蹼、钢笔笔胆、橡皮、橡皮线、橡胶印、橡皮布、气球等都是橡胶制品。

9. 生活用品

日常生活中有不少橡胶制品，如雨衣、热水袋、儿童玩具、海绵胶垫以及乳胶浸渍制品等。

三、橡胶的成分及分类

1. 橡胶的成分

天然橡胶是由胶乳制造的，胶乳中所含的非橡胶成分有一部分留在固体的天然橡胶中。一般天然橡胶中含橡胶烃 92%～95%，而非橡胶烃占 5%～8%。由于制法不同、产地不同乃至采胶季节不同，这些成分的比例可能有差异，但基本上都在上述范围以内。

2. 橡胶的分类

按原材料来源不同，橡胶可分为天然橡胶和合成橡胶两大类，其中天然橡胶的消耗量占 1/3，合成橡胶的消耗量占 2/3。

按橡胶的外观形态不同，橡胶可分为固态橡胶(干胶)、乳状橡胶(乳胶)、液体橡胶和粉末橡胶 4 大类。

根据橡胶的性能和用途不同，合成橡胶可分为通用合成橡胶、半通用合成橡胶、专用合成橡胶和特种合成橡胶。

根据橡胶的物理形态不同，橡胶可分为硬胶和软胶、生胶和混炼胶等。

四、橡胶的特点

橡胶制品应用十分广泛，种类繁多，这里介绍天然橡胶和丁苯橡胶的特点。

天然橡胶由采集橡胶树胶乳制成，是异戊二烯的聚合物，具有很好的耐磨性、很高的弹性、扯断强度及伸长率。在空气中易老化，遇热变黏，在矿物油或汽油中易膨胀和溶解，耐碱但不耐强酸。其优点是弹性好、耐酸碱；缺点是不耐热、不耐油(可耐植物油)。天然橡胶是制作胶带、胶管、胶鞋的原料，并适用于制作减振零件。另外，天然橡胶还常用在汽车刹车油、乙醇等带氢氧根的液体制品中。

丁苯橡胶是二烯与苯乙烯的共聚合物,与天然橡胶比较,品质均匀、异物少,具有更好的耐磨性及耐老化性,但机械强度则较弱,可与天然胶掺和使用。其优点是具有低成本的非抗油性,以及良好的抗水性,SBR(丁苯橡胶)硬度在 70 以下并具有良好弹力,高硬度时具有较差的压缩性;缺点是不建议在强酸、臭氧、油类、油脂和脂肪及大部分的碳氢化合物之中使用。丁苯橡胶广泛用于轮胎业、鞋业、布业及输送带行业等。

6.3.4 拓展知识

一、橡胶加工

橡胶加工过程包括塑炼、混炼、压延或挤出、成形和硫化等基本工序,每个工序针对制品有不同的要求,分别配合以若干辅助操作。为了能将各种所需的配合剂加入橡胶中,生胶首先需经过塑炼提高其塑性;然后通过混炼将炭黑及各种橡胶助剂与橡胶均匀混合成胶料;胶料经过挤压制成一定形状的坯料;再使其与经过压延挂胶或涂胶的纺织材料(或与金属材料)组合在一起成形为半成品;最后经过硫化又将具有塑性的半成品制成高弹性的最终产品。

对精度要求比较高的制品,如油封、O 型圈、密封件等橡胶制品,还需要进行修边、去毛边加工,可选用的方式有人工修边、机械修边和冷冻修边。

人工修边:劳动强度大、效率低、合格率低。

机械修边:主要有冲切、砂轮磨边和圆刀修边,适用于对精度要求不高的特定制品。

冷冻修边:有专用的冷冻修边机设备,其原理是采用液氮(LN2)使成品的毛边在低温下变脆,使用特定的冷冻粒子(弹丸)去击打毛边,以迅速去除毛边。冷冻修边的效率高,成本低,适用制品广泛,已成为主流的工艺标准。

二、橡胶制品的基本特性

橡胶制品成形时,经过大压力压制,因其弹性体内聚力无法消除,在成形离模时,往往产生极不稳定的收缩(橡胶的收缩率因胶种不同而有差异),必须经过一段时间后,才能稳定成形。所以,橡胶制品设计之初,不论配方或模具,都需谨慎计算配合,否则容易产生制品尺寸不稳定,造成制品品质低落。

橡胶属热溶热固性弹性体,塑料则属于热溶冷固性弹性体。橡胶因硫化物种类主体不同,其成形固化的温度范围亦有相当的差距,甚至可因气候改变,受室内温湿度所影响。因此橡胶制成品的生产条件需随时做适度的调整,否则可能使制成品品质有较大的差异。

6.3.5 练习题

一、选择题(不定项)

1. 橡胶主要应用于( )等方面。

A. 交通运输   B. 医疗卫生

   C. 文体生活　　　　　　　　　　　D. 农业建筑

2. 下列日常用品，属于橡胶制品的有(　　)。

   A. 子午轮胎　　　　　　　　　　　B. 橡皮艇

   C. 跑鞋鞋底　　　　　　　　　　　D. 医用手套

3. 下列橡胶制品，属于生活用品的有(　　)。

   A. 热水袋　　　　　　　　　　　　B. 雨衣

   C. 篮球　　　　　　　　　　　　　D. 乳胶

二、填空题

1. 橡胶行业的迅猛发展，将带来环境、＿＿＿＿＿＿、＿＿＿＿＿＿ 等问题。

2. 橡胶属于 ＿＿＿＿＿＿ 化合物。

3. 橡胶取自 ＿＿＿＿＿＿、＿＿＿＿＿＿ 等植物的胶乳。

4. 橡胶按原材料来源可分为 ＿＿＿＿＿＿ 橡胶和 ＿＿＿＿＿＿ 橡胶两大类。

5. ＿＿＿＿＿＿ 广泛用于轮胎业、鞋业、布业及输送带等行业。

三、简答题

1. 天然橡胶有哪些优缺点？

2. 请查阅资料，试述橡胶行业发展会带来哪些影响？

任务 6.4　认 识 玻 璃

6.4.1　学习目标

(1) 了解玻璃的发展及应用。

(2) 掌握玻璃的分类。

(3) 能识别常见的玻璃制品。

6.4.2　任务描述

随着科学技术的发展，玻璃制品广泛应用于工业或生活中。图 6-4-1 所示为常见的玻璃制品。依据你现有的生活常识，试回答问题：

(1) 生活中你见过哪些玻璃制品？它们有哪些特点？

(2) 如何识别生活中的玻璃制品？

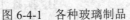

图 6-4-1　各种玻璃制品

6.4.3 必备知识

一、玻璃概述

玻璃是由石英砂、石灰石、长石、纯碱、澄清剂、着色剂、脱色剂、助熔剂、碎玻璃等原料经过 1550～1600℃高温熔融、成形、退火、切割等过程，形成的无色(白玻)透明的非晶态无机物。玻璃的主要化学成分有 SiO_2(含量72%左右)、Na_2O(含量15%左右)、CaO(含量9%左右)、少量 Al_2O_3 和 MgO 等。

玻璃具有一系列非常可贵的特性：透明，坚硬，良好的耐蚀、耐热和电学、光学性质；能够用多种成形和加工方法制成各种形状和大小的制品；可以通过调整化学组成改变其性质，以适应不同的使用要求；制造原料丰富，价格低廉。因此，玻璃获得了极其广泛的应用。

二、玻璃的性质

玻璃的主要性质如下：

(1) 玻璃的密度为 2.22～2.55 g/cm^3，密实度为1，孔隙率为0。

(2) 光学性质：表现为透射、反射和吸收。

(3) 热工性质：玻璃的导热性能差，当玻璃局部受热时，热量不能及时传递到整块玻璃上，玻璃受热部位产生膨胀，使玻璃产生内应力从而造成玻璃的破裂。

(4) 力学性质：玻璃的抗压强度高，一般为 600～1200 MPa；抗拉强度很小，为40～80 MPa；弹性模量为$(6～7.5)×10^4$ MPa，为钢的1/3，与铝接近。

三、玻璃的分类

1. 按工艺分

玻璃制品按工艺不同可分为热熔玻璃、浮雕玻璃、锻打玻璃、晶彩玻璃、琉璃玻璃、夹丝玻璃、聚晶玻璃、马赛克玻璃、钢化玻璃、夹层玻璃、中空玻璃、调光玻璃、发光玻璃等。

2. 按生产方式分

玻璃制品按生产方式不同可分为普通平板玻璃和深加工玻璃。平板玻璃主要分为 3 种，即引上法平板玻璃(分有槽、无槽两种)、平拉法平板玻璃和浮法玻璃。浮法玻璃由于具有厚度均匀、上下表面平整平行，再加上劳动生产率高及利于管理等方面因素的影响，正成为玻璃制造方式的主流。

1) 普通平板玻璃

通常，用厘或个表示玻璃的厚度，如3厘是指厚度为 3 mm 的玻璃。

(1) 3～4厘玻璃，主要用于画框表面。

(2) 5～6厘玻璃，主要用于外墙窗户、门扇等小面积透光造型等。

(3) 7～9厘玻璃，主要用于室内屏风等较大面积但又有框架保护的造型之中。

(4) 9～10厘玻璃，可用于室内大面积隔断、栏杆等装修项目。

(5) 11～12 厘玻璃，可用于地弹簧玻璃门和一些活动人流较大的隔断。

(6) 15 厘以上玻璃，一般市面上销售较少，往往需要订货，主要用于较大面积的地弹簧玻璃门和外墙整块玻璃墙面。

2) 深加工玻璃

为达到生产生活中的各种需求，人们常对普通平板玻璃进行深加工处理，主要分为以下几类：

(1) 钢化玻璃(如图 6-4-2 所示)。它是普通平板玻璃经过再加工处理而制成的一种预应力玻璃。钢化玻璃相对于普通平板玻璃来说，具有两大特征：一是前者强度是后者的数倍，抗拉度是后者的 3 倍以上，抗冲击是后者的 5 倍以上；二是钢化玻璃不容易破碎，即使破碎也会以无锐角的颗粒形式碎裂，对人体伤害大大降低。

(a) 钢化玻璃制品   (b) 钢化玻璃裂而不碎

图 6-4-2　钢化玻璃

(2) 磨砂玻璃。它也是在普通平板玻璃上面再磨砂加工而制成的。一般厚度多在 9 厘以下，以 5、6 厘厚度居多。

(3) 喷砂玻璃。性能上基本上与磨砂玻璃相似。

(4) 压花玻璃。这是采用压延方法制造的一种平板玻璃。单面压花玻璃具有透光而不透视的特点，具有私密性，作为浴室、卫生间门窗玻璃时应注意将其压花面朝外。

(5) 夹丝玻璃。这是采用压延方法，将金属丝或金属网嵌于玻璃板内制成的一种具有抗冲击能力的平板玻璃，受撞击时只会形成辐射状裂纹而不至于坠下伤人，多用于高层楼宇和振荡性强的厂房。

(6) 中空玻璃。中空玻璃多采用胶接法将两块玻璃保持一定间隔，间隔中是干燥的空气，周边再用密封材料密封而成，主要用于有隔音隔热要求的装修工程之中。

(7) 夹层玻璃。夹层玻璃一般由两片普通平板玻璃(也可以是钢化玻璃或其他特殊玻璃)和玻璃之间的有机胶合层构成。当受到破坏时，碎片仍黏附在胶层上，避免了碎片飞溅对人体的伤害。夹层玻璃多用于有安全要求的装修项目。

(8) 防弹玻璃。防弹玻璃实际上是夹层玻璃的一种，只是构成的玻璃多采用强度较高的钢化玻璃，而且夹层的数量也相对较多，多用于银行等对安全要求非常高的场所。

(9) 热弯玻璃。这是一种由优质平板玻璃加热软化在模具中成形，再经退火制成的曲面玻璃。由于样式美观，线条流畅，常用于高档场所。

(10) 玻璃砖。玻璃砖的制作工艺基本和平板玻璃一样，但成形方法不同。玻璃砖中间为干燥的空气，多用于装饰性或者有保温要求的透光造型中。

(11) 玻璃纸。玻璃纸也称玻璃膜，具有多种颜色和花色。根据纸膜的性能不同，玻璃纸也具有不同的性能，绝大部分起隔热、防红外线、防紫外线、防爆等作用。

(12) LED 光电玻璃。光电玻璃是一种新型环保节能产品，是 LED 和玻璃的结合体，既有玻璃的通透性，又有 LED 的亮度，主要用于室内外装饰和广告。

(13) 调光玻璃。这种玻璃在通电时呈现玻璃本质透明状，断电时呈现白色磨砂不透明状。不透明状态下，可以作为背景投幕。

(14) 节能玻璃。节能玻璃通常能保温和隔热，种类有吸热玻璃、热反射玻璃、低辐射玻璃、中空玻璃、真空玻璃和普通玻璃等。

3. 按主要成分分

玻璃通常按主要成分分为氧化物玻璃和非氧化物玻璃。

非氧化物玻璃的品种和数量很少，主要有硫系玻璃和卤化物玻璃。硫系玻璃的阴离子多为硫、硒、碲等，可截止短波长光线而通过黄、红光，以及近、远红外光，其电阻低，具有开关与记忆特性。卤化物玻璃的折射率低，色散低，多用作光学玻璃。

氧化物玻璃又分为硅酸盐玻璃、硼酸盐玻璃、磷酸盐玻璃等。硅酸盐玻璃指基本成分为 SiO_2 的玻璃，其品种多，用途广。硼酸盐玻璃以 B_2O_3 为主要成分，熔融温度低，可抵抗钠蒸气腐蚀。含稀土元素的硼酸盐玻璃折射率高、色散低，是一种新型光学玻璃。磷酸盐玻璃以 P_2O_5 为主要成分，折射率低、色散低，用于光学仪器中。

通常按玻璃中 SiO_2 以及碱金属、碱土金属氧化物的不同含量，氧化物玻璃又分为以下几类：

(1) 石英玻璃。SiO_2 含量大于 99.5%，热膨胀系数低，耐高温，化学稳定性好，透紫外光和红外光，熔制温度高、黏度大，成形较难，多用于半导体、电光源、光导通信、激光等技术和光学仪器中。

(2) 高硅氧玻璃。其主要成分为 SiO_2(含量约 95%~98%)，含少量 B_2O_3 和 Na_2O，其性质与石英玻璃相似。

(3) 钠钙玻璃。其主要成分以 SiO_2 为主，还含有 15%的 Na_2O 和 16%的 CaO，其成本低廉，易成形，适于大规模生产，其产量占实用玻璃的 90%，可生产玻璃瓶罐、平板玻璃、器皿、灯泡等。

(4) 铅硅酸盐玻璃。其主要成分有 SiO_2 和 PbO，具有独特的高折射率和高体积电阻，与金属有良好的浸润性，可用于制造灯泡、真空管芯柱、晶质玻璃器皿、火石光学玻璃等，含有大量 PbO 的铅玻璃能阻挡 X 射线和 γ 射线。

(5) 铝硅酸盐玻璃。其主要成分为 SiO_2 和 Al_2O_3，软化变形温度高，用于制作放电灯泡、高温玻璃温度计、化学燃烧管和玻璃纤维等。

(6) 硼硅酸盐玻璃。其主要成分为 SiO_2 和 B_2O_3，具有良好的耐热性和化学稳定性，用于制造烹饪器具、实验室仪器、金属焊封玻璃等。

4. 按性能特点分

玻璃按性能特点可分为钢化玻璃、多孔玻璃(即泡沫玻璃，孔径约 40 nm，用于海水淡化、病毒过滤等方面)、导电玻璃(用作电极和飞机风挡玻璃)、微晶玻璃、乳浊玻璃(用于照明器件和装饰物品等)和中空玻璃(用作门窗玻璃)等。

四、玻璃的特点

1. 各向同性

玻璃的分子排列是无规则的,其分子在空间中具有统计上的均匀性。在理想状态下,均质玻璃的物理、化学性质(如折射率、硬度、弹性模量、热膨胀系数、导热率、电导率等)在各方向都是相同的。

2. 无固定熔点

因为玻璃是混合物,非晶体,所以无固定熔点。玻璃由固体转变为液体是在一定温度区域(即软化温度范围)内进行的,它与结晶物质不同,没有固定的熔点。软化温度范围为 $T_g \sim T_1$, T_g 为转变温度, T_1 为液相线温度,对应的黏度分别为 1013.4 dPa·s、$10^{4\sim6}$ dPa·s。

3. 亚稳定性

玻璃态物质一般是由熔融体快速冷却而得到的,从熔融态向玻璃态转变时,冷却过程中黏度急剧增大,质点来不及做有规则排列而形成晶体,没有释出结晶潜热,因此,玻璃态物质比结晶态物质含有较高的内能,其能量介于熔融态和结晶态之间,属于亚稳状态。从力学观点看,玻璃是一种不稳定的高能状态,比如存在低能量状态转化的趋势,即有析晶倾向,所以,玻璃是一种亚稳态固体材料。

4. 渐变稳定性

玻璃态物质从熔融态到固体状态的过程是渐变的,其物理、化学性质的变化也是连续的和渐变的。这与熔体的结晶过程明显不同,结晶过程必然出现新相,在结晶温度点附近,许多性质会发生突变。而玻璃态物质从熔融状态到固体状态是在较宽温度范围内完成的,随着温度逐渐降低,玻璃熔体黏度逐渐增大,最后形成固态玻璃,但是过程中没有新相形成。相反,玻璃加热变为熔体的过程是渐变的。

五、玻璃的生产工艺

玻璃的生产工艺主要有以下步骤:

(1) 原料预加工。将块状原料(如石英砂、纯碱、石灰石、长石等)粉碎,使潮湿原料干燥,将含铁原料进行除铁处理,以保证玻璃质量。

(2) 配合料制备。根据产品的不同,配合料的组成略有区别。例如,普通浮法玻璃的配合料(按照 50 kg 计算)需要消耗石英砂 33.55 kg、石灰石 2.96 kg、白云石 8.57 kg、纯碱 11.39 kg、芒硝 0.55 kg、长石 3.45 kg、碳粉 0.03 kg。

(3) 熔制。玻璃配合料在池窑或坩埚窑内进行高温(1550~1600℃)加热,使之形成均匀、无气泡并符合成形要求的液态玻璃。

(4) 成形。将液态玻璃加工成所要求形状的制品,如平板、各种器皿等。

(5) 热处理。通过退火、淬火等工艺,消除或产生玻璃内部的应力、分相或晶化。

以及改变玻璃的结构状态。

　　磨砂玻璃的加工方法：先将需要加工的平板玻璃平放在垫有粗布或棉毯的工作台上，再在玻璃面上堆放适量的细金刚砂，用粗瓷碗反扣住金刚砂，用双手轻压碗底转圈推动。也可使用较高号水磨石地面用的磨石研磨。研磨操作应从四周边角开始逐步移向中间，直至把玻璃面研磨成均匀的乳白色，达到透光不透视即可。

　　银光刻花玻璃的加工方法：先把平板玻璃用清水洗净晾干后涂满石蜡，然后在石蜡上刻掉成各种花纹，用1∶5浓度的氢氟酸溶液腐蚀玻璃面，最后倒去氢氟酸清除石蜡，用水把玻璃清洗干净为止。

6.4.4　练习题

一、选择题

1. 晶子学说从微观上解释了玻璃的本质，即玻璃的微不均匀性、（　　）与有序性。

A. 连续性　　　　　　　　　　B. 统计均匀性

C. 不连续性　　　　　　　　　D. 周期性

2. （　　）是通过纯碱和芒硝引入玻璃配合料成分中的。

A. 氧化钾　　　　　　　　　　B. 氧化钠

C. 二氧化硅　　　　　　　　　D. 氧化钙

3. 影响玻璃液均化的因素有玻璃液的黏度、玻璃液的表面张力、（　　）、机械搅拌、鼓泡。

A. 温度的变化　　　　　　　　B. 玻璃液的黏度

C. 玻璃液的流动　　　　　　　D. 玻璃的熔化

二、简答题

1. 什么是钢化玻璃？钢化玻璃具有哪些特点？

2. 玻璃产品加工方式有哪些？

项目七　认识功能材料和高分子材料

教学目标

(1) 了解功能材料的应用及发展前景。

(2) 了解高分子材料的分类、用途及特征。

任务 7.1　认识功能材料

7.1.1　学习目标

(1) 掌握功能材料的定义。

(2) 了解功能材料的分类。

(3) 了解功能材料的应用。

7.1.2　任务描述

如图 7-1-1 所示，依据你现有的生活常识，试回答问题：

(1) 生活中有哪些属于功能材料的制品？它们有哪些特点？

(2) 如何识别生活中的功能材料制品？

图 7-1-1　功能材料制品图

7.1.3　必备知识

一、功能材料的概念

功能材料是指通过光、电、磁、热、化学、生化等作用后具有特定功能的材料。在国外，也常将这类材料称为特种材料或精细材料。功能材料相对于通常的结构材料而言，一般除了具有机械特性外，还具有其他的功能特性。

功能材料学是一门新学科，是从经典的高分子材料中孕育出来的学科，目前对它进行严格的定义尚有一定的难度，就像许多化学变化中存在着物理现象、高级运动中总是伴随着低级运动一样，功能材料既遵守材料的一般特性和变化规律，又具有其自身的特点，因此可认为是传统材料的更高级的形式。

二、功能材料的分类

随着技术的发展和人类知识的扩展，新型的功能材料不断被开发出来，因此对其也产生了许多不同的分类方法。从不同的功能考虑，可将功能材料分为以下几类。

(1) 从力学功能来分类，主要有强化功能材料和弹性功能材料，如高结晶材料、超高强材料等。

(2) 从化学功能来分类，主要有分离功能材料(如分离膜、离子交换树脂、高分子络合物等)、反应功能材料(如高分子试剂、高分子催化剂等)、生物功能材料(如固定化酶、生物反应器等)。

(3) 从物理化学功能来分类，主要有电学功能材料(如超导体、导电高分子等)、光学功能材料(如光导纤维、感光性高分子等)、能量转换材料(如压电材料、光电材料等)。

(4) 从生物化学功能来分类，主要有医用功能材料、人工脏器用材料(如人工肾，人工肺，可降解的医用缝合线、骨钉、骨板等)、功能性药物(如缓释高分子、药物活性高分子、高分子农药等)、生物降解材料(如多肽、聚氨基酸、聚酯、聚乳酸、甲壳素等)。

三、功能材料的特点

功能材料是目前材料领域发展最快的新领域。功能材料产品产量小、利润高，制备过程复杂，其主要原因是基于其特有的"功能性"。功能材料的结构与性能之间存在着密切的联系，材料的骨架、功能基团以及分子组成直接影响着材料的宏观结构与材料的功能。研究功能材料的结构与功能之间的关系，可以指导开发更为先进、新颖的功能材料。

不同种类的功能材料各具特色。金属功能材料是开发比较早的功能材料，随着高新技术的发展，一方面促进了非金属材料的迅速发展，另一方面也促进了金属材料的发展。许多有别于传统金属材料的新型金属功能材料应运而生，有的已被广泛应用，有的具有广泛应用前景。例如，形状记忆合金的发现及各种形状记忆合金体系的开发研制，使得这类新型金属材料在现代军事、电子、汽车、能源、机械、宇航、医疗等领域被广泛地应用。

四、新型功能材料发展现状

随着时代的发展，人类已逐渐进入一个信息时代。为了解决生产高速发展以及由此所产生的能源、环境等一系列的问题，更需要用高科技的方法和手段来生产新型的、功能性的产品，以获得各种优良的综合性能。

功能材料是新材料领域的核心。近十年来，功能材料成为材料科学和工程领域中最为活跃的部分，在全球新材料研究领域中，功能材料约占 85%。随着信息时代的到来，特种功能材料对高新技术的发展起着重要的推动和支撑作用，是 21 世纪信息、生物、能源、环保、空间等高技术领域的关键材料，未来世界需要更多性能优异的功能材料，功能材料正渗透到现代生活的各个领域。

当前国际功能材料及其应用技术正面临新的突破，诸如超导材料、能源材料、智能材料、稀土永磁材料、生态环境材料、特种功能材料等正处于日新月异的发展之中，发展功能材料技术正在成为一些发达国家强化其经济及军事优势的重要手段。

1. 超导材料

自 1911 年荷兰物理学家昂纳斯发现汞的超导特性之后，越来越多的超导材料进入人们的视野，人们发现元素周期表中的很多材料都具有超导性，很长一段时间内科学家们把元素、合金、过渡金属碳化物以及氮化物作为超导材料的研究对象，直到 1985 年金属间化合物铌锡(Nb_3Sn)的出现，虽然其临界转变温度仅 23.2 K，却拓宽了超导材料的研究思路。

在寻求较高 T_c(临界温度)的研究上，我国科学工作者作出了很大的努力，并于 1987 年推出了高温超导材料(临界温度在 77 K 以上)研究理论成果。高温超导材料采用廉价的液氮(77 K)作为制冷剂而取代之前价格昂贵的液氦，第一次实现了液氮温区的高温超导。

2008 年 2 月末，日本科学家发现了铁基超导材料，临界温度约为 17 K。同时期，我国闻海虎小组发现的锶-钒-氧-铁-砷(Sr_2VO_3FeAs)超导材料的超导临界转变温度约为 37 K。2012 年，来自日本的 Takayama 研究小组发现了一系列新型的铂基超导材料，激发了一股新型超导材料的研究热潮。

随着科学技术的发展，超导临界转变温度越来越高，材料制备技术日渐成熟，大幅度降低成本的同时，优化了性能。目前，超导材料正越来越多地应用于尖端技术中，如超导磁悬浮列车、超导计算机、超导电机与超导电力输送、火箭磁悬浮发射、超导磁选矿技术、超导量子干涉仪等。

2. 能源材料

新能源和再生清洁能源技术是 21 世纪世界经济发展中最具有决定性影响的 5 个技术领域之一，新能源包括太阳能、生物质能、核能、风能、地热能、海洋能等一次能源以及二次能源中的氢能等。新能源材料则是指实现新能源的转化和利用以及发展新能源技术中所要用到的关键材料，主要包括以储氢电极合金材料为代表的镍氢电池材料、以嵌锂碳负极和 $LiCoO_2$ 正极为代表的锂离子电池材料、燃料电池材料、以 Si 半导体材料为代表的太阳能电池材料，以及以铀、氘、氚为代表的反应堆核能材料等。

当前的研究热点和技术前沿包括高能储氢材料、聚合物电池材料、多晶薄膜太阳能电池材料等。

3．智能材料

20 世纪 80 年代中期人们提出了智能材料的概念。智能材料是一种集材料与结构、智能处理、执行系统、控制系统和传感系统于一体的复杂的材料体系。它的设计与合成几乎横跨所有的高技术学科领域。构成智能材料的基本材料组元有压电材料、形状记忆材料、光导纤维、电(磁)流变液、磁致伸缩材料和智能高分子材料等。

智能材料是继天然材料、合成高分子材料、人工设计材料之后的第 4 代材料，是现代高技术新材料发展的重要方向之一，将支撑未来高技术的发展，使传统意义下的功能材料和结构材料之间的界线逐渐消失，实现结构功能化、功能多样化。

智能材料的研究重点主要包括以下 6 个方面：

(1) 智能材料概念设计的仿生学理论研究。

(2) 材料智能内禀特性及智商评价体系的研究。

(3) 耗散结构理论应用于智能材料的研究。

(4) 机敏材料的复合-集成原理及设计理论。

(5) 智能结构集成的非线性理论。

(6) 仿人智能控制理论。

4．稀土永磁材料

稀土永磁材料是将钐、钕混合稀土金属与过渡金属(如钴、铁等)组成的合金，用粉末冶金方法压型烧结，经磁场充磁后制得的一种磁性材料。

第三代稀土永磁材料以钕铁硼永磁材料为主。自 1990 年以来，全球烧结钕铁硼磁体产量增长迅猛，年均增长率保持在 25%左右。进入 21 世纪，尽管日、美、欧等发达国家稀土永磁产业的发展止步不前，但由于中国稀土永磁产业的超常发展，使得全球稀土永磁产业依然保持了迅猛增长的态势。从供给端来看，近五年来在汽车、家电等下游行业需求旺盛驱动下，中国稀土永磁材料产量呈逐年增长态势。稀土永磁材料产业链上游主要为稀土，中国是稀土资源大国，2020 年稀土储量占比超过全球稀土储备量(1.2 亿 t)的 1/3；同时也是稀土出口大国，2021 年上半年，全国累计出口稀土 23825.7 t，累计出口金额为 19.4 亿元人民币。

5．生态环境材料

生态环境材料是指那些具有良好的使用性能和优良的环境协调性的材料。生态环境材料的应用范围非常广泛，发展前景十分广阔。随着人们环保意识的提高，生态环境材料的应用也将越来越广泛。目前主要的研究方向有：

(1) 有机膜分离技术，实现海水(或盐碱水)淡化效率达 50%的有机膜实用化和产业化。

(2) 固沙植被材料与技术。

(3) 节能、环保的建筑材料及其关键工艺技术。

7.1.4　练习题

一、简答题

1．功能材料有哪些特点？

2. 功能材料的主要应用领域有哪些？

二、论述题

请查阅资料，试论述新功能材料对传统材料行业发展会带来哪些影响？

任务 7.2　认识高分子材料

7.2.1　学习目标

(1) 掌握高分子材料的定义。
(2) 了解高分子材料的分类。
(3) 了解高分子材料的应用。

7.2.2　任务描述

如图 7-2-1 所示，依据你现有的生活常识，试回答问题：
(1) 生活中你见过哪些高分子材料？
(2) 高分子材料分为几类？

图 7-2-1　天然高分子材料与合成高分子材料图

7.2.3　必备知识

　　高分子材料是由相对分子质量较高的化合物构成的材料，包括橡胶、塑料、纤维、涂料、胶粘剂和高分子基复合材料。高分子是生命存在的形式，所有的生命体都可以看作是高分子的集合。

一、高分子材料的分类

1. 按来源分类

高分子材料按来源可分为天然高分子材料和合成高分子材料。

　　天然高分子材料是存在于动物、植物及生物体内的高分子物质，可分为天然纤维、天然树脂、天然橡胶、动物胶等。合成高分子材料主要是指塑料、合成橡胶和合成纤维

3 大合成材料，此外还包括胶粘剂、涂料以及各种功能性高分子材料。合成高分子材料具有天然高分子材料所没有的或较为优越的性能，如较小的密度、较高的力学性能、耐磨性、耐腐蚀性、电绝缘性等。

2. 按高聚物特性分类

高分子材料按高聚物特性可分为橡胶、纤维、塑料、高分子胶粘剂、高分子涂料和高分子基复合材料等。

橡胶是一类线型柔性高分子聚合物。其分子链间次价力小，分子链柔性好，在外力作用下可产生较大形变，除去外力后能迅速恢复原状。橡胶有天然橡胶和合成橡胶两种。

纤维可分为天然纤维和化学纤维。前者指蚕丝、棉、麻、毛等；后者是以天然高分子或合成高分子为原料，经过纺丝和后处理制得的。纤维的次价力大、形变能力小、模量高，一般为结晶聚合物。

塑料是以合成树脂或化学改性的天然高分子为主要成分，再加入填料、增塑剂和其他添加剂制得的。其分子间次价力、模量和形变量等价于橡胶和纤维之间。通常按合成树脂的特性分为热固性塑料和热塑性塑料；按用途又分为通用塑料和工程塑料。

高分子胶粘剂是以合成天然高分子化合物为主体制成的胶粘材料，可分为天然胶粘剂和合成胶粘剂两种，应用较多的是合成胶粘剂。

高分子涂料是以聚合物为主要成膜物质，添加溶剂和各种添加剂制得的。根据成膜物质不同，可分为油脂涂料、天然树脂涂料和合成树脂涂料。

高分子基复合材料是以高分子化合物为基体，添加各种增强材料制得的一种复合材料。它综合了原有材料的性能特点，并可根据需要进行材料设计。高分子复合材料也称为高分子改性材料，分为分子改性和共混改性两种。

需要注意的是，各类高聚物之间并无严格的界限，同一高聚物，采用不同的合成方法和成形工艺，可以制成塑料，也可制成纤维(比如尼龙等)。而聚氨酯一类的高聚物，在室温下既有玻璃态性质，又有很好的弹性，所以很难说它是橡胶还是塑料。

3. 按应用功能分类

按照材料的应用功能分类，高分子材料可分为通用高分子材料、特种高分子材料和功能高分子材料 3 大类。通用高分子材料指能够大规模工业化生产，已普遍应用于建筑、交通运输、农业、电气电子工业等国民经济主要领域和人们日常生活的高分子材料。这其中又分为塑料、橡胶、纤维、黏合剂、涂料等不同类型。特种高分子材料主要是一类具有优良机械强度和耐热性能的高分子材料，如聚碳酸酯、聚酰亚胺等材料，已广泛应用于工程材料上。功能高分子材料是指具有特定的功能作用，可作功能材料使用的高分子化合物包括功能性分离膜、导电材料、医用高分子材料、液晶高分子材料等。

4. 按高分子主链结构分类

(1) 碳链高聚物：分子主链由 C 原子组成，如 PP(聚丙烯)、PE(聚乙烯)、PVC(聚氯乙烯)等。

(2) 杂链高聚物：分子主链由 C、O、N、P 等原子构成，如聚酰胺、聚酯、硅油等。

(3) 元素有机高聚物：分子主链不含 C 原子，仅由一些杂原子组成高分子，如硅橡胶等。

5. 其他分类

按高分子主链几何形状分类：线型高聚物、支链型高聚物、体型高聚物。按高分子微观排列情况分类：结晶高聚物、半晶高聚物、非晶高聚物。

二、高分子材料的特点

高分子材料是由相对分子质量比一般有机化合物高得多的高分子化合物为主要成分制成的物质。一般有机化合物的相对分子质量只有几十到几百，高分子化合物是通过小分子单体聚合而成的相对分子质量高达上万甚至上百万的聚合物。

1. 优点

高分子材料的优点有：比强度高，韧性高，耐疲劳性好；密度小，有很高的电阻率，熔点相比金属较低；另外，高分子材料可用纤维增强(复合材料)制成高性能的新型材料，部分性能超过金属。当前，高分子材料正向功能化、合金化方向发展，比传统材料有更大的发展空间和更广阔的使用领域。

2. 缺点

高分子材料的缺点有：易应力松弛和蠕变；虽耐腐蚀但粘连时要进行表面处理，加聚合物共混时需要表面处理；另外，有的高分子材料容易吸收紫外线或红外线及可见光而发生降解。

三、常见的高分子材料

生产和生活中常见的高分子材料包括塑料、橡胶、纤维、薄膜、胶粘剂和涂料等。其中，被称为现代高分子 3 大合成材料的塑料、合成纤维和合成橡胶已经成为国民经济建设与人们日常生活所必不可少的重要材料。下面主要介绍纤维、涂料和胶粘剂这 3 种合成高分子材料的特性及应用。

1. 纤维

纤维材料是纤维状物质通过纺织加工工艺形成的结构化材料，通常也被称为纺织材料。纤维材料的应用历史已经相当的悠久，虽然并无明确的记录说明这种材料是何时产生的，但在人类古代贸易中，纤维材料始终占据着重要的地位，这充分说明了纤维材料对人类发展的重要性。

天然纤维或合成纤维可以制成纤维纸或各种纺织品而直接用作绝缘材料；或用纸浸以液体介质后成为浸渍纸，用作电容器介质和电缆绝缘；或浸(涂)以绝缘树脂(胶)后经热压，卷制成绝缘层压制品、卷制品后用作绝缘材料；或用绝缘漆浸渍制成绝缘漆布(带)、漆绸等用于电绝缘。天然无机纤维可以单独使用，也可以同植物纤维或合成纤维结合使用，作为耐高温绝缘材料。

纤维材料还广泛用作超导和低温绕组线的绝缘材料，此时具有如下优点：在超导磁体线圈中，能使冷却剂浸透所有的截面，增加传热面积；保证浸渍漆或包封胶直接与超导纤维及复合层接触。原则上，天然丝、玻璃纤维和合成纤维都可作为低温用丝包绝缘材料，但实际上，在超导磁体线圈中广泛使用的是聚己内酰胺和聚酯纤维等合成纤维。

1) 纤维材料的分类

纤维材料可分为天然纤维和合成纤维两大类。

(1) 天然纤维。天然纤维包括植物纤维和动物纤维。植物纤维包括棉、麻、竹和木纤维等(见图7-2-2)，其主要成分是纤维素$(C_6H_{10}O_5)_n$，纤维素的分子量较大，分子中含有 OH 基。纤维素常形成细管状的微纤维，由此构成空心管状的植物纤维，直径约 0.02～0.07 mm，具有多孔结构。由于存在 OH 基和具有多孔性，其吸湿性很大，浸渍性很好。吸湿后机械强度显著降低，浸渍后介电性能大为提高。植物纤维的耐热性较差。动物纤维通常使用的有蚕丝，其组成为蛋白质，但其形态与植物纤维大不相同，是一类光滑的长丝，其耐热性也较差。

图 7-2-2 竹子与木桌凳

(2) 合成纤维。合成纤维是将具有高分子量的聚合物加于有机溶剂中(有时还加助溶剂)制成纺丝液后再用干法或湿法纺丝工艺制成(见图7-2-3)的。由于所用聚合物不同，各种合成纤维的性能也大不相同。例如，用聚芳酰胺制得的纤维的耐热性很高，在 180℃热空气中经过 10 000 h 后纤维强度仍能保持在原始值的 80% 以上，在 400℃ 以上才有明显分解；具有自熄性(即在直接火焰中可燃，火焰移去后即迅速自熄)和较高的化学稳定性，有良好的耐碱性、水解稳定性和耐辐射性。

图 7-2-3 合成纤维制品

合成纤维的化学组成和天然纤维完全不同，是从一些本身并不含有纤维素或蛋白质的物质如石油、煤等，先合成单位，再用化学合成与机械加工的方法制成纤维。合成纤维主要有以下 4 种：

① 聚酰胺纤维(锦纶或尼龙)。这类纤维具有韧性强、弹性高、质量轻、耐磨性好等特点，湿润时强度下降很少，染色性好，抗疲劳性也好，较难起皱。

② 聚酯纤维(涤纶或"的确良")。聚酯纤维是生产量最多的合成纤维，以短纤维、

纺纱和长丝的形式供应市场，广泛与其他纤维进行混纺。其特点有：高强度、耐磨、耐蚀及疏水性；润滑时强度完全不降低，干燥时强度大致与锦纶相等；弹性模量大、热稳定性特别好、经洗耐穿、耐光性好、可与其他纤维混纺。

③ 聚丙烯腈纤维(奥纶、开司米纶或"腈纶")。这类纤维几乎都是短纤维，具有质量轻、保湿性好、强韧而富弹性、软化温度高、吸水率低等特点，强度不如锦纶和涤纶。

④ 无机纤维。无机纤维包括石棉、玻璃纤维等。常用来作电绝缘的石棉是温石棉，主要化学成分为含结晶水的正硅酸镁盐($3MgO \cdot 2SiO_2 \cdot 2H_2O$)。当温度高达 $450 \sim 700 ℃$ 时，温石棉将失去化合水而变成粉状物。电工中用的石棉纤维有长纤维(由手工加工而成)和短纤维(由机选而得)之分，它们的共同特点是有很高的耐热性，但是介电性能较差，一般用作耐高温的低压电机、电器等的绝缘、密封和衬垫材料。

2) 纤维材料的应用

纤维材料制作的产品在纺织服装领域如此璀璨，让很多人忽视了它在其他领域上的应用。诚然，在化学纤维出现以前，由于天然纤维在力学性能、对恶劣环境适应能力上的不足，纤维材料在工程领域的应用较少，一般只是用作隔热材料，如蓄热取暖设备、工业用炉、发电设备等。在 19 世纪末期化学纤维发明之后，通过化学合成技术，能够生产出具有着高强度、高模量、耐高温、耐腐蚀、阻燃性等特性的化学纤维，极大地弥补了天然纤维在性能上的不足。

得益于化学纤维的进步，纤维材料被材料科学界所重视。由于纤维材料结构上的特殊性，纤维材料有着传统固体材料不可比拟的物理学特性，加之其质量轻、可以整体成形的特点，受到各个领域重视。20 世纪 20 年代，波音公司就已经使用纺织结构来增强飞机的机翼。在波音 787 飞机上，纤维复合材料的使用量已经达到了 50%。纤维材料在建筑上的应用广泛，包括了篷帆布材料、膜结构材料、防水材料、纤维增强复合材料等。这些材料不仅有美化、装饰作用，还具有质量轻、高强度、保温好、可回收、可降解、可再生等特点，属于现代建筑领域的新型材料。在医用材料中，从缝合线到人造皮肤、人造血管、人造骨骼、人造关节、人工韧带，乃至人工肾、人工肝、人工肺、人工心脏等，都大量地应用了纤维材料。

2. 涂料

涂料，中国传统名称为油漆。所谓涂料，是涂覆在被保护或被装饰的物体表面，并能与被涂物形成牢固附着的连续薄膜，通常是以树脂、油或乳液为主，添加或不添加颜料、填料，添加相应助剂，用有机溶剂或水配制而成的黏稠液体。

1) 涂料的分类

涂料的分类方法很多，通常有以下几种分类方法：

(1) 按产品的形态分为液态涂料、粉末型涂料、高固体份涂料。

(2) 按涂料使用分散介质分为溶剂型涂料、水性涂料(如乳液型涂料、水溶型涂料)。

(3) 按用途可分为建筑涂料、罐头涂料、汽车涂料、飞机涂料、家电涂料、木器涂料、桥梁涂料、塑料涂料、纸张涂料、船舶涂料、风力发电涂料、核电涂料、管道涂料、钢结构涂料、橡胶涂料、航空涂料等。

(4) 按性能分为防腐蚀涂料、防锈涂料、绝缘涂料、耐高温涂料、耐老化涂料、耐酸碱涂料、耐化学介质涂料。

(5) 按其施工工序分为封闭漆、腻子、底漆、二道底漆、面漆、罩光漆等。

(6) 按施工方法分为刷涂涂料、喷涂涂料、辊涂涂料、浸涂涂料、电泳涂料等。

(7) 按功能分为不粘涂料、铁氟龙涂料、装饰涂料、防腐涂料、导电涂料、防锈涂料、耐高温涂料、示温涂料、隔热涂料、防火涂料、防水涂料等。

(8) 按家用涂料分为内墙涂料、外墙涂料、木器漆、金属用漆、地坪漆等。

(9) 按漆膜性能分为防腐漆、绝缘漆、导电漆、耐热漆等。

(10) 按成膜物质分为天然树脂类涂料、酚醛类涂料、醇酸类涂料、氨基类涂料、硝基类涂料、环氧类涂料、氯化橡胶类涂料、丙烯酸类涂料、聚氨酯类涂料、有机硅树脂类涂料、氟碳树脂类涂料、聚硅氧烷类涂料、乙烯树脂类涂料等。

(11) 按基料的种类分为有机涂料、无机涂料、有机-无机复合涂料。有机涂料由于其使用的溶剂不同，又分为有机溶剂型涂料和有机水性(包括水乳型和水溶型)涂料两类。生活中常见的涂料一般都是有机涂料。无机涂料指的是用无机高分子材料为基料所生产的涂料，包括水溶性硅酸盐系、硅溶胶系、有机硅及无机聚合物系。有机-无机复合涂料有两种复合形式：一种是涂料在生产时采用有机材料和无机材料共同作为基料，形成复合涂料；另一种是有机涂料和无机涂料在装饰施工时相互结合。

(12) 按照使用颜色效果分为金属漆、本色漆(实色漆)、透明清漆等。

常用的工业涂料有环氧树脂、聚氨酯等(见图7-2-4)。

图 7-2-4　常见的涂料

2) 涂料的组成

涂料一般有 4 种基本成分：成膜物质(树脂、乳液)、颜料(包括体质颜料)、溶剂和添加剂(助剂)。

(1) 成膜物质是涂膜的主要成分，包括油脂、油脂加工产品、纤维素衍生物、天然树脂、合成树脂和合成乳液。成膜物质还包括部分不挥发的活性稀释剂，它是使涂料牢固附着于被涂物面上形成连续薄膜的主要物质，是构成涂料的基础，决定着涂料的基本特性。

(2) 颜料一般分两种，一种为着色颜料，如常见的钛白粉、铬黄等；还有一种为体质颜料，也就是常说的填料，如碳酸钙、滑石粉等。

(3) 溶剂包括烃类(矿物油精、煤油、汽油、苯、甲苯、二甲苯等)、醇类、醚类、酮类和酯类物质。溶剂和水的主要作用在于使成膜基料分散而形成黏稠液体，有助于施工和改善涂膜的某些性能。

(4) 助剂包括消泡剂、流平剂等，还有一些特殊的功能助剂，如底材润湿剂等。这些助剂一般不能成膜并且添加量少，但对基料形成涂膜的过程与耐久性起着相当重要的作用。

3. 胶粘剂

胶粘剂又名胶合剂、黏合剂，俗称"胶"。它是将2种材料通过界面的黏附和内聚强度连接在一起的物质，对被粘接物的结构不会有显著的变化，并赋予胶接面以足够的强度。界面的粘接使用黏合剂克服了焊接或铆接时的应力集中现象，粘接具有良好的耐振动、耐疲劳性、应力分布均匀、密封性好等特性。在许多场合黏合剂可以代替焊接、铆接、螺栓及其他机械连接，适用于异型及复杂构件的粘接，也适用于薄板材料、小型元件的粘接，在宇航、交通运输、仪器仪表、电子电器、纺织、建筑、木材加工、医疗器械、机械制造、生活用品等领域黏合剂及粘接技术得到了广泛的应用。

黏合剂是一类重要的高分子材料(见图 7-2-5)。人类在很久以前就开始使用淀粉、树胶等天然高分子材料作为黏合剂。黏合剂种类繁多，功能各异，因此有多种分类方法，其中有按物理形态分类的，有按化学组成分类的，也有按用途及固化方式等分类的。按化学组成可分为无机和有机黏合剂。

图 7-2-5　常见的黏合剂

(1) 无机黏合剂有硅酸盐、磷酸盐、硫酸盐(石膏)、硼酸盐(熔接玻璃)、陶瓷、氧化锆、氧化铝、低熔点金属(铅、锡)等。

(2) 有机黏合剂包括天然有机黏合剂和有机合成黏合剂。天然有机黏合剂有淀粉、蛋白质(如大豆蛋白、酪素、骨胶、鱼胶、虫胶等)、天然树脂(如松香、树胶、木质素等)、天然橡胶及胶乳、沥青等。有机合成黏合剂有热固性树脂、热塑性树脂、合成橡胶、复合型胶等。

7.2.3　拓展知识

一、新型高分子材料

尽管高分子材料因普遍具有许多金属和无机材料所无法取代的优点而获得了迅速的

发展，但目前已大规模生产的还是只能在寻常条件下使用的高分子物质，即所谓的通用高分子材料。这类高分子材料具有机械强度和刚性差、耐热性低等缺点。现代工程技术的发展，向高分子材料提出了更高的要求，推动了高分子材料向高性能化、功能化和生物化方向发展，因此出现了许多产量低、价格高、性能优异的新型高分子材料。

1. 高分子分离膜

高分子分离膜是由聚合物或高分子复合材料制得的具有分离流体混合物功能的薄膜。膜分离是依据膜的选择透过性，将分离膜作为间隔层，在压力差、浓度差或电位差的推动力下，借流体混合物中各组分透过膜的速率不同，使之在膜的两侧分别富集，以达到分离、精制、浓缩及回收利用的目的。分离膜只有组装成膜分离器，构成膜分离系统才能进行实用性的物质分离过程。一般有平膜式、管膜式、卷膜式和中空纤维膜式分离装置。高分子分离膜广泛应用于海水淡化、食品浓缩、废水处理、富氧空气制备、医用超纯水制造、人工肾及人工肺装置、药物的缓释等方面。

2. 高分子磁性材料

高分子磁性材料是人类在不断开拓磁与高分子聚合物(如合成树脂、橡胶)的新应用领域的同时，而赋予磁与高分子的传统应用以新的涵义和内容的材料之一。早期磁性材料源于天然磁石，以后才利用磁铁矿(铁氧体)烧结或铸造成磁性体，现在工业常用的磁性材料有 3 种，即铁氧体磁铁、稀土类磁铁和铝镍钴合金磁铁。它们的缺点是既硬且脆，加工性差。为了克服这些缺陷，将磁粉混炼于塑料或橡胶中制成的高分子磁性材料便应运而生了。这样制成的复合型高分子磁性材料，因具有密度小、容易加工成尺寸精度高和形状复杂的制品，还能与其他元件一体成形等特点，而越来越受到人们的关注。

高分子磁性材料主要可分为两大类，即结构型和复合型。所谓结构型，是指在不添加无机类磁粉的情况下，高分子材料本身具有与金属磁铁相同的强磁性的材料。目前具有实用价值的主要是复合型。

3. 光功能高分子材料

所谓光功能高分子材料，是指能够对光进行透射、吸收、储存、转换的一类高分子材料。目前，这一类材料已有很多，主要包括光导材料、光记录材料、光加工材料、光学用塑料(如塑料透镜、接触眼镜等)、光转换系统材料、光显示用材料、光导电用材料、光合作用材料等。利用高分子材料曲线传播特性，又可以开发出非线性光学元件，如塑料光导纤维、塑料石英复合光导纤维等；而光盘的基本材料就是高性能的有机玻璃和聚碳酸酯。此外，利用高分子材料的光化学反应，可以开发出在电子工业和印刷工业上得到广泛使用的感光树脂、光固化涂料及黏合剂；利用高分子材料的能量转换特性，可制成光导电材料和光致变色材料；利用某些高分子材料的折光率随机械应力而变化的特性，可开发出光弹材料，用于研究力结构材料内部的应力分布等。

4. 高分子复合材料

高分子复合材料是指由高分子材料和另外不同组成、不同形状、不同性质的物质复合粘接而成的多相材料。高分子复合材料的最大优点是博各种材料之长，如高强度、质轻、耐温、耐腐蚀、绝热、绝缘等性质，根据应用目的，选取高分子材料和其他具有特殊性质的材料，制成满足需要的复合材料。高分子复合材料分为两大类：高分子结构复合材料和高分子功能复合材料。高分子结构复合材料包括两个组分：① 增强剂，主要是具有高强度、高模量、耐温的纤维及织物，如玻璃纤维、氮化硅晶须、硼纤维及以上纤维的织物；② 基体材料，主要是起黏合作用的胶粘剂，如不饱和聚酯树脂、环氧树脂、酚醛树脂、聚酰亚胺等热固性树脂及苯乙烯、聚丙烯等热塑性树脂。高分子复合材料的比强度、比模量比金属还高，是国防、尖端技术领域不可缺少的材料。

二、合成加工

高分子材料在加工之前，要先进行合成，把单体合成为聚合物进行造粒，然后才进行熔融加工。高分子材料的合成方法有本体聚合、悬浮聚合、乳液聚合、溶液聚合和气相聚合等。这其中引发剂起了很重要的作用，偶氮引发剂和过氧类引发剂都是常用的引发剂，高分子材料助剂往往对高分子材料性能的改进和成本的降低都有很明显的作用。

高分子材料的加工成形不是单纯的物理过程，而是决定高分子材料最终结构和性能的重要环节。除胶粘剂、涂料一般无需加工成形而可直接使用外，橡胶、纤维、塑料等通常须用相应的成形方法加工成制品。一般塑料制品常用的成形方法有挤出、注射、压延、吹塑、模压或传递模塑等。橡胶制品有塑炼、混炼、压延或挤出等成形工序。纤维有纺丝溶体制备、纤维成形和卷绕、后处理、初生纤维的拉伸和热定形等。

在成形过程中，聚合物有可能受温度、压强、应力及作用时间等变化的影响，导致高分子降解、交联以及其他化学反应，使聚合物的聚集态结构和化学结构发生变化。因此加工过程不仅决定高分子材料制品的外观形状和质量，而且对材料超分子结构和织态结构甚至链结构有重要影响。

7.2.4 练习题

一、选择题(不定项)

1. 高分子材料的主要应用领域有( )。

A. 航空航天   B. 医疗卫生

C. 文体生活   D. 农业建筑

2. 下列日常用品，用到高分子材料的有( )。

A. 轮胎   B. 竹子

C. 502 胶水   D. 石头

3. 下列生活中的常见材料，属于有机合成高分子材料的是( )。

A. 钢筋混凝土   B. 陶瓷

C. 塑料   D. 油脂

4. 下列物质中不属于天然高分子化合物的是( )。

A. 纤维素   B. 蛋白质

C. 蔗糖   D. 淀粉

二、填空题

1. 高分子材料按特性可分为 ＿＿＿＿＿＿、＿＿＿＿＿＿、＿＿＿＿＿＿、＿＿＿＿＿＿ 等。

2. 高分子材料的优点有 _____、_____、_____、_____ 等。

三、简答题

1. 高分子材料主要用在哪些行业？
2. 高分子材料有哪些特征？
2. 常见的合成高分子材料有哪些？

项目八　认识复合材料

教学目标

(1) 熟识复合材料的应用。
(2) 熟识复合材料的特征。
(3) 熟识复合材料的加工。

任务8.1　了解复合材料

8.1.1　学习目标

(1) 掌握复合材料的定义。
(2) 了解复合材料的分类。
(3) 了解复合材料的应用。

8.1.2　任务描述

如图 8-1-1 所示，依据你现有的生活常识，试回答问题：
(1) 生活中你见过哪些复合材料？
(2) 如何安全使用复合材料制品？

图 8-1-1　复合材料制品

8.1.3　必备知识

一、复合材料的定义

复合材料,是由 2 种或 2 种以上不同性质的材料,通过物理或化学的方法,在宏观(微观)上组成的具有新性能的材料。各种材料在性能上互相取长补短,产生协同效应,使复合材料的综合性能优于原组成材料而满足各种不同的要求。复合材料的基体材料分为金属和非金属两大类。金属基体常用的有铝、镁、铜、钛及其合金。非金属基体主要有合成树脂、橡胶、陶瓷、石墨、碳等。增强材料主要有玻璃纤维、碳纤维、硼纤维、芳纶纤维、碳化硅纤维、石棉纤维、晶须、金属丝和硬质细粒等。

二、复合材料的发展

复合材料使用的历史可以追溯到公元前。从古至今沿用的稻草或麦秸增强黏土和已使用上百年的钢筋混凝土均由两种材料复合而成。20 世纪 40 年代,因航空工业的需要,发展了玻璃纤维增强塑料(俗称玻璃钢),从此出现了复合材料这一名称。20 世纪 50 年代以后,陆续发展了碳纤维、石墨纤维和硼纤维等高强度和高模量纤维。20 世纪 70 年代出现了芳纶纤维和碳化硅纤维。这些高强度、高模量纤维能与合成树脂、碳、石墨、陶瓷、橡胶等非金属基体或铝、镁、钛等金属基体复合,构成各具特色的复合材料。

现代高科技的发展离不开复合材料,复合材料对现代科学技术的发展,有着十分重要的作用。复合材料的研究深度和应用广度及其生产发展的速度和规模,已成为衡量一个国家科学技术先进水平的重要标志之一。

在众多的复合材料中,纤维强化高分子材料得到了最为广泛的应用,如航天航空器材料、交通运输材料等。据统计,美国 20 世纪 80 年代碳纤维强化高分子材料的 80%、芳香族聚酰胺纤维强化高分子材料的几乎 100%都用在航天航空方面,其中以在军用战斗机上的应用最多。

据中研研究院《2020—2025 年中国复合材料行业市场全景调研及投资价值评估咨询报告》显示,复合材料作为新型功能结构材料,具有质量轻、比强度和比刚度高、阻尼性能好、耐疲劳、耐蠕变、耐化学腐蚀、耐磨、热膨胀系数低,以及射线透过性好等特点,备受造船界的重视。近年来,先进复合材料和轻量化结构技术已成为减轻船体质量的关键技术,在救生艇、细长艇、高速执法艇、充气艇等一些需要提高速度的舰船上得以应用,取得了良好的效果,尤其是在制造高质量的船体结构方面有着巨大的优势。随着社会发展,无论是军事还是救援、执法方面的船只,都对船速提出了新的要求,而降低船只的总重,是使高速船只得以实现的最有效的办法之一。特别是在武装攻击中,必须降低船只的质量,以便在相同动力下获得更高的有效载荷,并节约燃料、降低成本,在提高航速的同时提高了船只的机动灵活性。

随着科技的发展,树脂与玻璃纤维在技术上不断进步,生产厂家的制造能力普遍提高,使得玻璃纤维增强复合材料的价格成本已被许多行业接受,但玻璃纤维增强复合材料的强度尚不足以和金属匹敌。因此，碳纤维、硼纤维等增强复合材料相继问世，使高分子复合材料家族更加完备，已经成为众多产业的必备材料。目前全世界复合材料的年产量已达 550 多万吨，年产值达 1300 亿美元以上，若将欧、美的军事航空航天的高价值产品计入，其产值将更为惊人。

三、复合材料的分类

复合材料是一种混合物，在很多领域都发挥了很大的作用，代替了很多传统的材料。复合材料按其组成分为金属与金属、非金属与金属、非金属与非金属复合材料。复合材料按其结构特点分为：① 纤维增强复合材料，将各种纤维增强体置于基体材料内复合而成，如纤维增强塑料、纤维增强金属等；② 夹层复合材料，由性质不同的表面材料和芯材组合而成，通常面材强度高但很薄，芯材质轻、强度低，但具有一定刚度和厚度，分为实心夹层和蜂窝夹层两种；③ 细粒复合材料，将硬质细粒均匀分布于基体中，如弥散强化合金、金属陶瓷等；④ 混杂复合材料，由 2 种或 2 种以上增强相材料混杂于一种基体相材料中构成，与普通单增强相复合材料比，其冲击强度、疲劳强度和断裂韧性显著提高，并具有特殊的热膨胀性能，分为层内混杂、层间混杂、夹芯混杂、层内层间混杂和超混杂复合材料。

四、复合材料的基本性能

复合材料的基本性能如下：

(1) 比强度、比模量高。复合材料的比强度(强度极限/密度)与比模量(弹性模量/密度)比其他材料高得多，这表明复合材料具有较高的承载能力。它不仅具有高强度，而且还有质量轻的特点。因此，将此类材料用于动力设备，可大大提高动力设备的效率。

(2) 抗疲劳性能好。复合材料具有高疲劳强度，例如，碳纤维增强聚酯树脂的疲劳强度为其拉伸强度的 70%～80%，而大多数金属材料的疲劳强度只有其抗拉强度的40%～50%。

(3) 破损安全性好。纤维增强复合材料是由大量单根纤维构成的，受载后即使有少量纤维断裂，载荷也会迅速重新分布，由未断裂的纤维承担，这样可使构件丧失承载能力的过程延长，表面断裂安全性能较好。

(4) 减振性能好。工程结构、机械及设备的自振频率除与本身的质量和形状有关外，还与材料的比模量的平方根成正比。复合材料具有高比模量，因此也具有高自振频率，这样可以有效地防止在工作状态下产生共振及由此引起的早期破坏。同时，复合材料中纤维和基体间界面有较强吸振能力，表明它有较高的振动阻尼，故振动衰减比其他材料快。

(5) 耐热性能好。树脂基复合材料的耐热性要比相应的塑料有明显的提高。金属基复合材料的耐热性更显出其优越性，例如，铝合金在 400℃时，其强度大幅度下降，仅为室温时的 0.06～0.1 倍，而弹性模量几乎降为 0。而用碳纤维或硼纤维增强铝，400℃时强度和弹性模量几乎与室温下保持在同一水平。

(6) 成形工艺简单。复合材料可用模具采用一次成形制成各种构件，工艺简单，材料利用率高。

五、复合材料的成形方法

复合材料的成形方法按基体材料不同而不同。树脂基复合材料的成形方法较多，有手糊成形、喷射成形、纤维缠绕成形、模压成形、拉挤成形、热压罐成形、隔膜成形、迁移成形、反应注射成形、软膜膨胀成形、冲压成形等。金属基复合材料的成形方法分为固相成形法和液相成形法。前者是在低于基体熔点温度下，通过施加压力实现成形，包括扩散焊接、粉末冶金、热轧、热拔、热等静压和爆炸焊接等；后者是将基体熔化后，充填到增强体材料中，包括传统铸造、真空吸铸、真空反压铸造、挤压铸造及喷铸等。陶瓷基复合材料的成形方法主要有固相烧结、化学气相浸渗成形、化学气相沉积成形等。

六、相关复合材料介绍

1. 纳米复合材料

纳米复合材料是以树脂、橡胶、陶瓷和金属等基体为连续相，以纳米尺寸的金属、半导体、刚性粒子和其他无机粒子、纤维、纳米碳管等改性为分散相，通过适当的制备方法将改性剂均匀性地分散于基体材料中，形成一相含有纳米尺寸材料的复合体系，这一体系材料称之为纳米复合材料。纳米复合材料由于其优良的综合性能，特别是其性能的可设计性被广泛应用于航空航天、国防、交通、体育等领域。纳米复合材料近年来发展很快，世界发达国家新材料发展的战略都把纳米复合材料的发展放到重要的位置，研究方向主要包括纳米聚合物基复合材料、纳米碳管功能复合材料、纳米钨铜复合材料等。

2. 功能复合材料

功能复合材料是指除机械性能以外而提供其他物理性能的复合材料，如导电、超导、半导、磁性、压电、阻尼、吸波、透波、摩擦、屏蔽、阻燃、防热、吸声、隔热等凸显某一功能。功能复合材料主要由功能体和增强体及基体组成。功能体可由一种或一种以上功能材料组成。多元功能体的复合材料可以具有多种功能，同时，还有可能由于复合效应而产生新的功能。多功能复合材料是功能复合材料的发展方向。

3. 塑木复合材料

塑木是以木屑、竹屑、稻壳、麦秸、大豆皮、花生壳、甘蔗渣、棉秸秆等低值生物质纤维为主原料，与塑料合成的一种复合材料。

塑木复合材料同时具备植物纤维和塑料的优点，适用范围广泛，几乎可涵盖所有原木、塑料、塑钢、铝合金及其他类似复合材料的使用领域，同时也解决了塑料、木材行业废弃资源的再生利用问题。其主要特点有：原料资源化、产品可塑化、使用环保化、成本经济化、回收再生化。

七、复合材料的应用

复合材料的主要应用领域有：

(1) 航空航天领域。由于复合材料热稳定性好，比强度、比刚度高，可用于制造飞机机翼和前机身、卫星天线及其支撑结构、太阳能电池翼和外壳、大型运载火箭壳体、发动机壳体、航天飞机结构件等。

(2) 汽车工业领域。由于复合材料具有特殊的振动阻尼特性，可减振和降低噪声，抗疲劳性能好，损伤后易修理，便于整体成形，故可用于制造汽车车身、受力构件、传动轴、发动机架及其内部构件。

(3) 化工、纺织和机械制造领域。由良好耐蚀性的碳纤维与树脂基体复合而成的材料，可用于制造化工设备、纺织机、造纸机、复印机、高速机床、精密仪器等。

(4) 医学领域。碳纤维复合材料具有优异的力学性能和不吸收 X 射线的特性，可用于制造医用 X 光机和矫形支架等。碳纤维复合材料还具有生物组织相溶性和血液相溶性，生物环境下稳定性好，也用作生物医学材料。此外，复合材料还用于制造体育运动器件和用作建筑材料等。

1. 金属复合材料的应用

在金属复合材料中，以层状复合材料应用面最广、产量最大，如铝包钢导线、刚性电车导线、低温超导材料、各种复合板、双金属管等。

在金属复合材料中，以颗粒强化复合材料发展最快，应用较为广泛，其中尤以铝基复合材料较为突出。迄今为止，颗粒强化金属基复合材料的主要应用范围有：仪表用结构材料，如高 SiC 含量的铝基复合材料(高比弹性材料)；耐磨材料，如轿车发动机汽缸内套和活塞、摩托车的刹车盘等；耐热材料，如汽轮机叶片(具有较好的中高温强度与耐高温蠕变性的各种 Y_2O_3 强化 Ni 基复合材料)。用 SiC 颗粒强化 6N01(日本独有的铝合金牌号，相当于低镁含量的 6061 合金)可制得山地自行车轮圈，这种复合材料的轮圈较之常规的 6061 合金轮圈，断裂强度提高 8%，耐磨性提高 2.5 倍，刹车制动距离减短 15%～60%。由铝合金复合材料制作的发动机汽缸内套，其耐磨性与铸铁件等同，而质量只有铸铁件的 1/3，这对于轿车的轻量化极为有利。此外，颗粒强化铝基复合材料还用于高尔夫球杆头及其他体育用具。

2. 陶瓷复合材料的应用

陶瓷复合材料具有强度高、质量轻、耐腐蚀、耐高温等一系列优点，受到广泛的关注与重视。然而，与功能陶瓷材料相比，结构陶瓷材料的发展较慢，应用受到限制。这主要是由于其脆性与性能(尤其是强度)的不稳定性所造成的。因此，在陶瓷材料中加入颗粒、晶须、纤维进行复合，以提高结构陶瓷材料的强度、韧性与性能稳定性非常重要。

目前，陶瓷复合材料主要应用在耐磨、耐蚀、耐高温以及对于强度、比强度、质量有特殊要求的材料等方面。作为高温结构件的陶瓷复合材料，较为成功的应用实例是轿车发动机涡轮增压器用的转子材料(Si_3N_4 基复合材料)，其工作温度为 900℃，最高转速达每分钟十几万转。Si_3N_4 基复合材料的另一典型应用是耐磨材料，如耐磨轴承、刀具等。

3. 高分子复合材料的应用

高分子复合材料在日常生活、化工、船舶、航空与航天、电子通信、工程结构材料等领域具有极为广泛的应用。例如，玻璃钢大量用于船舶、化工冷凝塔等的结构材料；人造革与人们的日常生活紧密相关；高强度纤维强化高分子复合材料大量用于军用飞机结构材料、降落伞绳等。

8.1.4 练习题

一、选择题(不定项)

1. 下列生活中的常见材料，属于复合材料的是(   )。
A. 钢筋混凝土   B. 陶瓷
C. 塑料   D. 铝合金
2. 下列物质中不属于复合材料的是(   )。
A. 不锈钢   B. 蛋白质
C. 纯铜   D. 铝合金

二、填空题

1. 复合材料按结构特点可分为 _____、_____、_____。
2. 复合材料的主要性能有 _____、_____、_____、_____。

三、简答题

1. 简述复合材料的成形方法。
2. 举例说明复合材料的应用领域有哪些？

任务8.2 复合材料的设计

8.2.1 学习目标

(1) 掌握复合理论的定义。
(2) 了解复合材料设计的原则。
(3) 了解复合材料设计的理念。

8.2.2 任务描述

(1) 通过学习基础理论，初步掌握复合材料设计程序。
(2) 通过复合材料的性能，掌握复合材料的加工方法及工艺。

8.2.3 必备知识

复合理论对于复合材料的制备与加工具有十分重要的作用，主要体现在两个方面。
第一，根据复合材料的使用性能要求，应用复合理论可以确定组元的种类、含量与分布形态，选择复合方法，这一过程称为复合材料设计。复合材料的一个十分重要的特征是，通过改变复合组元与复合方法(例如强化相的分散方法)，可在相当广泛的范围内创制出具有不同性能的材料。

第二，在已知组元的性质(性能)、含量与分布形态的情况下，应用复合理论可以预测复合材料的性能，以便正确设计构件或零件的形状尺寸，规定其使用条件。

经典意义上的复合材料设计，是指通过将几种不同的材料组合在一起，以获得具有所需性能的材料的过程(即单纯的性能设计)。随着经济的发展与科学技术的进步，复合材料设计应包括以下几个方面的内容。

(1) 性能设计。根据组元的特性(如基本物理性能、力学性能)、形状、分布与取向、组成比等对复合材料性能的影响规律，设计出所需材料性能。

复合材料的性能包括 3 个方面：物理性能、机械性能以及从材料应用角度来看十分重要的可加工性能。物理性能包括密度、热容量、线膨胀系数、热传导率以及电磁性能等，其中对于分散强化型复合材料，以密度、热膨胀系数最受重视。机械性能主要有弹性系数、强度、断裂韧性与耐磨损性能等。可加工性能是指对所制得的复合材料进行二次加工(赋予材料以所需形状或直接加工成制品的塑性变形或机加工)的性能。

(2) 制备与加工工艺设计。由于复合材料的加工性能较差，在进行复合材料的设计时，必须充分考虑制备的难易程度以及后续加工的可能性，在此基础上进行制备与加工工艺的选择、设计。例如，由于陶瓷复合材料的二次加工性能很差，因此在许多情况下采用近终形成形方式，以求尽可能地减少后续加工量。

(3) 经济性。即综合考虑原材料成本、制备与加工的难易程度、生产率等因素对复合材料价格的影响。一般各种复合材料的制备工艺都比较复杂，对设备的要求高，因而生产效率较低、成本较高。因此，在进行复合材料设计时需要考虑经济性的问题。

一、复合准则

在进行复合材料的性能设计时，需要知道组元材料的性能与复合材料性能之间的关系，这种关系称为复合准则，常简称为 ROM(Rule Of Mixtures)。用于复合材料的弹性系数、强度、导电导热等性能设计的准则，主要有简单复合准则和基于弹性理论的复合准则。这里主要介绍简单复合准则。

在材料设计的初期阶段，往往需要根据目标性能，对材料的组元数和各组元的含量进行初步而简单的估计。最为简单的估计方法是假设复合材料的性能与组元的体积分数成正比，即有如下一般关系：

$$P_c^n = \sum_{i=1}^{N} (P_i)^n V_i \tag{8-2-1}$$

式中：P_c——复合材料的性能指标；

P_i——各组元的性能指标；

V_i——各组元的体积分数；

N——组元的数目；

n——试验参数。

大量试验研究的结果表明，n 的取值满足 $-1 \leqslant n \leqslant 1$ 的关系。式(8-2-1)称为简单复合准则。当 $n = 1$，且复合材料由基体和一种强化相组成($N = 2$)时，式(8-2-1)成为如下形式：

$$P_c = P_m V_m + P_r V_r \tag{8-2-2}$$

式中：下标 c——复合材料；

下标 m——基体；

下标 r——强化相。

显然，组元的体积分数满足关系：

$$V_m = 1 - V_r \tag{8-2-3}$$

式(8-2-2)也称为经典复合准则，是在研究单向纤维强化复合材料沿纤维方向的力学性能时总结得出的，故又称为并列模型，如图 8-2-1(a)所示。

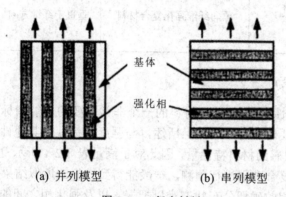

(a) 并列模型　　　　　　　(b) 串列模型

图 8-2-1　复合材料

当 $n = -1$ 时，若 $N = 2$，则式(8-2-1)成为如下形式：

$$\frac{1}{P_c} = \frac{1}{P_m} V_m + \frac{1}{P_r} V_r \tag{8-2-4}$$

这种模型称为串列模型，如图 8-2-1(b)所示。

当 $n = 0$ 时，式(8-2-1)成为常数恒等式。为此，用下述对数关系来描述 $n = 0$ 时的性能关系：

$$\ln P_c = V_m \ln P_m + V_r \ln P_r \tag{8-2-5}$$

或

$$P_c = \left(P_m\right)^{V_m} \left(P_r\right)^{V_r} \tag{8-2-6}$$

简单复合准则的适用范围因复合材料的种类不同而异。对于层状复合材料，一般可以采用式(8-2-2)和式(8-2-6)(分别对应于图 8-2-1 两种不同的模型)来预测各种性能，可获得令人满意的结果。

对于分散强化型复合材料，如表 8-2-1 所示，对应于不同的 n，所适用的对象(复合材料)不同，可预测的性能也不同，但均可用于弹性模量的预测。这是因为弹性模量是一种组织结构非敏感的材料特性，受应力应变状态、变形履历、温度条件等的影响较小。

表 8-2-1　简单复合准则的几种特殊形式及其对于分散强化型复合材料的使用范围

n	复合准则表达式	适用复合材料类型		可预测的特性
1	$P_c = P_m V_m + P_r V_r$	单向纤维强化复合材料	沿纤维方向	弹性模量、泊松比、强度、热传导率、导电率
0	$\ln P_c = V_m \ln P_m + V_r \ln P_r$	球形颗粒弥散强化		弹性模量、电容率
		不规则结构		弹性模量
		强化相三维无序排列		弹性模量、热传导率
-1	$\dfrac{1}{P_c} = \dfrac{1}{P_m}V_m + \dfrac{1}{P_r}V_r$	单向纤维强化复合材料	垂直于纤维方向	弹性模量、电容率、热传导率、导电率

二、弹性模量设计

弹性模量(或称弹性系数)是结构材料的一个非常重要的性能指标,弹性模量的设计是复合材料设计的重要内容之一。如上所述,与强度、韧性等其他性能相比,弹性模量是结构(组织)较为不敏感的材料特性量,因此对于满足表 8-2-1 所示复合材料结构特征的几种特例,采用简单复合准则进行预测,一般能得到较好的近似结果。

然而,由于强化相的确切分布状态难以把握,以及强化相之间的作用实际上是多体作用问题等原因,要精确预测复合材料的弹性模量也几乎是不可能的。即使按照基于弹性理论的模型(即考虑强化相与基体之间的弹性应力场的作用)来分析,也只能通过假定强化相为无序配置,将强化相之间的相互作用效果用一定数值进行近似,最终把多体问题化解为单一强化体(1 个颗粒或 2 根纤维)而进行计算。下面给出几种常用预测模型。

当强化相形状近似于球形时,Paul 推导出复合材料弹性模量的预测表达式如下:

$$\frac{E_r E_m}{E_m V_r + E_r V_m} \leqslant E_c \leqslant \frac{1-\mu_m+2\xi(\xi-2\mu_m)}{1-\mu_m-2\mu_m^2}E_m V_m + \frac{1-\mu_r+2\xi(\xi-2\mu_r)}{1-\mu_r-2\mu_r^2}E_r V_r \tag{8-2-7}$$

$$\xi = \frac{\mu_m(1+\mu_r)(1-2\mu_r)V_m E_m + \mu_r(1+\mu_m)(1-2\mu_m)V_r E_r}{(1+\mu_r)(1-2\mu_r)V_m E_m + (1+\mu_m)(1-2\mu_m)V_r E_r} \tag{8-2-8}$$

式中：E——弹性模量；

　　　μ——泊松比；

　　　V——体积分数。

式(8-2-7)表示弹性模量的大小与组元的性质和含量的关系。如假定复合材料的内部存在均匀应力场,应用弹性理论可求得弹性模量的下界,此时的预测结果属于“过低估计”,相当于将式(8-2-7)的左半部分取等号,即

$$E_c = \frac{E_r E_m}{E_m V_r + E_r V_m} \tag{8-2-9}$$

式(8-2-9)与基于串列模型(图 8-2-1(b))的简单复合准则式(8-2-4)相同。如假定复合材料的内部存在均匀应变场，应用弹性理论可求得弹性模量的上界，此时的预测结果属于"过高估计"，相当于将式(8-2-7)的右半部分取等号，即

$$E_c = \frac{1 - \mu_m + 2\zeta(\xi - 2\mu_m)}{1 - \mu_m - 2\mu_m^2} E_m V_m + \frac{1 - \mu_r + 2\zeta(\xi - 2\mu_r)}{1 - \mu_r - 2\mu_r^2} E_r V_r \tag{8-2-10}$$

若取 $n = 0$，则式(8-2-10)与基于并列模型(图 8-2-1(a))的简单复合准则式(8-2-2)相同。

由以上所述可知，复合材料实际的弹性模量值在由式(8-2-9)和式(8-2-10)所示的下界和上界之间，而这个上界与下界分别等于简单复合准则当 $n = 1$ 和 $n = -1$ 时的值。

值得注意的是，如对颗粒强化复合材料施加后续塑性变形，则弹性系数可能随着变形量的增加而下降，其原因可以认为是由于在塑性变形中颗粒遭到破坏，而破坏了的颗粒实际上等同于一个空洞，由于对提高材料弹性系数的贡献效果消失所致。

三、强度设计

材料的强度是对于组织结构较敏感的性能指标。因此，要从理论上正确预测复合材料的强度通常不太容易。与经典复合准则的强化理论不同，近年来倾向于从微观组织来解释强度变化，即认为强化相的强化机制是如下几个方面综合作用的结果。

(1) 位错强化：由于基体与强化相的热膨胀差所引起的淬火时的位错密度增加。

(2) 颗粒强化：颗粒等强化相对位错的钉扎作用与位错的高密度化。

(3) 晶粒与亚晶粒强化：添加细小颗粒导致的晶粒细化，这一点对于采用铸造凝固法制备的颗粒弥散强化金属基复合材料的影响尤为显著。

大量的试验研究结果表明，要建立一个能准确反应各种因素的影响，并能适合于不同复合材料的强度模型是非常困难的。为了进行较精确的强度设计，获得满意的强度预测结果，有计划地开展系列的试验研究，进行数据积累，在此基础上建立较为完备的智能性数据库(例如基于人工神经网络的数据库)，这是一条行之有效的途径。

四、韧性设计

对于颗粒分散强化的金属基复合材料，一般随着强化相含量的增加，材料的韧性下降；而对于晶须或纤维强化的金属基复合材料，以及陶瓷复合材料，则未必如此。在金属、陶瓷、高分子 3 种类型的结构材料中，陶瓷材料的高韧性化具有特别的意义。

陶瓷材料一般具有强度高、耐磨、耐热、耐腐蚀等一系列的优点，但由于其韧性很低，应用范围受到很大限制。通过复合提高其韧性，是陶瓷材料复合化的重要目的之一。

陶瓷复合材料的韧化机制分为防护机制与非防护机两大类。防护机制是指可以缓和裂纹尖端的应力集中，从而减缓或阻止裂纹的扩展，提高材料韧性的机制。这一类机制

包括强化相直接承受应力作用的所谓桥梁机制，以及强化相不直接承受应力，但在裂纹尖端形成附加压应力场的非桥梁机制。非桥梁性的防护机制包括相变机制、微裂纹机制和残余应力机制等。非防护机制是指由于强化相的存在，迫使裂纹需要不断改变扩展方向，或使裂纹产生"弯曲"(类似于颗粒对位错的钉扎作用)，使得其扩展需要消耗附加能量(即提高了材料的韧性)，这样一类机制主要有偏转机制和弯曲机制。

1. 桥梁机制

桥梁机制的基本原理如图 8-2-2 所示，分别对应于强化相为长纤维、短纤维或晶须、延性颗粒的情形。桥梁机制的基本特征是强化相直接承受应力作用，即：通过纤维对裂纹施加一种闭合作用力(见图 8-2-2(a))；或利用强化相与基体之间的摩擦力而阻碍裂纹的扩展(见图 8-2-2(b))；或利用颗粒强化相在裂纹扩展时产生颈缩变形，对裂纹产生桥接作用(见图 8-2-2(c))。

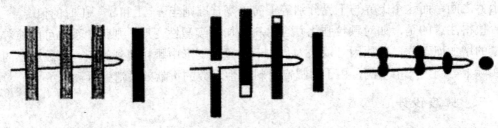

(a) 长纤维强化　　　　(b) 短纤维或晶须强化　　　　(c) 延性颗粒强化

图 8-2-2　复合材料韧性的桥梁机制

2. 相变机制

具有典型相变韧化机制的是部分稳定 ZrO_2 复合材料。由于在 PSZ(部分稳定氧化锆)中存在少量不稳定的正方晶 ZrO_2，裂纹尖端附近应力集中部位的拉应力将会诱发 t-ZrO_2(四方相)→m-ZrO_2(单斜相)的相变(称为应力诱发型马氏体相变)，使体积增加约 5%。这种体积增加将在裂纹尖端附近形成膨胀压缩应变场，从而导致压应力场的产生，起到阻碍裂纹扩展的作用，如图 8-2-3 所示。

图 8-2-3　相变机制示意图

3. 微裂纹机制

微裂纹的产生将在其周围产生压应力场。如能在主裂纹(指裂纹的长度超过临界长度而进行扩展的裂纹)尖端附近引入微裂纹，利用其所形成的压应力场，可以起到阻碍主裂纹扩展的作用，如图 8-2-4 所示。因此，可以适当选择强化相的种类、形状与尺寸，使得主裂纹尖端高应力区内容易产生微裂纹，达到韧化的目的。

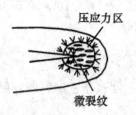

图 8-2-4　微裂纹机制示意图

4. 残余应力机制

通过复合，使材料内部产生一定的残余压应力场，从而造成不利于裂纹扩散的条件，达到提高韧性的目的。为此，需要正确选择强化相，使其热膨胀系数与基体材料之间达到最佳匹配，能产生合适的压应力场，并具有牢固的界面接合强度。

5. 偏转机制

偏转机制的模型如图 8-2-5(a)所示，由于强化相的存在，使得裂纹在材料中呈锯齿状扩展。裂纹扩展方向的偏转以及由于偏转所引起的裂纹表面积的增加，均导致能量消耗的增加，使裂纹扩展困难，材料的韧性提高。导致偏转现象的原因主要有强化相与基体材料的弹性模量的差异、界面效应、热膨胀系数差所引起的内部不均匀应力场等。

6. 弯曲机制

弯曲机制的模型如图 8-2-5(b)所示，强化相对于裂纹的扩展起阻碍作用，使裂纹的先端路径产生弯曲，扩展所需的能量消耗增加，材料的韧性提高。弯曲机制模型看上去很容易使人联想到位错钉扎模型，在阻碍位错或裂纹通过的作用这一点上，可以说二者的效果是相同的。

弯曲机制往往与偏转机制同时发生，有时很难确定究竟是某一方起作用还是同时发生作用。

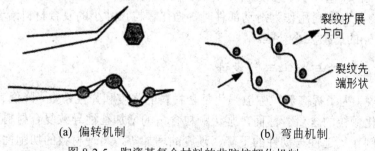

(a) 偏转机制　　　　　　　　　　　　(b) 弯曲机制

图 8-2-5　陶瓷基复合材料的非防护韧化机制

7. 韧性与强度的关系

金属是一种富有延性与韧性的材料，一般随着强化相含量的增加，金属基复合材料的延性与韧性降低，即强度与弹性模量的提高往往是以牺牲延性与韧性为代价的。而陶瓷材料本身多为脆性材料，其塑性变形能力几乎为 0(某些特殊条件下的超塑性现象除外)，韧性很差，如果利用以上所述的各种韧化机制，在陶瓷材料中加入适当的强化相(包括种类的正确选择和加入量的适量化)，则可以在提高陶瓷基复合材料强度的同时，提高其韧性，使强化与韧化同时实现。

五、物理性能设计

复合材料的物理性能设计主要包括密度、线膨胀系数、热传导率、电磁性能以及耐磨性等的设计。

1. 密度

一般复合材料的密度可以用简单复合准则进行较精确的预测。

2. 线膨胀系数

颗粒强化复合材料的线膨胀系数通常与简单复合准则不太相符，这是因为当强化颗粒的线膨胀系数与基体材料的不相等时，复合材料受热时将在颗粒的周围产生弹性应力场，使得其热膨胀行为变得较为复杂。

3. 热传导率

颗粒强化复合材料的热传导率可以用简单复合准则(如式(8-2-2)所示)获得较好的预测值。当强化颗粒的含量较低时，采用 Rayleigh-Maxwell 理论式可以得到更为精确的预测值，其假设条件为分散相之间不产生相互作用。

4. 电磁性能

电磁性能与导热性能一样，也是材料的固有性能，一般可用与 Rayleigh-Maxwell 理论式具有相同结构的模型来进行设计或预测。

5. 耐磨性

颗粒弥散强化复合材料所具有的优异性能之一是其高耐磨性。通常只要在铝合金中加入少量(0.5%～5%)的强化颗粒，即可大幅度地提高其耐磨性。这一特性非常有用，因为少量的强化颗粒添加量意味着对基体材料的延性、断裂韧性的影响较小，对复合材料的后续加工性的损害不大。多数研究结果表明，强化颗粒的大小对复合材料耐磨性的影响很小，但将复合材料用作为滑动部件时，强化颗粒尺寸小的复合材料给予配合件(滑动配合的另一方)的磨损要小一些。

六、可加工性与加工工艺设计

一般来说，为了提高颗粒弥散强化复合材料的强度和弹性系数，降低其线膨胀系数，需要提高强化颗粒的含量。然而，强化颗粒含量的增加往往导致复合材料可加工性的大幅度降低。例如，延性与韧性的下降、硬度的增加等，将使材料的切削性能下降，挤压时模子的磨损增大，可锻造性劣化。

以往的材料制备一般是根据金属学的原理，采用尝试的方法制备出各种不同性能的材料，然后根据用途要求来选择材料，甚至不得不根据材料的性能来设计部件的形状、尺寸和使用条件。材料的可加工性往往被放在次要甚至被忽略的地位。未来材料科学技术发展的最终目标应该是，按照使用要求来设计材料的性能(或功能)，并在性能设计的同时设计出切实可行的制备与加工方法。

8.2.4　练习题

一、填空题

1. 复合材料的物理性能设计主要包括 ＿＿＿＿、＿＿＿＿、＿＿＿＿、＿＿＿＿、＿＿＿＿ 等。
2. 强化相的强化机制是由 ＿＿＿＿、＿＿＿＿、＿＿＿＿综合作用的结果。

二、简答题

1. 什么是复合材料的界面？界面在复合材料中所起的作用有哪些？
2. 复合材料韧化机制有哪些？原理各是什么？

参 考 文 献

[1]　朱张校，姚可夫. 工程材料[M]. 5 版. 北京：清华大学出版社，2011.

[2]　沈莲. 机械工程材料[M]. 4 版. 北京：机械工业出版社，2018.

[3]　齐民，于永泗. 机械工程材料[M]. 10 版. 大连：大连理工大学出版社，2017.

[4]　潘金生，仝健民，田民波. 材料科学基础[M]. 北京：清华大学出版社，2011.